基于社会资本的
建筑施工安全行为与决策模型

李书全 吴秀宇 董 静 ◎ 著

清华大学出版社
北京

内 容 简 介

本书基于社会资本理论，以施工主体(施工组织、施工企业管理者和工人)及其安全行为为研究对象，一方面深入剖析建筑施工安全主体构成的复杂网络结构，另一方面以网络结构为主体，研究施工主体的社会资本对其安全行为决策的影响机理，并据此构建安全行为决策模型，为提高施工企业安全绩效、提升组织和个人的安全协同能力提供理论支持。

本书的研究内容分为七大部分：第一部分基于社会网络分析了建筑施工不安全行为之间的影响关系；第二部分以施工人员和施工组织为研究对象，通过构建两个主体形成的社会网络，分析了社会网络的各类结构特征对其安全行为的影响规律；第三部分通过对嵌入于施工个体中的社会资本的识别和测度，以工人安全能力作为中介变量，实证分析了工人之间和管理者与工人之间的社会资本对工人安全行为的影响关系；第四部分从组织层面分析了组织社会资本对组织安全行为的作用机理；第五部分验证了社会资本对管理者行为与施工人员安全行为互动关系的影响；最后两部分则对社会资本与安全行为的动态演化规律和基于社会资本的建筑施工安全行为决策模型进行了仿真分析。

本书可供建筑安全管理领域的研究人员、研究生及相关从业者阅读参考。

本书封面贴有清华大学出版社防伪标签，无标签者不得销售。
版权所有，侵权必究。举报：010-62782989，beiqinquan@tup.tsinghua.edu.cn。

图书在版编目(CIP)数据

基于社会资本的建筑施工安全行为与决策模型 / 李书全，吴秀宇，董静著. —北京：清华大学出版社，2021.6
ISBN 978-7-302-57743-0

Ⅰ.①基… Ⅱ.①李… ②吴… ③董… Ⅲ.①建筑施工－安全管理－研究 Ⅳ.①TU714

中国版本图书馆CIP数据核字(2021)第050907号

责任编辑：王燊娉
封面设计：赵晋锋
版式设计：方加青
责任校对：马遥遥
责任印制：杨 艳

出版发行：清华大学出版社
网　　址：http://www.tup.com.cn, http://www.wqbook.com
地　　址：北京清华大学学研大厦A座　　　　邮　编：100084
社 总 机：010-62770175　　　　　　　　　　邮　购：010-62786544
投稿与读者服务：010-62776969, c-service@tup.tsinghua.edu.cn
质 量 反 馈：010-62772015, zhiliang@tup.tsinghua.edu.cn

印 刷 者：三河市铭诚印务有限公司
装 订 者：三河市启晨纸制品加工有限公司
经　　销：全国新华书店
开　　本：180mm×250mm　　印　张：19.75　　字　数：398千字
版　　次：2021年8月第1版　　印　次：2021年8月第1次印刷
定　　价：98.00元

产品编号：088340-01

前言

近年来,建筑业在我国国民经济中发挥的作用日益突出,建筑业的生产活动给社会带来了巨大财富,同时也产生了较大的安全问题。随着建筑业的快速发展,行业内的技术、材料、设备不断地更新换代,这大大增加了施工技术的复杂性;此外,行业内人员的不断变动,也给施工安全管理造成了很大困难。建筑安全生产事故的屡屡发生危害了人们的生命和财产安全,同时也对社会可持续性发展造成了很大影响。

虽然当今我国建筑施工安全事故的发生得到了一定遏制,但与国外发达国家相比,事故率和伤亡率仍居高不下。因此,深入研究建筑安全管理问题,对提高建筑安全管理水平,丰富和发展建筑安全管理理论具有重要的现实意义和理论意义。

为深入研究建筑施工安全行为及其演化规律和特点,进一步探索建筑施工安全行为决策的先进方法与工具,作者先后申请了天津市高校人文社科项目、天津市社科项目以及国家自然科学基金面上项目,并在其支持下,以建筑施工安全行为为研究对象,深入、系统地分析了建筑施工安全行为的研究现状,运用社会资本、社会网络、结构方程、系统动力学等理论和方法,对建筑施工安全行为影响因素及其演化规律等问题进行了探讨;结合行为科学、贝叶斯网络等理论方法,对建筑施工安全行为及决策模型等问题进行研究,顺利完成了课题研究任务,并将研究成果整理成书。在此,感谢国家自然科学基金委、天津市社科及天津高校人文社科等课题资助,感谢清华大学出版社王燊娉编辑为本书出版付出的辛勤劳动,感谢参加课题研究的各位成员以及为课题研究提供帮助的同仁们。

本书主要由天津财经大学李书全、吴秀宇策划、统稿。天津财经大学冯领香博士、董静博士、刘世杰博士及博士研究生郭洪源、杨珮、范梦,硕士研究生冯雅清、胡松鹤参与了初稿部分章节撰写工作。其中,吴秀宇负责第1、2、7、10章,冯雅清负责第3章,杨珮、刘世杰负责第4章,胡松鹤、范梦负责第5章,董静负责第6、9章,冯领香、郭洪源负责第8章。另外,在本书修改及校对工作中,天津财经大学博士研究生方燕清、王媛、高敏及硕士研究生王雪兆、王玉杰等做出了很大贡献,在此表示衷心感谢!

在创作本书过程中，我们参考了相关资料和论著，在此向有关作者表示衷心的感谢！鉴于参编人员水平有限，本书在体系安排和表达上难免存在不足之处，敬祈读者批评指正，以便再版时修改、完善。意见反馈邮箱：wkservice@vip.163.com。

作 者

2020年7月16日

目录

第1章 绪 论 ·· 1
  1.1 研究背景 ·· 2
  1.2 研究目的及意义 ·· 3
  1.3 研究内容和框架 ·· 4

第2章 相关理论基础及文献综述 ·· 7
  2.1 相关理论基础 ·· 8
    2.1.1 社会网络理论 ··· 8
    2.1.2 社会资本理论 ··· 9
    2.1.3 组织行为理论 ··· 14
    2.1.4 行为安全理论 ··· 18
    2.1.5 决策理论 ··· 20
  2.2 文献综述 ·· 22
    2.2.1 施工人员安全行为研究综述 ··· 22
    2.2.2 施工组织安全行为研究综述 ··· 27
    2.2.3 安全能力研究综述 ··· 29
    2.2.4 安全沟通研究综述 ··· 31

第3章 基于社会网络分析的建筑施工不安全行为间的关系 ············ 33
  3.1 概述 ·· 34
  3.2 不安全行为要素分析及关系概念模型构建 ····························· 35
    3.2.1 不安全行为内涵及维度划分 ··· 35
    3.2.2 不安全行为要素识别与筛选 ··· 36
    3.2.3 不安全行为间影响关系分析 ··· 38
    3.2.4 关系概念模型构建 ··· 40

3.3 研究设计 ··· 41
3.3.1 研究步骤 ·· 41
3.3.2 问卷设计 ·· 42
3.3.3 问卷发放与回收 ·· 43
3.3.4 样本描述 ·· 44
3.3.5 数据质量检验 ·· 44
3.4 不安全行为关系网络模型构建与分析 ··· 45
3.4.1 社会网络分析方法介绍 ·· 45
3.4.2 关系网络模型构建 ·· 46
3.4.3 关系网络模型指标值确定 ·· 48
3.4.4 关系网络模型结果分析与讨论 ·· 50
3.4.5 小结 ·· 60

第4章 建筑施工主体社会网络对其安全行为的作用机理 ······························· 63
4.1 概述 ··· 64
4.2 施工人员社会网络结构特征对其安全行为的影响研究 ··························· 64
4.2.1 理论分析与研究假设 ·· 64
4.2.2 研究设计 ·· 68
4.2.3 实证分析 ·· 71
4.3 施工组织社会网络结构特征对组织安全行为的影响研究 ························· 77
4.3.1 理论分析与研究假设 ·· 77
4.3.2 研究设计 ·· 81
4.3.3 实证分析 ·· 86

第5章 社会资本对施工人员安全行为的作用机理 ····································· 111
5.1 概述 ··· 112
5.2 概念界定与模型假设 ··· 112
5.2.1 研究对象与研究变量确定 ·· 112
5.2.2 假设提出与模型构建 ·· 113
5.3 研究设计 ··· 118
5.3.1 量表设计 ·· 118
5.3.2 问卷发放与回收 ·· 119
5.3.3 描述性统计分析 ·· 120

5.4 工人社会资本、安全能力对施工人员安全行为作用机理的实证
　　分析···122
　　5.4.1 信效度分析··122
　　5.4.2 模型检验结果···131
　　5.4.3 结果分析··138
5.5 管理者与工人间社会资本、安全能力对施工人员安全行为作用
　　机理的实证分析···140
　　5.5.1 信效度分析··140
　　5.5.2 模型检验结果···142
　　5.5.3 中介作用分析···143
　　5.5.4 结果讨论··144

第6章 社会资本对施工组织安全行为的作用机理·······························147
6.1 概述··148
6.2 理论假设和概念模型构建···149
　　6.2.1 理论假设···149
　　6.2.2 概念模型构建···151
6.3 研究设计··152
　　6.3.1 调查问卷设计···152
　　6.3.2 数据收集与描述性统计分析···159
6.4 社会资本对组织安全行为作用机理的实证研究·····························161
　　6.4.1 信效度检验··161
　　6.4.2 模型检验···170
6.5 社会资本与组织安全行为贝叶斯网络模型····································175
　　6.5.1 方法介绍···175
　　6.5.2 社会资本与组织安全行为贝叶斯网络模型构建····················176
　　6.5.3 贝叶斯网络推理··179

第7章 社会资本对管理者行为与施工人员安全行为互动关系的影响·········185
7.1 概述··186
7.2 理论假设和概念模型构建···186
7.3 问卷设计与数据获取··188
　　7.3.1 测量题项设计···188

7.3.2　问卷调查与数据收集 ………………………………………… 195
　　　7.3.3　数据质量检验 …………………………………………………… 199
　7.4　假设检验 ………………………………………………………………… 214
　　　7.4.1　管理者行为与施工人员安全行为假设关系检验 ……………… 214
　　　7.4.2　社会资本调节作用假设检验 …………………………………… 217

第8章　建筑施工主体社会资本与其安全行为动态演化机理 …………… 227
　8.1　概述 ……………………………………………………………………… 228
　8.2　施工人员社会资本与其安全行为的动态演化机理分析 …………… 228
　　　8.2.1　施工人员社会资本与安全行为演化概念模型 ………………… 228
　　　8.2.2　建立系统动力学动态演化模型 ………………………………… 230
　　　8.2.3　问卷调查与统计分析 …………………………………………… 231
　　　8.2.4　模拟仿真和结果分析 …………………………………………… 233
　8.3　施工组织社会资本与其安全行为的动态演化机理分析 …………… 238
　　　8.3.1　施工人员社会资本与安全行为演化概念模型 ………………… 238
　　　8.3.2　建立系统动力学动态演化模型 ………………………………… 240
　　　8.3.3　问卷调查与统计分析 …………………………………………… 243
　　　8.3.4　模拟仿真和结果分析 …………………………………………… 244

第9章　基于社会资本的建筑施工安全行为决策模型与应用 …………… 249
　9.1　概述 ……………………………………………………………………… 250
　9.2　影响图研究介绍 ………………………………………………………… 250
　　　9.2.1　决策分析工具比较 ……………………………………………… 250
　　　9.2.2　影响图方法概述 ………………………………………………… 251
　　　9.2.3　BCD模型 ………………………………………………………… 253
　9.3　基于社会资本的组织安全行为影响图决策模型构建 ……………… 255
　　　9.3.1　理论模型构建 …………………………………………………… 256
　　　9.3.2　决策模型构建 …………………………………………………… 257
　9.4　数据获取与决策结果分析 ……………………………………………… 259
　　　9.4.1　数据获取 ………………………………………………………… 259
　　　9.4.2　决策结果分析 …………………………………………………… 262
　　　9.4.3　模型检验 ………………………………………………………… 265

第10章　结论与展望···267
　　10.1　研究结论··268
　　10.2　不足与展望··270

参考文献···273

附录A　调查问卷1···291
附录B　调查问卷2···299

第1章
绪　论

1.1　研究背景

近年来,建筑业呈现迅猛发展的趋势,国家统计局年度数据报告显示,近十年我国建筑业总产值从2009年的76 807.70亿元上升到2018年的235 085.53亿元,增长了158 277.83亿元,如图1.1所示。建筑业已经成为我国经济支柱之一,建筑业从业人数从2009年的3672.60万人增加到2018年的5563.30万人。

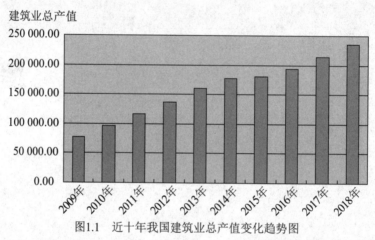

图1.1　近十年我国建筑业总产值变化趋势图

随着建筑业的迅猛发展,新技术、新材料、新设备的广泛应用增加了施工技术复杂性;行业内人员的流动性导致施工安全管理工作具有较大难度;建筑业的安全生产事故频发,安全问题层出不穷,危害建筑工人的生命和财产安全,造成建筑成本增加,对社会的可持续发展造成极大的影响。虽然近年来我国建筑施工安全生产水平得到了一定的提升,但是与发达国家相比,事故率和伤亡率仍居高不下。我国住房和城乡建设部统计数据显示,2008年我国房屋市政工程安全事故降低到1000起以下,2008年至2012年每年都呈现递减趋势,但是从2013年至2018年事故发生数和死亡人数出现反弹,呈现不稳定的状态。据统计,2018年全国共发生房屋市政工程生产安全事故734起、死亡840人,比2017年同期事故起数增加42起,死亡人数增加33人,同比分别上升6.1%和4.1%。从2018年事故起数和死亡人数月统计情况(见图1.2)可以看出,我国建筑安全生产形势依然严峻,施工安全问题是建筑业面临的一个重大问题,应认真分析事故发生的深层次原因,并采取必要的措施提升施工场所的安全。

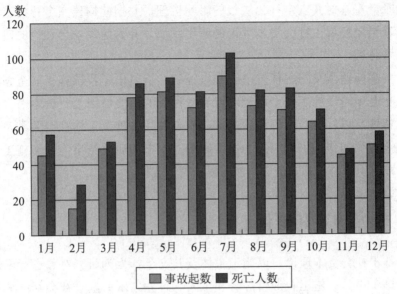

图1.2 2018年事故起数和死亡人数月统计情况

1.2 研究目的及意义

为了改善安全生产状况，减少安全事故的发生，学者从不同的理论基础出发，对事故发生的根本原因进行了大量研究。事故致因理论将安全事故产生的原因归结为人的不安全行为、物的不安全状态[1-2]和管理失误等[3]，这些研究对认识事故发生规律及有效预防安全事故提供了一定理论依据，但在提高安全绩效、降低安全事故发生率方面仍有不足之处：一是由于建筑施工企业具有较强的非集权性和流动性特点[4]，阻碍了施工企业通过安全管理有效提高员工安全行为水平的路径，从而导致施工企业虽然做出合理的安全投入却没有产生应有的效果，虽然具有完善的安全管理制度却不能得到较好的执行；二是现有研究没有重视施工活动主体的社会性以及主体之间的网络关系，从而无法针对建筑施工活动的特殊性做出合理的行为决策。

霍桑实验证实了人的社会性、非正式组织以及人际关系对工作效率有影响，社会资本(个体之间的支持、信任、沟通、非正式规范)对社会经济活动中人们健康和安全积极影响(如驾驶员的安全行为[5]、教育职业健康与安全[6]、邻居支持对社区安全[7]等)已经得到了验证，但社会资本对施工主体安全行为的作用机理并未得到深入的研究[8]，其中既包括组织所处网络的关系和结构对组织安全行为决策的影响，也包括个体所处网络的关系和结构对个体安全行为决策的影响。

基于此，本书借鉴社会学中关于社会资本理论的研究，一方面深入剖析建筑施工安全主体构成的复杂网络结构和社会资本，另一方面以网络结构为主体，研究施工主体的社会资本对其安全行为决策的影响机理，并据此构建安全行为决策模型。本书的研究结果拓展了社会资本理论的应用领域，并为建筑安全理论的研究提供新的视角和思路。

建筑安全问题涉及的主体复杂且难以控制，折射出了我国施工安全独特的管理情境，这也是现阶段施工安全问题难以有效控制的重要原因之一。本书立足我国独特的管理情境，以社会资本理论为基础，重点关注各施工主体社会关系及其网络结构对其安全行为的作用机理与行为决策影响。本书的研究结果为提高施工企业安全绩效，提升组织和个人的安全协同能力提供理论支持。

1.3 研究内容和框架

本书基于社会资本理论，以施工主体及其安全行为为研究对象进行阐述，施工主体包括施工组织、施工企业管理者和工人。首先，本书基于社会网络分析了不同的不安全行为之间的关键影响；其次，以不同主体间形成的社会网络关系为中心，分析了不同社会网络结构特征对施工主体安全行为的作用机理；再次，以嵌入社会网络中的社会资本为研究对象，从个体层面分析了工人之间、管理者与工人之间的社会资本对施工人员安全行为的影响，从组织层面分析了组织社会资本对组织安全行为的作用机理，在此基础上，验证了社会资本对管理者行为与施工人员安全行为互动关系的调节作用；最后，对社会资本与安全行为的动态演化规律和基于社会资本的建筑施工安全行为决策模型进行仿真分析。研究框架如图1.3所示，具体研究内容分为以下7个部分。

1. 基于社会网络分析的建筑施工不安全行为间的关系

作为导致安全事故的重要因素，不安全行为得到了广泛关注。然而，现有研究多从工人自身和组织环境的视角研讨不安全行为的影响因素，鲜有不安全行为自身间影响关系的研究。因此，本部分研究以不安全行为为研究对象，运用社会网络分析方法构建了不安全行为网络模型，分析各类不安全行为间的相互影响关系，找到关键的不安全行为，发现不安全行为连锁反应链及起重要中介作用的桥节点，为安全管理的开展找到着力点。

2. 建筑施工主体社会网络对其安全行为的作用机理

社会网络分析方法已经逐渐应用在健康、项目管理、知识管理等领域的研究中，但在施工安全领域方面的研究还略显不足。因此，从社会网络视角分析施工主体社会网络的结构特征对其安全行为的作用规律，就有着非常重要的理论和现实意义。本部分研究分别以施工组织和施工人员为研究对象，通过构建两个主体形成的社会网络，分析了社会网络的各类结构特征对其安全行为的影响规律。该研究结论对施工企业选取恰当的安全管理策略，提升安全管理水平提供了理论支持。

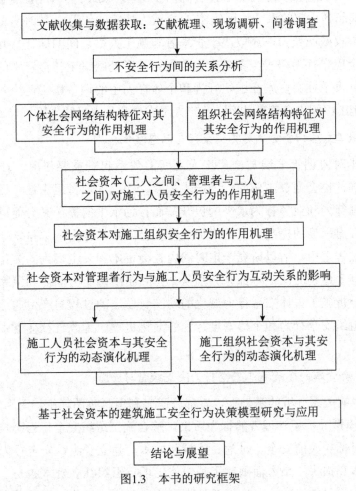

图1.3　本书的研究框架

3. 社会资本对施工人员安全行为的作用机理

嵌入主体社会网络中的社会资本，对施工人员行为有着重要影响，本部分研究通过对嵌入施工人员的社会资本的识别、测度，以工人安全能力作为中介变量，实证分析了工人之间和管理者与工人之间的社会资本对施工人员安全行为的影响关系，详细探讨了社会资本不同维度对工人安全能力、安全行为的作用机理。

4. 社会资本对施工组织安全行为的作用机理

本部分研究以施工项目组织为研究对象，识别、测度了施工组织社会资本，分析了组织社会资本与组织安全行为之间的影响关系，以及组织安全行为各维度之间的影响关系，建立了社会资本三个维度和组织安全行为构成要素之间的定量关系，运用贝叶斯网络模型进行预测和诊断，分析了改善组织安全行为的策略。

5. 社会资本对管理者行为与施工人员安全行为互动关系的影响

社会资本不仅对组织行为和个体行为产生影响，还在组织内管理者行为与施工人员行为之间起到一定的调节作用(如信息桥或人情桥的作用)；管理者的规定与命令的实施不仅靠权威或权力，还取决于管理者与施工人员之间的信任与互惠程度；施工人员的安全遵守行为和安全参与行为也受到其所处网络中社会资本的影响，因此本部分主要分析了社会资本在组织行为和个体行为中的调节作用，深入揭示了社会资本在提升施工组织安全管理效率和施工人员安全行为水平的作用。

6. 建筑施工主体社会资本与其安全行为动态演化机理

社会资本对协调管理层与施工工人之间的关系起着重要作用，社会资本如同其他资本一样，也会通过主体的行为产生积累，如施工项目组织社会资本增加会促进其安全管理行为和业务行为水平的提升，而行为水平的提升又会促进主体之间合作、信任、互惠程度的提高，从而增加主体社会资本。社会资本与安全行为是处在动态的变化过程之中，所以研究一定时间内社会资本和安全行为的演化规律，更具有科学性和客观性。对此，本部分分别从个体和组织两个方面，利用系统动力学的理论与方法分析施工主体安全行为变化的动因、发展的过程与产生的结果，发现在动态情况下组织安全行为和个体安全行为的演化机理，为改善社会资本与安全行为提供理论依据。

7. 基于社会资本的建筑施工安全行为决策模型与应用

在上述影响关系分析的基础上，本部分研究利用影响图理论、采用BCD(收益、成本、损失)模型分析了管理者的行为后果，整合施工组织安全行为影响因素，同时考虑与企业目标相关的安全、时间、质量和成本，建立了组织安全行为决策模型，从收益、成本和损失三个方面阐述了基于施工项目组织社会资本的安全投入行为对组织安全行为水平的影响，并进行了仿真预测和分析，为施工组织安全行为的决策提供理论和实践指导。

第2章
相关理论基础及文献综述

2.1 相关理论基础

2.1.1 社会网络理论

1. 社会网络理论的起源与发展

社会网络的研究起源于社会学领域，1908年，社会学家Simmel[9]提出了网络的概念"只有当大量的个人互动时社会才会存在"，社会网络理论认为社会中个体的互动关系，以及互动中所产生的结构支撑着社会的运转[10]。早期社会网络学家Moreno[11]采用定量方法研究群体的组织变化以及个体在群体内的位置，并使用社群图来描述社会结构的特征。Moreno用点代表个体，用线代表个体之间的社会关系，使社会网络结构直观地展示出来。Lewin[12]将社会群体所处的地方视为一个"场"，这个"场"包括群体及其周围的社会环境，而群体所处的"社会力量场"决定着群体的行为，人们在群体里受欢迎或受排斥都依赖于群体及环境的相互依赖性。

Lewin的场论思想为社会网络分析中的动态网络提供了理论基础。到了20世纪60年代，各种团体开始研究社会网络理论，以社会学家White[13]、Granovetter[14-15]为领导的社会网络分析共同体主要利用图形推理和定量分析方法对网络结构建造进行测量[16-17]，被称为"结构学家"[18-19]；由Barnes[20]、Boissevain[21]、Mitchell[22]等学者组成的曼彻斯特人类学家共同体利用网络结构对部落和村庄的社会关系进行了研究。20世纪70年代中期，社会网络分析国际学会(INSNA)成立，并发行*Social Networks*(《社交网络》)杂志，标志着社会网络理论的职业性团体诞生。20世纪80年代中后期，出现了用来测量关键结构数据的社会网络算法库。20世纪80年代中期，社会网络分析软件Ucinet首次发布，为社会网络理论的发展提供了平台。

进入20世纪90年代，社会网络研究逐渐辐射到其他学科。21世纪以来，社会网络研究呈现多学科的交融性，越来越多地被应用于人类学、社会学、心理学、计算机科学、经济学、医学、商业、市场营销、通信、教育、公共卫生等诸多学科领域。其中，计算机的发展极大地促进了社会网络的研究，如网络搜索、信息扩散、行为博弈等相关的计算机算法与数据挖掘算法，加强了对网络演化的预测[23]，还有学者对互联网中网民的沟通交流模式[24]、经济行为的博弈[25]及个人生存状况的传播行为[26]等进行了广泛的研究。社会网络研究本质上属于数学性质的研究，大量物理学家回归研究了有关网络的旧问题,并提出了新问题[27]。一时间,社会网络分析得到社会的广泛关注,并且开始作为一种合理且必需的工具来解答许多研究领域提出的问题。

2. 社会网络理论的内涵

社会网络是由作为节点的社会行动者及其之间的关系构成的集合[28],节点是网络的成员,可以是个人、组织、集体,甚至可以是国家;关系是可以将节点连接起来的所有形式,可以是朋友关系、合作关系,也可以是竞争关系。行动者之间的关系可以是一元的,也可以是多元的。

在社会网络研究的历史演进过程中,大量学者根据自己的研究偏好来建构各种理论和方法。总体来说,社会网络研究可分为两种不同的路径,即个体网研究和整体网研究。个体网是以某一个体为中心,由和它相连的其他个体、这些相连个体与中心个体之间关系以及它们之间的关系组成;整体网是所调研的一群个体与它们之间所有的关系组成。个体网只能分析社会连带,不能分析网络结构;而整体网可以对网络结构有更精确的测量。在社会网络研究中,两者的数据收集方式不同,个体网可以随机抽样;整体网需要调研的是封闭的群体,适合采用便利抽样进行数据收集。

3. 社会网络分析的特点

社会网络分析既是一种理论,也是一种方法论。在理论上,社会网络分析把研究的关注点从个体的特征转移到人与人之间的关系方面。社会科学数据一般分为属性数据和关系数据,属性数据指行动者的态度、观点和行为等方面的数据,属于节点具有的特征,往往通过回归分析等变量分析法来分析;关系数据则是有关接触、联络、关联等方面的数据,这类数据把一个节点与另一个节点连接在一起,因此不属于单个节点本身的属性。社会网络分析把关系当作基本的分析单元,通过对关系数据的统计分析来解释社会现象,比如研究各个行动者之间的网络关系如何影响行动者的行为,或者研究团体的社会网络结构如何影响团体行动等。

从方法论的角度来看,一般的统计方法不适用对一些网络特征进行统计推断,需要利用社会网络分析的程序、技术和模型。社会网络分析的独特之处在于它是从关系的角度去研究社会结构和社会现象的[29],研究人们之间的关系特征及其作用。社会网络分析一方面通过研究网络运作的过程和形式来回应个体主义方法论,另一方面通过把社会结构操作转化为人们之间的关系网络来回应整体主义方法论,进而达到一种新的可行的方法论。社会网络分析是沟通微观和宏观之间的桥梁。

2.1.2 社会资本理论

1. 社会资本理论的来源与内涵

社会资本的概念最早由Loury于1977年提出,他将社会资本看作与物质资本、人力资本相对应的一种社会资源,这种资源存在于家庭与社区等社会组织中并对经济活动产生影响[30]。此后,Bourdieu、Coleman和Putnam分别从个体、集体和社会角度对社会资本的概念进行了阐述。在个体层面,Bourdieu开创了人们利用社会网络分析社会资本的先河,社会资本被认为是与某种持久关系网络紧密结合的实际或潜在的资源集合体,这种关系网络得到大家的一致认可,并且每个个体都拥有取得网络中资源的权利[31],社会资源的结构嵌入性、个体的易接近性及个体在具有某种行为导向时如何利用资源是社会资本的三个重要特点[32];在集体层面,社会资本被认为是群体和组织中人们为达成共同目的而一起合作的能力,具有资源的互惠性和收益的共享性,从而会促进集体目标的达成[33-34];在社会层面,社会资本被认为是社会组织的某种特征[35],是在网络中形成的行为规范和个体之间的互相信任[36],社会组织利用社会资本促进合作和社会经济的发展,并实现社会效益和民主发展。此外,很多学者也给出了社会资本的定义,结合Turner[37]和Jeong[38]的总结分析,我们根据社会资本的可利用性,按照个体、集体和社会角度三个层面对国外学者关于社会资本的定义进行了梳理,如表2.1所示。

表2.1 国外学者关于社会资本的定义

角度	定义内容
个体	社会资本是与某种持久关系网络紧密结合的实际或潜在的资源集合体,这种关系网络得到大家的一致认可,并且每个个体都拥有取得网络中资源的权利
	社会资本是一种源于社会结构的资源,由个体之间关系的变化创造,人们利用它追求自己的利益
	社会资本是能够提供支持的人和资源
	社会资本产生于个体与同事、朋友或一般联系的人的关系之中,将金融资本和人力资本转化为利润,核心概念是权力、声望和社会资源
	社会资本是个体的私人网络和与经营机构的联系
	社会资本是影响个体行为的社会关系,可以影响经济增长
	社会资本来自个体或社会单位的实际和潜在的资源嵌入,包括网络和通过网络取得的资产
	社会资本是个体处于特定环境下,有利于行动的结构或网络,如社会交往、社会关系、信任关系和价值体系等
	社会资本是一个由个体或组织掌控的嵌入、可利用并且源于关系网络的资源集合
	社会资本是一种可供个体或集体所用的资产,通常利用参与者在社交网络或这些参与者社会关系的环境中的地位表示

(续表)

角度	定义内容
组织	社会资本是与物质资本、人力资本相对应的一种社会资源，这种资源存在于家庭关系与社区等社会组织中，并对经济活动产生影响
	社会资本具有资源的互惠性和收益的共享性，并且会促进集体目标的达成
	社会资本是群体和组织中人们为达成共同目的而一起合作的能力
	社会资本是存在于组织成员之间特定的非正式价值和规范
	社会资本是公民之间的合作关系，可以解决集体行动的问题
	社会资本是社会参与者在组织内部以及组织之间创造和调度网络连接的方法，是获取其他社会参与者资源的途径
社会	社会资本是一种社会资源，能够影响人们之间的关系和生产的投入
	社会资本是社会组织的某种特征，如网络、规范及社会信任，社会组织利用社会资本促进合作和民主发展，并实现社会效益
	社会资本是社会组织中的某种功能，如网络、规范和社会信任，社会组织利用社会资本促进协调与合作，实现互利共赢
	社会资本包括社会环境的诸多方面，如社会关系、信任关系和价值体系，以促进处于该范围内个体的行为
	社会资本是社会网络中固有的信息、信任、互惠和规范
	社会资本是嵌入社会网络结构中的，具有社会资源的结构嵌入性、个体的易接近性及个体在具有某种行为导向时如何利用某种资源三个特点
	社会资本是在网络中形成的行为规范和个体之间的互相信任，社会资本的存在能够促进社会和经济的发展
	社会资本是通过参与者的社会关系所使用的资源
	社会资本是通过社会关系提供源于从途经到资源的一笔宝贵的财富

从表2.1可以看出，学者对社会资本的研究主要集中于微观—微观联系和微观—宏观联系两个层面。社会资本理论于20世纪90年代引入我国，国内的研究学者从自己的研究领域出发，从不同方面对社会资本的内涵进行了丰富与扩展，本书在对文献梳理的基础上，对出现频次较高的社会资本概念，从微观和宏观两个层面进行汇总，如表2.2所示。

表2.2　国内学者关于社会资本的定义

层次	分类	定义	来源
微观层面	城市居民社会资本	个体层面对社会资本的定义，将资本分为物质资本、人力资本和社会资本三类。其中，物质资本是外化于社会行动者的物质财富，人力资本是内化于社会行动者的知识、技能等，社会资本是存在于社会行动者网络之间的资源。物质资本可以被行动者独自占有，也可以因投资而变动，而人力资本并不因使用而变少，但对于社会资本来说，任何单方行动者都不能拥有这种资源，它需要依靠人与人之间的社会关系网络发展、积累和利用。作者指出这种关系是非正式、私人领域的关系，而不是正式的组织成员关系	边燕杰(2004)[42]
	农民工社会资本	农民工社会资本分为整合型社会资本和跨越型社会资本。作者指出整合型社会资本因地缘、亲缘等闭合网络方式形成，跨越型社会资本则因流动造成不同社会群体之间跨越联结而形成	王春超和周先波(2013)[43]
	企业家社会资本	根据企业家接触网络关系对象的性质将企业家社会资本分为企业家政府社会资本、企业家技术社会资本、企业家金融社会资本和企业家市场社会资本四类，不同类型的社会资本提供不同类型的资源	杨鹏鹏(2015)[244]
宏观层面	企业社会资本	企业社会资本是行动主体与社会的联系以及通过这种联系获取稀缺资源的能力。这些联系包括纵向联系、横向联系和社会联系。纵向联系是企业与上级领导机关、当地政府部门以及下属企业、部门的联系；横向联系是企业与其他企业的联系，如业务关系、协作关系、借贷关系等；社会联系是企业经营者的社会交往和联系	边燕杰和丘海雄(2000)[45]
	社区社会资本	社区社会资本是社区的特征，是一个集体性的概念，应当包含参与社区组织、社会支持、与社区的情感联系、社会网络、非正式互动等内容	桂勇和黄荣贵(2008)[46]

通过表2.2中对不同领域、不同类型社会资本定义的梳理可以得出，社会资本有三种属性，一是结构嵌入性，社会资本源于社会网络，并嵌入其中；二是无形性，社会资本是属于某个群体、组织或社会集体的某种无形资源；三是可利用性，网络中的组织或个体可以利用该资源实现某种目的。施工组织作为一个复杂的网络组织，也存在相应的社会资本，它不同于传统的权利资本或制度资本，而是靠网络中的人与人之间的联结和关系起到协调矛盾、形成组织规范和文化的重要作用。

2. 社会资本的测度和研究领域

社会资本是一个多维的概念，但是社会资本的维度划分方式并未得到学者的一致认同，为了更好地解释社会资本的内涵，Coleman[39]提出了社会资本的三种基本形式：义务和期望、社会结构中的信息流能力、规范和有效制裁。义务和期望是建立在社会环境的相互信任的基础上；社会关系中潜在的信息为行动提供基础；规范和有效制裁一方面可以约束犯罪，另一方面可以鼓励好的行为。传统的社会资本理论认为，弱关系社会资本是在地域、工作或朋友圈而形成的关系，是以情感性作用为主要连接；强关系社会资本是以血缘为纽带而形成的。另外，网络社会资本可以分为两个维度：桥梁型网络社会资本、紧密型网络社会资本[40-41]。与弱关系社会资本相对应，桥梁型网络社会资本是指不同个体间的横向联系而形成的弱关系，与强关系社会资本相对应；紧密型网络社会资本是指不同个体间的纵向联系而形成的强关系。

根据研究主体的不同，社会资本也有不同的维度划分，如城市居民的社会资本可分为网络规模、网络顶端、网络差异和网络构成[42]；依据社交网络是否闭合，农民工社会资本可以分为以地缘、亲缘等闭合网络为代表的整合型社会资本，以及以不同群体间跨越流动网络为代表的跨越型社会资本[43]；依据利益相关者，企业家社会资本划分为政治关系资本、商业关系资本以及企业家专业技能资本[44]；企业内部的社会资本可以划分为工人与工人之间的社会资本、工人与管理者之间的社会资本、管理者与管理者之间的社会资本三类，并采取以下指标衡量三类社会资本的大小：相互帮助、合作程度、融洽程度等。企业的社会资本可以从企业间的横向联系、纵向联系和社会联系来测量[45]；社区的社会资本可以从地方性社会网络、社会互动、信任、志愿主义、社会支持、社区凝聚力和社区归属感7个维度来测量[46]。总体来说，国内外关于社会资本的测量可以分为"个体/微观"和"集体/宏观"两种，在测量个体社会资本时，多使用社会网络分析法，包括个体所在网络的结构、个体在网络中所处的位置及网络中嵌入的资源等；在测量集体社会资本时，则从信任、社会参与、社会联结和规范等几个方面进行[47]。

依据Nahapiet和Ghoshal[48]的研究，社会资本划分为三个维度：结构维度、认知维度和关系维度，其中结构维度和关系维度借鉴了Granovetter[49]关于结构性嵌入和关系性嵌入的研究。结构性嵌入关系到整个社会系统和关系网络的属性，结构维度是指个体之间联系的总体模式[50]，即个体接触的对象及如何与对象之间进行联系、交往、交往频率、关系紧密程度等。关系性嵌入描述了人们通过互动的历史而彼此发展的个人关系，关系维度是个体之间通过彼此之间的关系而获得的可利用的资源，如个体之间的相互信任、非正式规范、道德约束、义务与期望等。认知维度指个体对组织目标的理解，个体与组织之间的知识共享，个体对组织规范、价值观共享的意义与解释[48]。社会资本三维度的划分得到了较多学者的关注，各个维度的含义及测度指标也在后续的研究中不断得到丰富，如群体或个体所处网络的连接强度、中心性和联系强度视为结构维度的体现，群体的共同语言、符号共享、价值观的异同可以视为认知维度的体现，相互之间的信任、规范和感情视为关系维度的体现。

我国学者自20世纪90年代开始应用社会资本理论对一些社会现象进行解释与研究，涉及多个学科领域的多个问题，比如经济学领域的融资、企业效益、居民消费、借贷、产品供给、个人信用及其他企业行为等问题；社会学领域的PPP项目(Public-Private Partnership，政府和社会资本合作项目)、养老服务、社区治理、环境保护、垃圾减量化、农业问题、贫困等问题；教育学领域的大学生就业、家庭教育、青少年发展等问题；医学领域的健康、心理性疾病、新媒体医疗等问题。

2.1.3 组织行为理论

1. 行为动机理论

动机是个体为满足一定需求而产生的意愿、信念等的一种内在驱动力，这种驱动力具有能动性和积极性，可以引起个体行为，并引导该行为实现既定目标[51]。根据这种论述，人类行为其实就是在预定目标指引下的一种动机性行为，而该行为的产生是依据动机产生的过程而形成的，属于人类心理学范畴的研究内容。

动机和需求两者密切联系，都是针对自身缺失的东西而产生的，但动机一定缘起于特定的目标和追求，而需求却不一定是主动出现的，有可能随环境和外界条件变化而随机出现。同时，特定的需求引发了个体的行为动机，而并非所有需求都能带来动机的产生，其间还需要有刺激的作用。也就是说，需求是动机产生的根源，但其间还需要有外部刺激的驱动。

根据如上分析，需求是动机形成的内在根本性原因，动机是在特定需求基础上产生的一种驱动力，是需求带来的内部刺激，而诱因则是动机形成的外部保障。需求的出现会引发个体的紧张心理，此时通过外界刺激，形成动机。当出现能够实现这一特定需求的外界条件时，这种紧张的心理或动机就会诱使行为的产生。因此，动机与行为的关系包括以下几种：动机可以发动或终止行为(动机带来指定目标，诱发行为产生，当指定目标实现之后，行为会随之消失)、指引和选择行为(动机像指南针一样，强度最大的动机占据主导地位，引导行动主体朝此方向产生行为)以及维持和强化行为(动机的作用表现为一个过程)。

需求引发动机，而动机又引导了行为，因此"需求→动机→行为"的关系可以用图2.1表示。

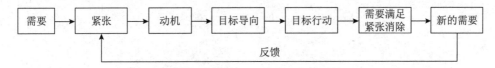

图2.1 个体行为产生的行为模式

解释行为动机的理论众多,本书重点介绍勒温的动力场理论、马斯洛的需求层次理论以及自我决定理论。

(1) 勒温的动力场理论。勒温(Kurt Lewin)借用物理学中场论(Field Theory)的观念来描述行为,认为行为是由作用于有机体身上的所有动力引起的,指出人的行为是人与环境互相影响的结果。在勒温的理论中,行为并非一成不变,而是由人和环境共同决定的,也就是说,行为会随着人或者环境的变化而改变[52]。他对行为动力的解释其实是对人与环境的作用关系的阐释,他认为动力其实就是包括人与环境在内的各种力相互作用的心理紧张系统。勒温的动力场理论对现代社会认知理论有着深远的影响。勒温强调客观事实,即强调个体对外部环境的感知、强调主体的理性和能动的特征、关注心理事实以及心理过程的方法论原则。

勒温的动力场理论中存在两大基本概念:紧张(Tension)与生活空间(Life Space)。紧张主要出现在特定需求产生之后,当潜在需求变成了实际需求就会带来紧张,进而衍生出行为主体的行为动机。而这种所谓的需求主要涉及生理需要(Physiological Needs)和心理需要(Psychological Needs)。勒温的动力场理论中涉及的需求主要指心理需求,也称之为准需求(Quasi-Needs),他认为这种需求直接导致了人的行为。生活空间是动力场理论的又一大基本概念,主要指的是一定时间点上,对个体行为和心理活动有决定性作用的所有事实。勒温认为,要理解和预测行为,就必须把人与环境看作互相作用、相互依存的集合整体[53]。此概念主要包括人与心理环境,发生在这种生活空间中的行为既是人与环境的函数,同时也是生活空间的函数。因此,勒温概念中的生活空间不是纯客观环境,也不是纯意识中的行为环境。勒温概念中的生活空间满足一个动力原则,即存在于生活空间中的事物或因素都必然对个体当时的行为有着实际的影响,生活空间以此为标准,把主客体融合为一个整体。

(2) 马斯洛的需求层次理论。1954年,马斯洛(Masfow)在《动机与人格》著作中首次系统地阐述并界定了需求层次理论。该理论后来逐渐得到学者的关注与重视,成为心理学领域一个重要的理论。该理论为我们提供了人的动机结构模型[54]。在该模型中,马斯洛将人的基本需要依次划分为5个层次,不同需求之间是有层进关系的,由底层需求到高层需求的顺序依次是生理需求、安全需求、归属与爱的需求、尊重需求以及自我实现需求。马斯洛的需求层次模型,具体内容如图2.2所示。

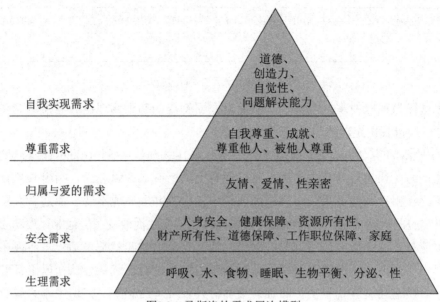

图2.2 马斯洛的需求层次模型

该理论提出由于不同需求间的层进关系,较高水平的需求不会突然出现,而需要在低层次需求得到满足的基础之上才会显现。人的行为是受当前主导的需求所指引的,当前主导需求即为目前尚未得到满足的最底层需求。只有该需求得到满足之后,才会出现新的需求,进而带来新的动机去催生新的个体行为。生理需求和安全需求是较低层需求,被称为基本需求;而归属与爱的需求、尊重需求以及自我实现需求是较高层需求,被称为成长需求。其中,最高层的自我实现需求是马斯洛需求层次理论的核心思想。

(3) 自我决定理论。1985年,罗切斯特大学的Edward Deci和Richard Ryan共同提出自我决定理论,该理论主要用于解释内在动机的产生条件,关注人类的行为在多大程度上是自愿和自我决定的[55]。该理论假设人天生都有追求成长和发展的积极行为倾向,认为人会主动地把外部经验与自我感知相结合,去努力应对各种挑战,实现目标。当然,行为的产生在于人的自我决定,而这种追求进步的个体行为结果却会受到外部环境的影响。

在自我决定理论中,人的需求是促进内在动机生成的条件,而这种内在动机是依循个体自发兴趣探索和掌握新信息、技能、新体验的一种动机。在自我决定理论中有三种基本需要,即自主需要、能力需要和归属需要。自主需要(Autonomy),就是自我决定的需要,指的是个体能够根据自我意愿决策是否从事或者如何开展某项活动;能力需要(Competence),指的是个体通过经验积累以及培训训练而获取并提升的掌控环境的能力,在活动开展中能够产生一种胜任感;归属需要(Relatedness),指的是在社会关系中,个体能够得到来自外部的关爱、理解、支持等接纳性需求。自我决定理论主要依据这三种需要的分析,当这些需要出现且得到满足时,就会形成内在动机,促使人们从事模型活动,做出相应的行为。

自我决定理论提出之后就受到重视,并得到推广和发展。在自我决定理论发展过程中,逐渐出现分支理论,具体而言,主要衍生出如下4个子理论:基本需要理论(Basic Needs Theory)、认知评价理论(Cognitive Evaluation Theory)、有机整合理论(Organismic Integration Theory)以及因果定向理论(Causality Orientations Theory)。

基本需要理论强调个体行为是由一种特定需求推动的,而这种需求是个体天生具备,而非后天习得的,这种需求是人的一种基本心理需求,具有内在性、普遍性和中心性。认知评价理论旨在阐述社会环境因素对个体内在动机的影响,内在动机是指该心理状态与外部条件无关,但外部动机认为行为动机需要由活动自身以及外部因素共同作用才能产生。有机整合理论旨在阐述外在动机向内在动机的转化过程。内在动机能够促使人在活动中表现出更强的兴趣、兴奋和自信,由此产生的行为结果自然也会更加出色,体现出内在动机的优势[56]。外在动机趋势的活动绩效相对较差,因此将外在动机向内在动机转化十分必要。因果定向理论主要描述个体在先天倾向中的差异,同时分析了这些差异对个体选择和适应环境的影响。

综合以上分析,自我决定理论旨在强调个体的内在动机,将其视为一种原型的自我状态,提出人先天是积极进取,与生俱来地具有追求自我实现和自我成长的需要,因此,每个个体都具有先天性的、内在的、建设性的发展自我的倾向,主动将外在动机向内在动机转化,寻求自我的整合。

2. 行为控制理论

行为控制是指为实现控制者的要求和目标,控制者会采取一定手段或方法来约束或改变受控者的行为。行为控制主要是出于维护社会或组织有序稳定运转而通过一系列制度设计和安排而实行的一种行为管理方式[57]。行为控制的主要目的是保证正常的人际关系稳定,纠正已经偏离社会认可的行为模式。所谓社会行为模式,主要体现在众多的社会行为准则、道德准则以及法律规则中。关于行为控制的理论,大多以激励理论和组织文化理论为基础,本书从这两种理论出发,对行为控制理论进行介绍。

(1) 激励理论。激励理论是行为科学中一个重要的理论,主要用于解释和分析需求、动机、目标和行为四者之间的关系[58]。行为科学已经揭示人的行为根源性的原因在于需求,同时需要刺激来诱发,而激励恰是一种很好的行为诱发因素,能够激发个体的行为动机,强化实现预期目标的心理活动。被激励者具有从事某一活动的需要,在激励作用下会产生内在的愿望和动机;而激励的强弱会影响到个体参与活动行为积极性的高低;同时这种积极性是一种内在表现,无法直观判断,但可以借助行为结果来进行观测。

激励理论中提出激励包括正向激励和负向激励(又称之为约束，等同于控制)。正向激励促使被激励人积极地朝向预期目标而努力。约束代表一种约束和限制，限制被约束人不能超出许可范围，不能偏离预设目标和方向。可见激励和约束是两种相对应的行为管理方法，目的都是确保将行为控制在预设的目标实现轨迹中。

本书以正向激励为基础，提出组织安全行为实施的主要动机是确保企业生产和运营安全，保障员工生命健康和财产；但施工项目开展过程中，由于多种原因，组织难免会出现行为偏离，即出现组织不安全行为。因此，本书着重分析如何通过正向激励强化施工项目的安全行为。

(2) 组织文化理论。组织文化是一个组织中经过长期的行为规范以及文化积淀而形成的稳定的组织环境与氛围特征。将组织文化理论应用于行为控制之中，主要是借助对个体观念的影响来实现对行为的掌控，尤其是借助组织文化中强有力的企业价值观因素来激励和影响个体行为。组织文化应用于行为控制中，目前比较流行的管理方法是"5I"方法。"5I"是指有趣的工作(Interesting Work)、信息共享(Information Share It)、大家参与(Involvement Encourage It)、个人独立(Independent Allow It)和工作透明(Increase Visibility)。

2.1.4 行为安全理论

1. 行为安全理论的产生与内涵

行为安全(Behavior Based Safety，简称BBS)是一种多学科交融下形成的行为分析方法，综合了行为科学、安全管理科学以及心理学等多种学科。1978年，行为安全理论一出现就得到学者们的关注和重视，广泛应用于企业中组织安全和员工安全方面的研究，并取得了较好的效果。Komaki等在对生产企业安全绩效进行研究的时候，借鉴了行为分析的方法，其研究表明，清楚界定员工行为，并给予及时的反馈是提升企业安全绩效最有效的方法[59]。美国非营利组织——剑桥研究中心于1996年开始，每年举办一次行为安全国际会议，对行为安全理论的发展与推广起到了重要作用。2000年以后，行为分析方法在国内企业界也得到了重视，并开始积极推广和使用。尽管如此，该理论的应用仍处于发展阶段，有待进一步论证和推广。

行为安全理论主要在于分析人的不安全行为，进而对此行为进行纠正，以实现安全管理。行为安全理论的观测流程如下所述。第一，现场观察、监测和统计工作人员的不安全行为，也就是定义目标行为，即确定存在安全隐患的一些关键重点监测行为，在培训相应的观察和监测人员后，编制行为安全观察表，以备数据收集时使用；第二，得到培训之后的安全观察员到工作现场进行观测和记录，收集一手数据信息，在对其不安全行为进行纠正的同时，培养作业人员的安全意识和良好习惯，以形成组织的安全氛围；第三，行为干预，即BBS领导小组对现场收集的数据进行细致的分析和总结之后，开发并实施具体的干预策略，系统纠正员工的不安全行为；第四，业绩评定，即在安全行为引导和不安全行为纠偏之后，重新统计分析观察数据，评估安全绩效改进情况，对比之后寻求进一步改善安全工作的建议和方案；最后，对企业整体安全状况进行评估，确保组织的安全绩效[60]。

行为安全理论的这一观测流程可以简化为"观察→纠正→再观察→再纠正"的循环模式。该观测流程和体系的成功关键在于高层管理者对安全行为以及行为分析的重视与大力支持，同时需要全体作业人员以责任和使命的心态参与其中，进行沟通和反馈，力求在摒弃不安全行为的同时，形成良好的安全氛围和安全文化。行为安全分析法是一个闭环的分析流程，其工作机制如图2.3所示[61]。

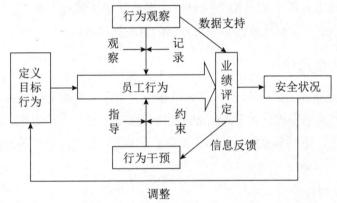

图2.3 行为安全分析法的工作机制

2. 行为安全理论的研究领域

行为安全分析方法在安全生产与管理领域应用的有效性得到了多数学者的认同，但研究证实该方法的效果取得还有赖于必要的实施方法和原则。Krause等历时5年依循BBS的工作机制流程完成了对美国73家企业的跟踪调查，研究结果表明，行为分析法能够有效降低事故率，改善企业安全绩效[62]。但Smith的研究表明，BBS对工作事故处理来说并非很好的解决方法，他提出工作相关的事故产生的原因多数在于系统固有缺陷，而非员工个人行为，因此只是从员工角度来改善企业安全绩效，长此以往会带来怨恨与埋怨，此类事故应该从系统思想和质量管理系统角度去完善[63]。

除此之外，有学者在对员工参与行为安全分析的研究中发现，行为安全培训有效性的认知、对管理能力的信任、认可行为安全可作为绩效评估方法、员工接受安全行为的教育以及组织中担任较长时间的任期这5个方面能够促进员工参与行为安全分析，同时对参与程度、对管理的信任、对同事的信任以及对BBS培训的满意度这4个方面进行比较发现，强制参与的效果要优于自觉参与[64]。针对BBS方法持续作用较差的特点，Zhang和Fang结合监管干预循环(Supervisory-Based Intervention Cycle，SBIC)和行为安全追踪和分析系统(Behavior-Based Safety Tracking and Analysis

System，BBSTAS），提出一个持续的BBS策略，并通过实践应用观察到该改进方法的有效性[65]。因此，有效地开展行为安全分析方法就必须遵守相关的准则和原则，如讲解程序的原理、许可员工掌握流程、给员工选择的机会、管理支持与参与、保证进程的非惩罚性、保证指导人员的非指向性等[66]。

概括而言，行为安全分析的基本原则[67]包括以下几项：基本出发点是帮助人，而非惩罚人；参与观察与沟通的人员需经过严格的培训，明确观察立意和沟通方法的基础上才能参与工作；观察中会记录众多的数据和内容，在后期分析中，这些资料务必得到足够的重视和充分的分析利用，并给予及时的反馈；该工作的开展首先要得到高层管理者的重视和支持，其次要实现全员参与；收集信息过程中如果遇到需要保密的人员或者资料，应该给予保密性承诺，并坚决做到；参与工作的个体需要随时牢记，保持观察和被观察的心态是必需的责任和义务。

2.1.5 决策理论

Herbert A. Simon在决策理论的发展过程中做出了伟大的贡献，并据此获得了诺贝尔奖。决策理论的发展史主要以Simon的决策理论为分界点，早期的决策理论被称为古典决策理论，而Simon的决策理论出现之后，现代行为决策理论开始萌芽，并逐渐发展壮大。

1. 古典决策理论

20世纪50年代以前，古典决策理论盛行，也称之为规范决策理论。古典决策理论建立依循一个重要的前提假设，即"理性经济人"假设。其中，"理性"指的是决策人是一个绝对理性人，也就是对决策的方案以及每个方案对应的结果都了如指掌，同时还具备评价和估算所需要的全部技能，因此在这样一个理性人制定决策的时候，决策环境等外部条件无论如何变化和更改都不会影响他做出稳定的最优选择。而"经济人"指的是决策者制定决策的唯一目标和标准是功利主义，旨在追求个人利益最大化，而且这一决策目标始终保持不变，不受外界任何变化的影响。同时，该理论还假设决策者在制定决策的时候，所花费的时间等因素可以忽略不计的。根据如上假设可知，古典决策理论中决策者是完全理性的，不受任何伦理、道德等非经济因素的影响，其制定决策的唯一目标就是个人利益或行动效用最大化。

这个时期的决策理论主要是在Von Neumann和Morgenstern提出的期望效用理论基础上发展而来的[68]，但随着理论的发展，一些实证研究发现期望效用理论难以很好地解释现实中的许多行为异象[69]。1945年，Simon分析了理性和经济的标准无法确切地解释管理者的决策行为，进而提出了"有限理性"的概念[70]。随着理性经济人假设的弊端逐渐突显，另一位诺贝尔经济学获得者Allais通过研究发现人们在决策过程中会出现过渡重视确定结果的现象，据此提出了著名的"Allais悖论"[71]。该悖论揭示了决策者在风险和不确定情形下的选择行为违背了期望效用理论的独立性公理。同样Ellsberg在1961年提出人们在做决策时更偏向于概率分布已知的选项，而尽量规避概率分布不清的选择，也就是说人们是模糊规避(Ambiguity Averse)，反映了个体实际决策行为系统地违反了期望效用最大化假定，此观点称之为"Ellsberg悖论"[72]。Allais悖论和Ellsberg悖论均证实了人们决策过程中存在的非理性现象，引发了学者对实际决策过程的探索。

2. 行为决策理论

Edwards综合分析了经济学和心理学在决策领域的研究成果，提出行为决策理论，自此成为决策科学领域的一个重要议题[73]。可见行为决策理论起步得益于心理学和经济学的研究学者。特别是1979年行为经济学奠基人Kahneman教授提出行为决策理论中重要的理论之一——前景理论[74]，并由此获得诺贝尔经济学奖。随着决策理论的发展，行为决策理论除了应用于经济学和心理学，还广泛应用于统计学、管理学等学科，成为多学科交叉研究领域[75]。

综合现有学者观点，行为决策理论研究的主要特点如下[76-78]：第一，该理论研究以决策者实际行为为出发点；第二，该理论研究主要关注决策者的心理，也就是决策者的认知和主观决策心理过程，对决策正确与否的关注度不高；第三，该理论研究以认知心理学为出发点，主要研究决策者在决策过程中对信息的处理机制以及决策时内外部环境的影响，试图从中凝练出决策者个人层面的行为变量，在理论决策模型基础上加以修正和完善。

综合以上分析，行为决策理论与古典决策理论存在多处差异。行为决策理论中对决策者的假设不像古典决策理论中的完全理性，而是处于完全理性与非理性之间，决策过程中会受到决策问题之外的其他感知因素(如外部环境、决策资源等)的影响。同时，行为决策理论在风险决策中多是风险厌恶型，往往不追求完美最佳方案，而是求得满意结果即可。此外，行为决策理论的主要研究内容是"人们在实际决策过程中是如何做决策的"以及"为什么会做出这样的决策"，旨在对其做出描述性和解释性相结合的理论，而非研究决策者应该如何做决策的理论。

3. 控制理论分析工具

控制理论的应用发展过程中，出现众多的分析工具，比较常用的包括决策树、博弈模型、贝叶斯网络和影响图模型等。

决策树法用树状图来表示各决策的期望值，通过比较各决策路径期望值的大小来制定决策，是一种典型的决策技术。决策树可以简单直观地运用概率分析来表述决策问题，是一种图解方法。但决策树模型的规模会随着事件以及决策节点的增多而呈指数级增长，此时其简单直观的可视化优点便荡然无存了。由于决策树法依赖于各节点概率确定的条件,因此决策树更适用于规模较小,且事件发生概率稳定的问题。

博弈模型主要用于竞争条件下的决策问题,用于分析个体或群体在相同的条件制约下,以求自己的利益得到满足而实施相应策略的方法。

贝叶斯网络是基于概率推理的图形化网络,应用于表征变量间依赖关系和条件独立性以解决不确定性推理和不完整性问题而提出的方法。但是,贝叶斯网络不擅长进行决策分析。

影响图是由Howard和Matheson提出的[79],既可以用来作为表示和求解不确定性问题的工具,也可以作为有效的决策分析工具,它在近些年被广泛地应用于决策分析、不确定性建模和人工智能等多个领域。

根据如上对比分析,本书中组织安全行为决策分析工具选用影响图的方法。

2.2 文献综述

通过ScienceDirect、Ebsco、Emerald、Google学术、中国知网等数据库,我们对国内外在建筑、煤矿、地铁、运输等领域与建筑施工安全行为、安全能力和安全沟通等相关的文献进行了梳理与分析,发现研究个体安全行为的文献比较多,研究组织安全行为的文献比较少。下面分别对施工人员个体的安全行为与组织安全行为、安全能力和安全沟通的研究成果进行介绍。

2.2.1 施工人员安全行为研究综述

1. 安全行为研究的理论基础

关于安全行为的研究最初的理论基础是事故致因理论,将人的不安全行为看作事故发生的主要原因,学者开始寻求人不安全行为的影响因素,以降低不安全行为发生率之后,心理学家认为心理活动规律支配人的行为,安全行为也是一样,因此学者借用心理学的理论来对工人的安全行为进行研究,包括认知心理理论[80]、认知科学理论[81]、心理资本理论[82]、调节焦点理论[83]等。人的行为还会受外界环境的影响,是人与环境相互作用的结果,而仅从心理方面来研究安全行为是远远不够的,组织行为学逐渐成为研究组织中人的行为的独立学科。组织行为学是行为科学的一个分支,是探索自然和社会环境中人的行为的科学,其关注个体行为、群体行为和组织行为。很多学者应用组织行为学相关理论对个体的安全行为进行了研究,如需求层次理论、领导—成员交换理论[84]、计划行为理论等。其中,学者广泛应用计划行为理论研究行为的影响因素,该理论的核心理念是将态度、主观规范和知觉行为控制看作对人的行为的影响因素。因组织行为学是跨学科的行为科学理论,Robbins[85]便从组织行为学的三个研究层次——个体、群体和组织着手，分析心理学、社会学、社会心理学、人类学和政治学5个学科在对应层次的行为研究分布。除了心理学主要用于研究个体行为之外，其他学科对于群体行为和组织行为的研究均有涉及。

除此之外，在行为科学的基础上，有学者将行为分析方法用在企业或员工的安全方面，并发展成为行为安全科学理论(Behavior-Based Safety, BBS)[86]。BBS方法是通过目标设定和反馈来改善工人安全行为的，管理者通过BBS方法为员工建立起安全习惯，而这种安全习惯将能够为企业带来长期的安全效益[65]。近年来，还有学者借鉴数学领域的突变理论来研究工人的安全行为。这些不同学科的理论基础并不是独立存在的，而是相互联系，互为补充，对于安全行为的研究并不是一门学科、一个理论就可以完成的。人是复杂的，人的行为也是复杂多变的，对于安全行为的研究需要多学科、多理论的共同参与、共同运用，从不同的学科视角、理论视角出发，才可以对安全行为有更全面、更深入的研究。

2. 安全行为概念及维度划分

广义的安全行为是指在安全生产活动中，人所表现出来的有助于安全生产目标实现的有意识的行动反应。依据行为主体的不同，安全行为可以划分为领导者安全行为、管理者安全行为和员工安全行为；依据行为环境的不同，安全行为可以划分为个体安全行为、群体安全行为和组织安全行为；依据行为手段，安全行为可以划分为安全操作行为和安全管理行为。有学者将安全行为定义为，人们在工作的过程中遵守操作规程，当出现安全事故时所做出的能够保护自己、设备、工具等的一切行为[87]，也指员工在执行任务的过程中，为实现安全生产目标所做出的现实的反应[88]。

目前，关于安全行为维度的划分并没有统一标准，依据研究背景、研究对象和研究内容的不同，学者对安全行为有不同的维度划分方式。一般而言，组织将安全行为视为员工对行为安全惯例的遵守，包括正确使用个人安全设备、正确执行规定的程序、应用适当的工作练习以减少潜在的危险和伤害，以及遵守安全政策和程序[89]。

一些学者[90]质疑一维安全行为模型的充分性，认为安全行为至少含有两个维度——谨慎(Carefulness)和主动(Initiatives)[91]。Simard和Marchand[92]采用类似的安全行为双维度概念进行研究，也发现了安全规则遵守(Safety Rule Compliance)和安全主动行为(Safety Initiative)之间的积极关系。还有一些其他的研究也验证了安全主动行为维度在安全行为中的存在，如帮助向新成员讲授安全程序，以确保他们安全地进行工作，或者就工作活动提出与安全有关的建议[82]。安全行为二维度概念逐渐得到了学者们的认同。

不同的学者采用不同的指标来表示安全行为二维度概念。依据员工行为的来源，安全行为可以划分为安全任务行为和安全公民行为[93]；依据行为不同阶段，安全行为可以划分为安全规范遵守(行为的状态)和事故率(行为的结果)两个组成部分[94]；除此之外，有学者将安全相关行为分为不安全行为(Unsafe Behavior)和安全倡议(Safety Initiative)[95]。不安全行为描述了不论是有意还是无意而使个人或工作场所遭受更大的物理威胁或伤害的行为；相反的，安全倡议描述了组织成员在多大程度上采取非正式倡议以改善其工作的安全执行水平，包括向管理者提出建议并施加压力，以提升工作环境的安全性水平。

Griffin和Neal[96]从工作绩效二因素的角度对个体安全行为进行了划分，将个体安全行为分为安全遵守行为(Safety Compliance)和安全参与行为(Safety Participation)。其中安全遵守行为对应于任务绩效(Task Performance)，根据任务绩效的定义，安全遵守行为用来描述个人为维护工作场所安全而必须进行的核心安全活动，包括穿戴安全设备和遵守安全规定。安全参与行为对应于情境绩效(Contextual Performance)，根据情境绩效的定义，安全参与行为是指工人自愿参加有益于改善个体和组织安全状况、安全环境的安全活动或安全会议的行为。

安全行为的二维度划分还有多种不同的分类方法，有学者将工人安全行为分为三个维度，这些划分方法都是基于个体安全行为不同类型来划分的，是学者为了将个体安全行为所包含的内容更完整、更清晰地表述出来，以对安全行为进行更深入的研究，完善安全行为理论而做出的努力。个体安全行为维度划分汇总如表2.3所示。

表2.3　个体安全行为维度划分汇总

划分维度	安全行为维度	来源
一维划分	员工遵守行为安全规则	Fugas et al.(2012)[89]
二维划分	谨慎和主动	Andriessen(1978)[91]
	安全规则遵守和安全主动行为	Simard and Marchand (1994)[92]
	任务行为和情景行为	Motowidlo and Van (1994)[97]
	安全任务行为和安全公民行为	牛莉霞，李乃文，姜群山(2015)[93]
	安全遵守行为和安全参与行为	Griffin和Neal (2000)[96]
	不安全行为和安全倡议	Aryee and Hsiung (2016)[95]
	合规安全行为和主动安全行为	Fugas et al.(2012)[89]
	安全规范遵守和事故率	周全，方东平 (2009)[94]
	自我安全控制和安全装备	张静，徐进 (2013)[98]
	自我安全保护和遵守安全规程	吴建金，耿修林，傅贵(2013)[99]
	安全服从行为和安全参与行为	张洪潮，王杰，卢迪(2018)[100]
三维划分	技能安全行为、规则安全行为和知识安全行为	袁朋伟等 (2014)[101]
	安全遵守行为、自我参与行为和安全利他行为	吴秀宇 (2017)[102]

3. 安全行为影响因素研究

有效地识别对安全行为可能产生影响的前因变量，有助于提高安全预警机制的可靠性，同时预防不安全行为的发生，最终改进安全绩效。个体的安全行为受多种因素的影响，基于不同的研究视角，学者对安全行为的影响因素做了广泛的研究，通过对安全行为相关文献的系统梳理，将安全行为的影响因素主要划分为三个层面：个体因素(个体心理特征、个体生理特征、个人认知和知识)，组织因素(安全氛围、管理者行为、同事行为)和外部环境因素(生产环境、公司规模、工作场所风险)。

(1) 个体因素。人的行为受一定心理规律的支配，安全行为也是一样，因此个体因素对工人的安全行为有着重要影响，这些个体因素包括态度、动机、感觉、性格、能力等方面。安全态度与安全行为之间的正相关关系已经得到学者的认同，积极的安全态度会对工人的安全行为产生显著的积极影响[103]。意识对行为产生影响的研究大都基于"态度—行为理论"，具体来说，一个人的态度会影响行为，也就是安全意识会对安全行为产生影响，安全意识的提高会显著改善工人的安全行为[104]。施工人员的不安全行为是导致安全事故发生的直接原因，然而不安全行为又是个体安全能力匮乏的外在表现，个体的安全能力的强弱能够直接地对事故的发生产生影响[105]。

除了受心理规律的支配，行为也是人类认知过程的产物，因为不安全行为的产生是人们在认知过程中出现失误后，而产生的预期之外的行为。工人的安全知识可以看作一种描述性规范的测量方式。研究发现，个体的安全知识对于改善个体的不安全行为具有显著的积极影响，且对安全绩效有正向的促进作用，同时指出管理者应该加强员工安全知识的培训，以减少不安全行为的发生[106]。

由于建筑施工行业重劳动和长时间工作的特点，过度劳累已成为影响建筑工人安全行为的重要因素之一[107]。研究发现，睡眠不足会引起工人疲劳，从而导致绩效下降，产生事故风险[108]；如果失眠或睡眠不足，就不能获取和补充自我调节资源，影响认知过程和身体机能，从而产生疲劳感，对个体的安全行为产生负面影响[109]。由此，我们可以看出个体因素在影响个体安全行为的过程中起着关键性的作用，在工作中应当注重工人个体特征的培养，从根本上完善其安全行为。

(2) 组织因素。一些研究认为，在对员工行为塑造的过程，组织因素比个人因素更为重要[110]。研究安全行为时，除了考虑个体因素，还应考虑组织因素对安全行为的影响，个体的行为可以是组织中某些环境因素作用的结果。安全氛围来自成员对组织环境的共同感知，而组织成员的安全动机(如安全在组织内是否具有高度优先性，安全行为是否会得到奖励和支持)会促使形成共识。安全文化是个人和组织价值观、态度、看法、能力和行为方式的产物，而安全氛围被认为是安全文化的一个测量指标，学者已经证实具有良好安全文化的组织员工对安全实践持积极态度[111]。在施工领域，安全氛围常用来描述组织成员对组织内安全优先水平的感知程度[89]。相比于个人经验因素，安全氛围因素对安全行为的影响更大，安全氛围因素包括安全管理制度和程序、管理承诺、安全态度、工友的影响和员工的参与[112]。

在管理和组织研究文献中，领导被确定为决定组织成果的关键社会心理因素之一，领导在塑造下属的安全绩效方面最有影响力[113-114]。安全领导是以实际行为引导人们做出正确的安全行为，安全领导行为、形式、承诺及员工对管理的信任都对安全绩效有直接影响[115]，领导对安全的重视是影响因素体系中的深层次因素，不同类型的安全领导行为对工人的安全行为的影响不同。工人的安全行为还受安全法规、安全制度的影响，制度的存在就是为了规范和引导人们的行为。研究发现，安全法规与日常建筑运营无关，但在更高不确定性环境下工作的工人更有可能具有安全意识和风险感知能力，从而表现出更高的安全行为水平[116]。另外，社会规范也是管理工人安全行为的有力机制，不同社会规范对建筑工人安全行为的作用机制也不完全相同。工人的安全行为受感知管理规范、感知团队规范和个人态度的影响，感知管理规范通过感知团队规范的中介作用对安全行为起作用[104]。

由于建筑施工流动性大、工作地点不固定的特点，一线工人与管理者之间的联系可能不如与同事之间的联系紧密，且建筑工人的施工技能主要依靠"师徒式"传授和模仿自学等方式获取，因此同事的态度或行为更可能影响工作中的安全行为[117]。同事对安全的承诺被认为是影响安全氛围的一个因素，与高层管理者和监督人员对安全的承诺同样重要，对工人的安全行为有积极的预测作用[118]。在研究施工工人不安全行为产生的原因时发现，除了个人安全意识缺乏、工作压力，以及其他组织、经济因素等，同事的态度也是工人选择不安全行为的原因之一。

(3) 外部环境因素。除了上述影响工人安全行为的个体或组织因素，工作环境的安全与否对工人安全行为也会产生影响。影响安全的工作环境特征包括公司规模、工作的体力要求、培训状况、工作需要、生活压力和工作专注度[119]。建筑工人的作业地点大部分位于室外，除了自然条件，如日光直射、紫外线暴露等，生产过程中建筑材料产生的灰尘、噪声等[120]都会影响人的身体健康，从而影响安全行为。工作场所的风险水平不会直接影响工人的安全行为，但是对其有调节作用。研究发现，不同风险条件下，对工人安全行为的干预措施不同：在中度风险条件下，提升工人的项目识别是一种有效策略；在高风险条件下，在达到管理的中等严格性后，应合并其他干预措施；在低风险条件下，如果没有非常严格的管理反馈，其他干预措施将不会有效[121]。此外，研究表明，建筑公司的规模会影响安全措施，较大公司有更多的安全管理措施，且更有可能让工人接受安全培训，不同规模公司的风险防范水平也不同。

4. 安全行为的其他研究

除了对建筑工人安全行为影响因素的研究，还有一些行为模式的相关研究，这些研究深入了解不安全行为的形成过程，揭示了个体策略选择对群体行为的影响[122]。行为由认知决定，有学者研究不同行业工人的认知模型后发现，工人的认知结构显著不同，并对其行为有着不同的影响，因而对工人安全行为的管理策略也应有相应的变化[123]。人的行为一直被认为是事故发生的主要原因，研究发现，有效干预工人行为的实施可以显著提高工人的安全价值观水平和安全能力水平，不安全心理水平和不安全行为水平均呈现先上升后下降的抛物线形式，建筑工人习惯性不安全行为也得到有效调整[124]。

随着科技的发展，人工智能也逐渐面向建筑施工现场的安全管理，计算机信息技术与安全行为管理的结合，可用于实时监控工人的行为，及时制止和减少不安全行为的发生，如郭红领等[125]利用建筑信息模型(BIM)和定位技术(PT)开发了建筑工人不安全行为预警系统，可通过对工人位置信息和行为信息的获取、处理和反馈，实现现场事故的预防。类似的，有学者利用图像技术，结合施工安全知识和人体工程学原理，开发了一种基于骨架的不安全行为实时识别方法，通过参数描述，对不安全行为进行判断，并采取干预措施。还有学者基于智能安全帽的实时监测与管理系统对建筑工人安全行为的影响进行案例研究，发现依据现场行为进行监控和绩效考核能有效地改善工人的安全行为[126]。Guo等[127]对建筑工人的违规行为采用智能视频监控的实时控制方法，记录不安全行为的发生时间，构建工人不安全行为的时间关联规则模型，并通过算法识别不同施工阶段的关键不安全行为，从而发现工人的违规趋势并实时提出警报。

通过对工人安全行为的相关文献进行梳理，我们发现安全行为学科是建立在社会学、心理学、生理学、人体工效学、管理学等理论基础之上，研究影响人的安全行为因素及安全模式的应用性学科。学者从不同的研究视角对安全行为的概念内涵及维度划分提出不同的观点，研究影响安全行为的因素涵盖了心理、生理、认知、管理者行为、工作环境等多个方面，构建了不同层次的影响因素模型，对安全行为的影响机理进行了深入的研究。另外，有学者对个体安全行为行为模式和干预策略进行了研究。这些研究成果为提高工人安全行为水平、提高企业安全绩效提供了理论基础与实践依据，具有一定的指导意义。

2.2.2 施工组织安全行为研究综述

1. 组织安全行为的构成

组织安全行为是企业管理者在生产过程中发生的与安全生产相关的一切活动[58]。不同学者对组织安全行为的构成有不同的划分方法，例如组织安全管理行为可以划分为5个类别，即安全目标、工作计划、过程控制、安全环境、安全氛围[128]，组织安全行为可以划分为安全文化建设、安全法规遵守、安全责任落实、安全教育培训、安全监督检查、安全资金投入、应急救援管理、安全事故管理等构成要素[129]。不同的学者针对不同的组织行为问题有不同的划分方法，组织安全行为的结构划分并未得到统一，但是组织安全行为的构成本质上是以项目安全管理为依据，即以计划、组织、管理、控制为主要内涵。

将组织安全行为的概念进行推广，可以看作企业为保证组织生产经营活动的正常开展将一定资源投放安全领域的一系列行为。这种概念上的组织安全行为与国外安全氛围的研究内容很相似[130]，国外学者关于安全氛围的相关研究也对本书中组织安全行为的研究提供了理论基础与文献支持，例如组织安全行为的维度划分可以借鉴国外学者关于安全氛围的维度划分[131-132]，分为管理者安全、安全管理、安全培训、安全制度、工作压力、管理层的承诺等，再针对不同的研究内容进行完善。另外，国外学者关于安全氛围的测量量表的开发，本书也有借鉴[133]。

2. 组织安全行为的影响因素

企业中普遍存在的职业病危害、安全保障能力不足、安全生产违规行为等问题会对组织的安全生产活动产生威胁[134]，为了提高企业的组织安全行为水平，学者对组织安全行为的影响因素进行了广泛而深入的研究。通过对组织安全行为影响因素的文献进行梳理，我们可以将影响组织安全行为的重要因素归纳为安全文化/安全氛围因素、安全管理因素、安全投入因素三大类，依据不同的研究内容，每一类的影响因素都包括不同的要素。例如安全文化/安全氛围因素[135]包括沟通、组织学习、管理承诺、安全管理、安全态度、安全认知[136]等；安全管理因素包括领导力、安全法规、安全监管[137]、管理者行为[138]、安全管理与安全检查[139-140]等；安全投入因素包括授权和奖励[137]、安全培训、安全投资[141-142]等。

不同的要素对组织安全行为有不同的影响，如安全法规主要对组织安全产生外在影响，而安全文化主要对组织安全行为产生内在影响[141]；跨层次模型的实证分析结果显示，组织安全氛围除了对组织安全行为产生直接影响，还通过团队安全氛围的中介作用对组织安全氛围产生正向影响[142]。因此，有学者提出从安全文化建设、改善安全管理的组织结构、编写安全管理的操作程序和操作方法3个方面来提升组织安全行为水平[143]。作为影响组织安全行为的重要因素，领导安全行为的提升对组织安全行为的改善也有重要影响，Zhang等[144]对影响领导安全行为的因素研究中发现，领导的安全理念对领导安全行为有显著正向影响，领导的安全监管实践对领导安全行为的安全培训和安全政策维度有显著正向影响。上述研究为提高企业安全管理水平提供了依据，也为安全行为理论的丰富奠定了理论基础。

3. 组织安全行为的作用结果

组织安全行为的研究内容既包括影响组织安全行为的重要因素，也包括组织安全行为对安全绩效或员工安全行为的影响，即安全行为的作用结果。组织安全行为的作用结果主要分为两方面，一方面是对企业或项目安全绩效的影响作用，同是组织层面的影响关系，例如企业组织安全行为对安全绩效的积极影响[145]、组织安全管理行为对项目安全绩效的影响[146-147]；另一方面是对个体安全行为的影响，属于跨层次的影响关系，例如企业组织安全行为对员工安全行为的影响[147]、组织安全行为对个体安全行为的影响[148]等。

对于组织安全行为影响作用的研究有不同的研究方法和研究模型，Goh等[149]提出了一个混合模拟框架，综合使用了离散事件模拟、多Agent仿真、系统动力学的方法，并以运土工作为例，对建筑项目中的安全行为进行仿真模拟，使得管理者可以选择合适的干预措施来平衡生产和安全目标。与现有的施工计划仿真模型相比，此模型可以把安全行为的相关问题整合到模型中，进而提高安全绩效水平。上述研究为提高企业安全绩效提供了实践依据，为安全行为理论在实践中的应用提供了理论支持。

通过对组织安全行为的相关文献进行梳理，我们可以看出组织安全行为的研究内容主要集中在三个方面：一是组织安全行为的构成要素，学者基于各自的研究视角对组织安全行为的构成提出不同的观点；二是组织安全行为的影响因素，主要包括安全文化/安全氛围因素、安全管理因素、安全投入因素等三大类；三是组织安全行为的作用结果，包括对企业或项目安全绩效的影响以及对个体安全行为的影响。另外，对于组织安全行为影响作用的研究有不同的研究方法和研究模型，这些研究为提高企业安全管理水平提供了理论基础和实践依据，对建筑施工安全行为的研究具有一定的指导意义。

2.2.3 安全能力研究综述

1. 安全能力的概念

能力是一种影响行为和绩效的个人特征，较低的能力可能会产生错误和不良后果[150]。能力的具体定义可以阐释为个人与特定组织中特定工作岗位良好或出色的绩效表现有密切关系的基本特征，也是个人拥有的知识、技能、性格和行为的集合，以能成功完成一项活动[151]。因此，能力可以看作个人的基本特征，不同的工作岗位需要不同的能力，且与工作绩效密切相关。安全能力是在能力概念基础上引申出来的概念，可以定义为在特定工作场所中与高安全绩效相关的个体特征，如个体价值观、知识技能、自身稳定性等保障生产活动顺利进行的风险应对能力[152]。

不同行业从业人员的安全能力有不同的内涵，如施工人员的安全能力是指工人在施工过程中，通过运用自身的安全知识和安全技能，对施工现场的安全隐患进行识别、处理，尽可能减少工作中可能出现的风险，保护自己、同事和工作环境安全的能力[153]；煤矿从业人员的安全能力是指煤矿工人在通过学习培训和实践锻炼后，能够在不同情况下保护个人、他人和集体的生命财产的能力[154]；与施工人员安全能力类似，机械加工车间操作工的安全能力是指工人在机械加工过程中，通过运用与机械加工和安全生产有关的安全知识和安全技能，对危险源进行识别，尽可能减少机械加工过程中可能出现的风险的能力[155]；飞行员的安全能力是指飞行员在工作过程中，利用安全知识和安全技能，识别和控制系统危险，避免出现飞行事故并尽可能减少可能出现的风险，以安全完成任务的能力[156]。除此之外，还有其他行业安全能力，如护理人员安全能力、教师安全能力等，与本书关系甚微，在此不做赘述。

2. 安全能力的测量

不同行业的不同职位或者不同任务工作者所需要的安全能力不尽相同，对安全能力的要素也未有统一归类。为了深入地了解安全能力，学者提出了安全能力测量量表，根据研究问题不同，安全能力维度划分也不同，安全能力测量量表有单维量表，也有多维量表。

单维的安全能力测量量表主要从安全相关知识、操作规程、法规标准、应急处理以及安全相关防护设备等方面对安全能力进行测量[157-159]；安全能力的三维测量量表从完成某项工作所经历的感知、判断、响应三个阶段对安全能力进行评价测量[105]，或者从身体素质[160]、业务素质和意识情况[161]等方面对安全能力进行测量；在此基础上，将行为能力增加到安全能力的测量维度，形成了四维测量量表[157-158]；除此之外，王旭峰等[162]依据发现安全隐患到解决隐患的过程，将安全能力划分为发现信息、理解信息、思考应对、选择应对和实施应对5个维度，形成了安全能力的五维测量量表。

本书主要借鉴国外学者谢里夫·穆罕默德(Sherif Mohamed)对安全能力研究的量表，结合国内学者李启明、曹庆仁等学者的研究，依据工人完成某项工作所经历的三个心理阶段为安全能力设计相应的测量量表。

3. 安全能力研究现状

安全能力的研究对象主要是高危行业的从业人员，如建筑业、煤矿业、交通业、航空业等，这些高危行业的工作特点，决定了对员工安全能力的特殊要求。在施工安全研究领域，安全能力对安全行为的影响得到了许多学者的关注，并取得了较好研究成果。研究内容体现为两方面：一方面体现为安全能力对安全行为的影响机制，如工人能力的构建通过影响安全氛围，从而影响员工的安全作业行为[163]；安全能力在煤矿企业安全文化对矿工安全行为的影响中起到中介作用[158];矿工安全能力诚信对安全行为的影响等[159]。另一方面体现为安全能力指标体系的构建及安全能力的评价等问题,如国有煤矿从业人员安全能力的评价及建议[154],管制员安全能力模型的构建[161],电力企业员工安全素质测评指标体系研究[163]等。

2.2.4 安全沟通研究综述

1. 安全沟通网络的结构特征

有研究表明,施工组织社会网络的结构特征有利于组织内部的安全沟通,促进安全知识和经验的传递和共享,进而提高组织的安全绩效[165]。随着对网络结构的研究的深入,越来越多的学者将社会网络分析方法应用于安全沟通(包括建筑工人之间,工人与管理者之间的沟通等)的研究领域,并认为安全沟通网络的结构特征、安全沟通的频率和模式(包括安全培训、安全会议、正式沟通等多种形式),对于项目和组织安全绩效都有显著的正向影响[166-167]。这些研究从社会网络分析的角度为提高施工组织安全沟通水平提供了理论支持。

2. 安全沟通的作用结果

组织内部经常进行安全沟通,这有利于安全经验和技巧的分享,同时有利于提升组织的安全行为水平和安全绩效,因此有很多学者聚焦于安全沟通对安全行为和安全绩效的影响关系研究,指出安全沟通对实现零事故有重要影响[168]。安全沟通的方式根据不同的工作性质或工作内容有所不同[169],如施工现场工长与员工之间的口头沟通方式[170]、现代化的数字影音沟通工具[171]等。选择合适的安全沟通方式,改善安全沟通技巧,对于工人安全行为水平的提高和安全事故率的降低都有显著影响[172-174]。

除了管理者与工人之间的安全沟通,工人与工人之间的安全沟通对工人的安全行为也有显著的正向影响,并且得到了学者的认同[175-176],且工人与工人之间的平行安全沟通相较于工人与管理者之间的上行安全沟通对员工安全行为的影响更大[177]。因此建议提升组织内部的安全沟通水平,营造积极的差错管理的氛围,进而提升建筑工地的安全水平。上述研究充分肯定了组织内部安全沟通对安全行为和安全绩效的重要性,为提高组织安全管理水平提供了理论支持和实践依据。

3. 安全沟通的其他研究

安全沟通除了对安全行为和安全绩效产生直接影响,也在其他因素对安全行为和安全绩效的影响中起中介作用,如安全沟通中介建筑工人流动性对施工安全水平的影响[178],安全沟通中介差错管理氛围对工人安全行为的影响[181]等。管理者与工人之间的安全沟通可以作为企业管理者的一种安全行为[179]或组织安全管理的内容[180],这些都对企业的安全绩效和员工的安全绩效产生影响[181]。也有学者将组织内部的安全沟通行为作为组织安全氛围[182]或安全文化[164]的组成部分，通过改善组织安全氛围或安全文化对工人的安全行为产生影响。

  关于安全沟通的研究，学者从不同的视角展开了大量的研究，研究结果比较丰硕。一方面，国内外学者从社会网络分析的视角出发，认为安全沟通网络的结构特征、安全沟通的频率和模式对组织的安全绩效有各自不同的影响关系；另一方面，学者对安全沟通的作用结果也做了一定的研究，发现安全沟通的频率、技巧、风格、方式等对组织的安全绩效和安全行为、工人的安全行为也有各自不同的作用关系。总体来看，上述理论和实证研究充分肯定了安全沟通对安全行为、安全绩效的促进作用，对施工组织安全行为的研究有一定的启示。

第3章

基于社会网络分析的建筑施工不安全行为间的关系

3.1 概述

海因希里经过对7500起工业事故的调查研究得出结论，有88%的事故是人的不安全行为所导致的[1]，张舒等的研究也表明安全事故中有85%是人的行为所引起的[183]，还有许多学者及研究机构的事故调查和研究分析均表明人的不安全行为是导致安全事故的主要原因[184-185]。国内外的众多学者针对建筑施工不安全行为展开了研究，主要集中在不安全行为的产生、影响因素和预测与控制三个方面。影响不安全行为的因素众多，不同学者根据不同的研究视角均得出，组织管理、个体心理及生理、环境等是不安全行为的影响因素。其中，已有的研究成果也显示，行为本身也可作为一个影响因素在已有的研究成果中出现，并且人的不安全行为是导致事故发生的直接原因，为此本章以不安全行为自身间影响关系为出发点开展研究。已有研究大多是将不安全行为作为一个变量进行研究，如管理者的领导行为对矿工安全行为的影响[186]，以及业主、监理和施工单位安全生产管理责任的行为关系[187]等，并没有对不安全行为进行细分和具体化。更重要的是，各个不安全行为间是存在相互影响关系的，基于多米诺事故致因理论，若能切断不安全行为连锁反应链，则可以有效控制安全事故的发生，那么，在一连串互相影响的不安全行为中从哪些环节切断对控制安全事的发生最为有效正是本章的研究重点。

基于以上背景，本章运用社会网络分析方法研究建筑施工不安全行为间的关系，将不安全行为进行细分及具体化，确定不安全行为集合；厘清不安全行为间的影响关系，得到关键的不安全行为并对其进行重要性排序；发现不安全行为连锁反应链，中断事故连锁，减少"多米诺骨牌"的倒牌现象；发现反应链连接成网络的桥节点，切断连接，降低不安全行为网络的风险性，进而为建筑施工安全管理提供理论依据，减少事故的发生。

本章的主要研究分为以下两大部分：第一部分对不安全行为进行要素识别和维度划分，基于此建立不安全行为之间的关系概念模型，并在此基础上进行研究设计工作，开展问卷调查和数据获取；第二部分构建不安全行为关系网络模型，揭示不安全行为间作用关系，找到关键不安全行为及不安全行为连锁反应链，为切断连锁反应提供建议。

1. 不安全行为要素识别、维度划分及要素间相互影响关系分析

本章的研究对象为建筑施工中可能出现的各类不安全行为，由于有些不安全

行为是其他不安全行为发生的原因，因此本章以此为切入点，重点研究了这些不安全行为之间是如何互相影响的，哪些不安全行为在建筑施工安全事故中起到关键作用。通过文献梳理及专家访谈对各类不安全行为进行系统的筛选，并对其进行分类，进而得到不安全行为的构成要素，基于事故致因理论、行为理论分析各构成要素间的影响关系，建立不安全行为间的关系概念模型。

2. 构建不安全行为关系网络模型，揭示其影响关系并找到关键不安全行为

通过设计、发放调查问卷，获取建筑施工企业中的不安全行为关系数据，并对数据质量进行检验。引入社会网络分析方法，确定关系网络模型的要素及模型参数，运用社会网络分析方法构建关系网络模型。计算关系网络模型的整体网络密度、中心势等结构特征，分析不安全行为要素的中心度、影响力等个体特征，厘清不安全行为间的影响关系，得到关键的不安全行为、不安全行为连锁反应链及不安全行为关系网络的桥节点，为切断不安全行为连锁反应链提供建议。

3.2 不安全行为要素分析及关系概念模型构建

3.2.1 不安全行为内涵及维度划分

1. 不安全行为的内涵

基于文献分析及研究综述，本章将不安全行为定义为可能直接或间接地引起安全事故的人的错误或失误行为。具体内涵从不安全行为与事故的关系、不安全行为的主体、不安全行为的界定标准三个方面进行阐述。

第一，不安全行为是指存在安全隐患或已造成安全事故的人的行为，包括存在引发事故发生可能性的行为和不利于降低事故发生的行为。在建筑施工中不安全行为包括建筑施工管理及实施过程中已导致安全事故和可能导致安全事故的行为，例如违章操作起重机已引起过安全事故，又如安全警示不明显可能引起安全事故；还包括直接引起事故的行为，例如在作业区吸烟；还包括间接引起事故的行为，例如消火栓缺失、脚手架搭设不牢固等。

第二，不安全行为的行为主体既包含工人也包含管理者，不安全行为包括可能引起意外错误发生的行为，例如工人在生产劳动过程中，违反规章制度、操作规程等，产生不良后果的危险行为；也包括管理者进行组织组建、制定管理制度等的工作过程中，因疏忽而与标准规则出现误差的失误行为。

第三，不安全行为的界定标准包括错误行为和失误行为，错误是事实与结果的不同，失误是事实与计划的偏差，例如工人故意违章操作是错误行为；管理者指挥

不当，监督不到位是失误行为。失误行为还分为遗漏型和诊断型，遗漏型失误主要产生于技能型行为中；诊断型失误主要产生于规则和知识型行为中，例如奖惩机制制定的不合理、监督检查体系设计不完善等。

2. 不安全行为的维度划分

建筑施工不安全行为是指造成或者可能造成安全事故的人为错误。国内外学者从不同视角对不安全行为展开研究，从事故导向视角可将不安全行为分为直接和间接导致事故的不安全行为，前者指未对危险源采取措施和制造危险源，后者指不会直接导致事故发生却与安全相关的不正确行为，如安全警示牌设置不明显[188]；从主体视角可将不安全行为分为组织与个体的不安全行为，前者包括指导和运行中出现的不正确行为，后者包括习惯性和一次性的不安全行为[60]，或者可将不安全行为分为管理者的不安全行为和员工的不安全行为，前者指设计和管理的不安全行为，后者指参与性和服从性的不安全行为[189]；从主观意识角度可将不安全行为分为有意识的和无意识的不安全行为，前者指故意违章、冒险违章，后者指无知违章[190]，或者可将不安全行为分为内因导致和外因导致的不安全行为，前者指知识、态度和自身状态导致的不安全行为，后者指组织、环境、管理者等导致的不安全行为。本章根据人员职能的差异，将不安全行为划分为不安全管理行为和不安全作业行为。

不安全管理行为是指管理活动中与安全相关的不正确行为，其中包括不安全设计行为和不安全管理控制行为。不安全设计行为是指管理者在建筑施工项目启动阶段发挥其计划、组织职能，设计安全组织机构、安全相关体系，制定安全相关制度、规程、计划等时出现的不正确行为，包括安全生产管理机构设置不合理、安全技术操作规程规定不完备等；不安全管理控制行为是指管理者按照设计行为的结果，如安全生产规章制度、安全技术操作规程等在建筑施工作业过程中对作业人员进行组织和控制时出现的不正确行为，包括安全奖惩机制落实不到位、监督不充分等。

不安全作业行为是指施工人员具体施工作业过程中与安全相关的不正确的行为。陈大伟等通过分析事故统计数据、事故报告，咨询专业人员及查阅相关资料后将建筑生产安全事故关键行为分为四类，即个人防护、工具及设备、人员位置、作业程序[191]。据此，本章将建筑施工不安全作业行为分为个人防护做得不好、工具设备使用不当、作业人员处于不安全位置、作业人员有意违规操作、作业人员无意违规操作和作业人员失误操作几类。

3.2.2 不安全行为要素识别与筛选

不安全行为的识别方式可以有多种，通常可以通过检索、阅读相关的学术文献、行业法律法规、企业安全指南、安全事故案例等资料来获取，同时可以配合现场观察和专家访谈、调查问卷等形式进行最终的确定。本章为了更加全面地识别不安全行为的构成要素,在梳理我国建设工程安全生产法律法规相关条文及分析国内外相关学术文献的基础上,采用专家访谈法对实际建筑施工过程中的不安全行为进行识别。

首先,对法律法规及国内外有关建筑施工不安全行为研究的文献进行分析和梳理,初步整理出29种不安全行为,以此作为原始依据(见表3.1)。

表3.1　29种不安全行为

维度				题项
员工安全行为	作业行为	1	个人防护行为	缺少头部、面部、眼部、听力、呼吸、手足、躯干等防护;在必须使用个人防护用品和用具的作业或场合中,忽视其使用
		2	工具设备管理行为	工具及设备检修不到位
		3		使用不安全设备
		4		物品(指成品、半成品、材料、工具、切屑和生产用品等)存放不当
		5		对易燃、易爆等危险物品处理错误
		6	工具设备使用行为	工具及设备使用方法不当
		7	作业位置选定行为	没有选择带有坠落保护系统的作业平台;没有选择足够空间的作业平台
		8		
		9	有意识违章行为	虽然明确操作规程,但为了便捷有时会冒险违章;操作错误,忽视安全,忽视警告
		10	无意识违章行为	无明确操作规程或因不良习惯导致
		11		不具备相应安全知识、技能
管理者安全行为	管理设计行为	12	安全生产管理机构设置	管理结构存在缺陷
		13	安全规范、制度制定	有些安全规范已过时;有些安全规范很难遵守
		14	安全技术操作规程规定	制定的规程、应急预案不完善
		15	安全管理计划编制	管理计划不科学
		16	安全生产责任分配	存在安全责任纠纷和扯皮现象
		17	安全监督体系设置	安全监督体系有漏洞
		18	安全检查体系设置	——
		19	安全生产资金投入	资金设施管理不当;过度削减相关安全经费
		20		公司没有提供足够的资金资源,不能保证安全防护措施到位
	管理控制行为	21	落实安全规程、制度	规程制度没有落实到位
		22	实施安全管理计划	没有提供足够的指令时间;任务或工作负荷过量;没有给班组提供足够的休息
		23	发现、纠正安全问题	没有发现问题;发现问题员工没有及时纠正;隐患排查不到位
		24		没有定期进行安全巡查;管理人员检查后没有采取整改措施

(续表)

维度			题项
管理者安全行为	管理控制行为	25	召开安全会议	安全会议举行频率低
		26		安全会议主题不明确，会议效果差
		27	举办安全教育培训	公司没有认真对员工进行培训
		28	进行安全监督	发现工伤后没能及时向上级报告；没有人监督个人防护配备
		29		没有提供专业的指导、监督、训练

然后，通过联系沟通进入建筑施工现场，对行业内从事与安全管理相关的工作人员运用提名法和滚雪球技术相结合进行访谈，因为滚雪球的方式适合在一些大空间内寻求较少的样本。以最初的不安全行为清单为样本，从项目经理开始，请他提出建筑施工过程中可能出现的不安全行为，并对其重要性进行打分(采用李克特五点量表法)，之后请他提名另一位较之了解不安全行为的其他工作人员，以此类推，直到该项目中没有新的人员和新的不安全行为被提名时终止访谈，随后对访谈结果进行整理归纳，对平均分高于3分的不安全行为进行保留，对不安全行为清单进一步调整。再次，对从事建筑施工安全管理研究的学者专家进行访谈，请他们根据自己的经验对已得到不安全行为的具体构成提出意见。最后将两部分结果进行汇总与筛选，最终得到21种不安全行为，如表3.2所示。

表3.2 21种不安全行为

类别	行为集
不安全设计行为	安全生产管理机构设置不合理(C1)、安全技术操作规程制定不完备(C2)、安全管理计划编制不完善(C3)、安全生产责任分配不合理(C4)、安全检查和监督体系设计不合理(C5)、安全奖惩机制制定不合理(C6)、安全保障体系设计不合理(C7)、安全生产资金投入不到位(C8)
不安全管理控制行为	安全问题未及时发现和纠正(C9)、安全会议频率低和效率低(C10)、安全教育培训流于形式(C11)、施工现场指挥监督失误(C12)、安全奖惩机制实施不到位(C13)、机械及防护设备管理疏漏(C14)、安全评价总结工作不到位(C15)
不安全作业行为	个人防护做得不好(C16)、工具设备使用不当(C17)、作业处于不安全位置(C18)、作业人员有意违规操作(C19)、作业人员无意违规操作(C20)、作业人员失误操作(C21)

3.2.3 不安全行为间影响关系分析

1. 不安全管理行为间关系分析

(1) 不安全设计行为对不安全管理控制行为的影响关系。管理者进行安全施工管理控制是根据其设计行为的相关规定进行的。Kirwan在研究安全问题时提出，展开安全管理的前提是安全设计行为的结果正确、可靠和稳定[192]，即需要通过科学、合理的方法对安全管理的实施过程进行设计，其中设计行为包括组织架构设计、规章制度设计、安全检查监督体系设计、安全保障体系设计、安全评价方法设计等。管理者在进行安全检查监督时依据的是安全检查监督体系的相关规定，管理者展开安全教育培训依据的是安全保障体系的相关规定，管理者在进行安全评价时依据的是设计好的安全评价体系，因此这些设计行为均会影响到管理控制行为。管理结构不合理会影响发现和纠正安全问题，如操作规程制定不完善、管理计划缺陷、保障体系缺失等均会对监督行为、计划实施行为产生影响，组织资源投入不到位，分配不合理同样也会对监督行为产生影响[193]。综上，不安全设计行为对不安全管理控制行为产生影响。

(2) 不安全管理控制行为对不安全设计行为的影响关系。管理控制行为会对设计行为产生影响，例如安全评价工作做得不好，则不能真实全面反映施工企业安全工作的质量和效率，管理者也无法科学合理地制定和调整安全管理计划、设置安全检查、监督管理体系。

(3) 不安全设计行为间、不安全管理控制行为间的影响关系。各个设计行为之间、管理控制行为之间存在着一定的影响关系，例如安全生产管理机构的设置将会影响到安全生产责任的分配问题，影响到安全管理计划的编制等；安全管理计划及安全保障体系的设计则会影响到安全生产资金的规划问题；安全检查工作直接影响到管理者进行安全奖惩及安全评价总结工作；安全会议的召开会对管理者日常的指挥监督工作起到提醒与督促作用，同样也会影响到奖惩机制的落实、机械设备等的管理。有学者研究指出，安全目标与政策制定工作、安全操作规程制定、安全投入和安全工作经验总结等安全管理行为对其他安全管理行为具有较高的影响程度，而另一些安全管理行为，如管理结构设置、奖惩机制制定、安全信息沟通、安全评价总结、安全培训、现场监督指挥等，则与其他安全管理行为之间有更多的关联[128]。

基于以上分析可得出，不安全设计行为与不安全管理控制行为之间存在相互影响关系，不安全设计行为各要素间及不安全管理控制行为各要素间也存在相互影响关系。

2. 不安全作业行为与不安全管理行为及其自身间关系分析

(1) 不安全设计和不安全管理控制对不安全作业行为的影响关系。研究表明，工人的不安全行为主要受到安全知识、安全技能及安全动机的影响[96, 194, 195]。

工人是否具备安全知识，直接影响其在作业过程中是否有意识采取安全防护措施，是否有意识选择安全位置进行作业，是否掌握了正确的工具设备使用方法及操作规程；而不安全管理行为中的安全技术操作规程制定不完备、安全教育培训实施不到位都会影响工人获取安全知识[189]。

工人是否具备安全技能，影响其在施工作业过程中是否有能力进行安全防护，是否选择安全位置进行作业，是否出现操作失误，而不安全管理控制行为中流于形式的安全培训影响工人安全技能的提升，不科学合理的安全工作计划影响工人安全技能的发挥[196]。

工人选择不安全行为的动机有很大一部分是来自管理者的管理行为,若在安全系统设计过程中规章制度不合理、奖惩机制不公平、安全生产责任分配不合理,工人在施工作业过程中便缺乏动力选择安全行为,继而导致工人不采取防护措施、违章操作等不安全作业行为;若在管理控制过程中监督检查不严格、安全警示不明显,也会导致工人不采取防护措施、处于危险位置作业及违章操作等不安全作业行为[188]。

因此不安全设计行为及不安全管理控制行为均会对不安全作业行为产生影响。

(2) 不安全作业行为对不安全设计和不安全管理控制行为的影响关系。不安全作业行为对不安全管理行为存在一定的反馈作用,即不安全作业行为也影响着不安全管理行为。当工人个人防护工作做得不到位时,施工现场指挥监督、安全教育培训等工作更应加大力度,因为作业人员有意违规操作说明现场监督或操作规程存在漏洞。不安全作业行为在一定程度上可以促进不安全设计行为的改进。

(3) 不安全作业行为之间的影响关系。多种不安全作业行为之间存在着一定的影响关系,工人个人防护不到位可能由员工有意违章操作即冒险行为导致,也可能由员工无意识违规即无知导致;工人工具及设备使用不当可能由冒险行为导致,也可能由工人失误操作导致。不安全作业行为所产生的具体影响作用在本章的实证中将进一步分析研究。

3.2.4 关系概念模型构建

综上所述,本章将不安全管理行为分为不安全设计行为和不安全管理控制行为,分别分析了不安全设计行为自身间影响关系、不安全管理控制行为自身间影响关系、不安全作业行为自身间影响关系、不安全设计行为与不安全管理控制行为间相互影响关系、不安全设计行为与不安全作业行为相互间影响关系、不安全管理控制行为与不安全作业行为间相互影响关系,共9种关系。基于理论分析,我们建立的不安全管理行为与不安全作业行为的关系概念模型如图3.1所示。

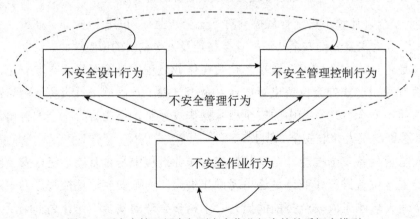

图3.1 不安全管理行为与不安全作业行为的关系概念模型

3.3 研究设计

3.3.1 研究步骤

本章针对建筑施工中出现的不安全行为所构成的网络展开调查与分析，研究设计包括7个步骤，如图3.2所示。

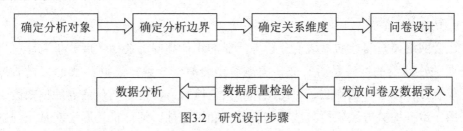

图3.2 研究设计步骤

1. 确定分析对象

构建网络时，需要一个明确的分析对象来构成网络中的各个节点，一般意义上的节点可以是组织中的个体行动者，可以是各个不同的组织，也可以是具有联系的同一类事物。本章定义的网络节点为建筑施工中可能直接或间接引起安全事故的不安全行为。

2. 确定分析边界

明确了分析对象，需要为网络规划一个范围，范围的大小即是网络的规模，规模过大会使得网络数据资料收集难度增加；规模过小则不能包含所要分析对象的所有成员，影响网络分析的有效性。本章没有给定网络规模的大小，而是通过提名法选取调查对象，由实际可能出现的分析对象数量来构成网络。

3. 确定关系维度

网络研究中需要根据分析对象间不同的关系类型来建立联系，从而构成不同类型的网络，这也关系到问卷设计要包含哪些类型的问题。一般意义上的网络关系可以是亲疏关系、咨询关系、情报关系、信任关系等，在问卷调查中可以是一种关系的深入调查，也可以是多种关系的组合调查。基于本章的研究视角，选取不安全行为间的影响关系展开调查，每种不安全行为间的关系都会被调查到，同时将影响关系分为正反两个方向，调查不安全行为的相互影响关系。

4. 问卷设计

社会网络分析方法用以分析关系型数据，它表示的是节点间的关联性，并不关注个体的自身属性。目前应用广泛的社会网络分析工具为Ucinet软件，该软件有很强的矩阵分析功能，如矩阵代数和多元统计分析，可以较好地对社会网络中的中心性、子群等进行分析，但Ucinet只能分析处理用矩阵形式表示的关系数据。

5. 发放问卷及数据录入

网络研究需要网络中的各个节点间有很紧密的关系才能完成，因此本章的调查对象是根据其对安全问题的认识程度，利用提名法，连续提名选取的。为了数据录入的方便性，问卷直接采取矩阵形式，将数据录入Excel表中，方便导入Ucinet软件进行下一步的处理工作。

6. 数据质量检验

社会网络调查问卷的信效度分析与一般的统计类问卷的信效度分析有所区别，它主要关注问卷的回答是否有效，答题者是否有着一致的认同。我们可以通过目测、重复设计问卷、观察法、对比法和一致性检验方法确定一份问卷的信效度。本章采用一致性检验方法来检验数据的有效性和可靠性，即分析答题者对某一问题看法的一致性。

7. 数据分析

社会网络数据分析共有两类：一类是对网络整体结构特征进行分析，另一类是对网络中的各节点的个体属性及位置特征进行分析。前者关注整个网络的结构是否紧密，权力集中程度，整体呈现怎样的趋势；后者关注个体在整体中占据怎样的位置，这个位置可以利用个体结构指标值分析得出。

3.3.2 问卷设计

关系数据的获取方式主要有"线人"收集资料、提名生成法、档案资料法、问卷法等，李永奎[197]运用档案资料构建了工程建设组织的非正式组织关系网络模型，曹庆仁[128]用问卷调查法获取了安全管理行为之间影响关系数据。考虑到社会网络关系数据获取的方便性，本章采用矩阵式调查问卷获取数据。

1. 问卷题项的来源

本章问卷题项的设计来源于文献整理和专家访谈。题项初步来源于我国建设工程安全生产法律法规相关条文及国内外相关文献，经整理得出各不安全行为的构成要素。在初步列出题项清单的基础上，与11个建筑施工项目部中有着丰富安全管理工作经验的14名管理人员及4名研究人员进行访谈，并让其对清单题项进行分类、排序，给出建议与解释，采取合理意见后对题项清单进一步优化。

2. 问卷的形式及内容

网络关系数据的调查以各个节点为中心展开，将各个节点的数据联系在一起构成网络，同时采用的是选择型问题，将选项列出，供调查者选择节点间是否存在影响关系及影响程度高低。

问卷由三项构成：第一项为受访者所在项目的信息，包括项目名称、项目所在城市、项目类型、项目建筑面积、总投资额、项目部管理人员数量、项目结构类型、项目开工日期和项目完工日期；第二项为问卷的主体内容，包括调查受访者根据自我认知和实践经验对不安全行为间的相互影响关系的认识，以及不安全行为的重要性排序；第三项为受访者个人信息，包括性别、年龄、文化程度、工作年限、管理层次和职业资格等。问卷采用李克特五点量表法，受访者根据影响的程度打分，对应的1、2、3、4、5分别代表"影响程度非常低""影响程度较低""影响程度一般""影响程度较高""影响程度非常高"，无影响的不填或填0。

初始问卷的主体部分包括6个表格，分别为不安全设计行为间影响关系打分表，为10×10个空格；不安全设计行为与不安全管理控制行为间影响关系打分表，为10×9个空格；不安全设计行为与不安全作业行为间影响关系打分表，为10×6个空格；不安全管理控制行为间影响关系打分表，为9×9个空格；不安全管理控制行为与不安全作业行为间影响关系打分表，为9×6个空格；不安全作业行为间影响关系打分表，为6×6个空格。

经小范围试调查后，我们发现初始问卷中存在一些问题和不足。问卷题项表述容易产生歧义，原为"请您在以下表格中打分，认为纵项内容对横项内容有影响的填'A'，认为横向内容对纵向内容有影响的填'V'"，然而不同的人对于横纵的理解出现了不一致现象，导致影响关系方向颠倒，经修改为"请您在以下表格中打分，认为行元素对列元素有影响填"A"，并在1~5分中选择(例如A3)；认为列元素对行元素有影响填"V"，并在1~5分中选择(例如V4)；认为两者互相影响则填"A、V"(例如A2、V3)。问卷题项经反映存在相互包含内容，导致多个空格分数一样，使影响关系不具有差异性，经修改合并后，设计行为和管理控制行为各缩减两个题项。

3.3.3 问卷发放与回收

考虑调查问卷的复杂性和数据的可获得性，本章采用专家调查法获取不安全行为构成要素间的关系数据。选取建筑行业内经提名的11位熟悉安全管理工作的中高层管理人员和3位从事建筑施工安全管理研究的专家进行问卷调查。请这14位专家对不安全行为间的影响关系进行判断打分，根据影响程度由低到高依次打1~5分。

本章采用的调查问卷为6个不安全行为关系打分表，分别调查不安全设计行为自身关系、不安全设计行为与不安全管理控制行为关系、不安全设计行为与不安全作业行为关系、不安全管理控制行为自身关系、不安全管理控制行为与不安全作业行为关系及不安全作业行为自身关系，且每个打分表均分为正向影响关系和反向影响关系。为保证问卷的有效性，课题组成员分散到各个项目部，实地发放调查问卷，同时可以为被调查人员解释不清楚的题项，帮助其准确回答问题，最终保证了所有问卷的有效回收。

3.3.4 样本描述

1. 样本选取

鉴于建筑施工的特点，工人劳动强度较大，劳动时间紧凑，人员较为分散，且对于安全相关问题的认识程度有很大差异，宜选取主体结构接近封顶的项目部进行调研，此时主体工程基本完成，工期较为松闲，工作人员时间相对充裕，且事故多发部位已经完成施工，工作人员对于安全问题有较为全面的认识，经历一个施工过程，相应的安全管理和安全施工经验充足，同时安全管理初见成效，是调研的较好时间点。本章的调研对象是由安全经验丰富的人(例如项目经理、安全经理等)提名的，选取对安全工作有着丰富经验、认识全面的相关人员进行问卷填写，每一个项目部不限问卷数量，根据提名情况发放，直到项目部不再有新的人被提名。

2. 样本信息特征描述

本章从项目信息和个人基本信息两个方面描述样本的特征。项目信息反映受访者所在单位类型、项目类型、工程结构类型、项目部人员情况和合同工期等。个人基本信息则反映受访者从业年限，学历信息、职位及专业性等。

(1) 项目信息。本章共调查7个项目部，均为国有大型施工企业项目部，项目类型均为民用建筑，结构类型涉及框架-剪力墙、剪力墙、框架、短肢剪力墙结构，建筑面积均在10万平方米以上，工期持续1.5~2年不等。选取的7个项目部均处于施工的不繁忙时期，且主体结构基本施工完成70%，可以避免数据的遗漏，恰好可以在不影响员工正常工作的情况下很好地了解项目安全情况。客观地讲，7个项目部的样本量并不具有很强的代表性，但鉴于社会网络调查的复杂性和困难程度，以及本章采取的专家调查法，所获取的14份调查问卷具有一定的权威性，可以作为小样本的研究学习，为社会网络分析方法在建筑施工领域的应用做一种尝试。

(2) 个人信息。本章在选取的7个项目部中从项目经理开始进行连续提名的问卷调查方式，被提名最多的是项目部安全经理、安全员和监理工程师。被调查的14个人均为男性，30~40岁之间的有6人，大专以上学历的有8人，14人工作年限均在6年以上，且均具有丰富的建筑施工工作经验，对建筑安全认识全面、深刻。

3.3.5 数据质量检验

本章基于调查问卷获取的不安全行为间关系数据，利用Ucinet 6.0中的一致性分析(Consensus Analysis)程序对14份调查结果进行一致性分析，检验回答者在答题方面的一致性是否良好。数据是否具有可信度和可靠性，结果如表3.3、表3.4所示。

表3.3　一致性分析结果

答题能力弱者数	0
最大特征值	5.19
第二大特征值	0.54
特征根之比	9.55

表3.4　答题能力分数值

答题者	1	2	3	4	5	6	7	8	9	10	11	12	13	14
分数值	0.67	0.58	0.42	0.57	0.57	0.70	0.64	0.73	0.74	0.51	0.71	0.36	0.42	0.74

由表3.3可知，最大特征值与第二大特征值之比为9.550，远大于3，表示答题者在不安全行为关系的认识上具有一致性。

各答题者的答题能力如表3.4所示。由表3.4可知，86%的回答者的答题能力在0.5以上，说明答题者的答案具有很高的可靠性。一致性分析的结果充分说明，根据这14位专家得到的不安全行为关系数据具有较好的稳定性和可靠性。

3.4　不安全行为关系网络模型构建与分析

3.4.1　社会网络分析方法介绍

社会网络分析是剖析节点所构成的社会网络的整体结构及个体属性的研究方法，有具体描述网络结构特征的测量方法和指标。社会网络分析分为两个层次：一个是以网络整体为对象，分析整体网络的结构特性；一个是以单个节点为对象，分析节点在网络中的个体特性。社会网络分析区别于传统分析方法，它具有三个显著的特点：第一，社会网络分析方法不仅可以研究个体属性，同时更加关注关系和关系模式的研究；第二，社会网络分析能够识别关系的来源与去向；第三，可以同时进行定性分析与定量分析，并用图表直观表示，使得研究更加透彻深入[198]。我们常用的统计分析方法倾向于考虑初始输入和最终输出，不去深究整个过程是如何作用的，而社会网络分析着重研究各行为主体之间的作用与联系，以及这些作用与联系所产生的结果，具有分析作用机理的优势。社会网络分析也区别于案例研究方法，案例研究仅是将少数个体作为研究对象，往往不能全面考虑众多个体及个体之间的互动或联系，而社会网络分析将众多个体作为网络节点，同时可以研究节点属性和整个系统的结构特征，充分体现了社会网络分析方法的优势。

本章利用社会网络分析方法研究不安全行为间的关系及相互间的作用机理，不同于已有不安全行为的研究方法：已有成果侧重于研究不安全行为集合之外的影响因素，而忽略了不安全行为自身内部各个具体行为之间的相互影响关系，这样就很难描述施工活动中并发的、复杂的行为连锁反应现象；而社会网络分析不仅能够将不安全行为放在复杂的连锁行为环境下描述不安全行为本身的一些特性，还能够站在系统的视角分析不安全行为所形成的网络的整体特性。

3.4.2 关系网络模型构建

本章基于调查问卷获取的不安全行为间关系数据，利用Ucinet 6.0构建不安全行为关系网络模型，将图论与数理统计方法应用在行为关系网络模型研究中。

1. 关系网络模型要素分析

依据社会网络的定义，不安全行为关系网络是指建筑施工中不安全行为之间相互关联而形成的关系结构。利用社会网络分析构建关系网络模型，要明确模型的各个要素。

(1) 网络范围要素，即确定网络构建的范围为建筑施工项目现场；本章研究问题发生的范围限定在建筑施工的现场。

(2) 网络节点要素，即确定网络构建的节点为建筑施工现场所发生的不安全管理行为及不安全作业行为。

(3) 网络关系要素，即确定网络构建的弧为各种不安全行为之间的联系，弧在有向图中是具有方向的线段，表示一个行为对另一个行为产生影响。

(4) 网络关系赋值，即确定网络构建中各弧代表的影响关系的强度，在加权有向图中表示此影响关系的权重。

本章主要基于有权重、有方向，即加权有向关系网络模型进行分析。

2. 关系网络模型构建过程

经筛选出的21种不安全行为要素构成网络模型的节点，被调查的14位专家给出的关系数据构成网络模型的连线，并根据一致性分析得出的441个不安全行为间关系的标准答案(Answer Key)建立不安全行为关系矩阵，如表3.5。

运用社会网络分析方法输入矩阵关系数据，利用Ucinet 6.0中的Netdraw软件绘制不安全行为关系网络模型，如图3.3所示。

表3.5 不安全行为关系矩阵

不安全行为	C1	C2	C3	C4	C5	C6	C7	C8	C9	C10	C11	C12	C13	C14	C15	C16	C17	C18	C19	C20	C21
C1	0	5	5	5	4	3	4	0	3	5	5	2	3	4	3	1	3	0	1	1	1
C2	0	0	0	0	0	0	0	0	5	0	0	0	3	5	0	5	5	5	3	5	5
C3	0	0	0	0	0	3	0	0	3	0	3	3	3	3	2	2	2	1	0	2	3
C4	0	0	0	0	0	0	0	0	5	2	0	3	3	5	5	0	0	0	0	0	3
C5	0	0	0	0	0	5	0	0	3	0	5	5	0	5	5	3	3	5	2	5	
C6	0	0	0	0	0	0	0	0	5	0	0	0	5	2	0	5	3	5	5	0	3
C7	0	0	0	0	0	0	0	0	0	0	2	0	0	3	5	3	3	3	2	2	
C8	0	0	0	0	0	0	0	0	5	0	0	0	1	5	0	4	0	0	0	0	0
C9	0	0	0	0	0	0	0	0	0	0	0	0	0	0	0	5	3	5	1	0	5
C10	0	0	0	0	0	0	0	0	0	0	0	2	0	2	0	2	1	0	3	2	1
C11	0	0	0	0	0	0	0	0	0	0	0	0	0	3	0	4	1	3	2	4	
C12	0	0	0	0	0	0	0	0	0	0	0	0	0	5	0	0	2	5	5	0	5
C13	0	0	0	0	0	0	0	0	1	0	0	0	0	0	0	5	1	1	0	0	
C14	0	0	0	0	0	0	0	0	0	0	0	0	0	0	0	0	1	2	1	0	0
C15	0	0	0	0	0	0	0	0	0	0	0	0	0	0	0	0	0	0	0	1	0
C16	0	0	0	0	0	0	0	0	0	0	0	0	0	0	0	0	1	2	0	0	0
C17	0	0	0	0	0	0	0	0	0	0	0	0	0	0	0	0	0	0	0	0	0
C18	0	0	0	0	0	0	0	0	0	0	0	0	0	0	0	0	0	0	0	0	0
C19	0	0	0	0	0	0	0	0	0	0	0	0	0	0	0	0	0	2	3	0	0
C20	0	0	0	0	0	0	0	0	0	0	0	0	0	0	0	5	5	0	0	0	3
C21	0	0	0	0	0	0	0	0	0	0	0	0	0	0	0	0	0	3	0	0	0

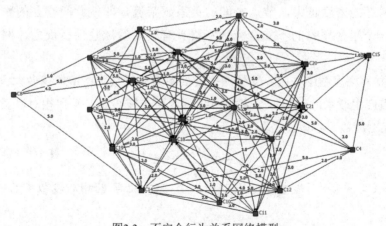

图3.3 不安全行为关系网络模型

如图3.3所示，不安全行为关系网络模型中的21个节点分别表示表3.2中的不安全行为，模型中的119条箭线代表任两个节点间存在影响关系及影响作用的方向，箭线上的数值表示关系的影响程度，对应表3.6中的影响等级。

表3.6 数值与影响等级对应表

数值	影响等级
1	影响程度非常低
2	影响程度较低
3	影响程度一般
4	影响程度较高
5	影响程度非常高

3.4.3 关系网络模型指标值确定

社会网络分析方法适用于分析关系数据，关系数据表达了各个节点之间存在的关联，由节点和关系组合成社会网络模型。描述社会网络的参数有很多种，本章主要关注不安全行为关系网络模型的整体结构特征、个体中心度、影响力及凝聚子群问题，进而分析关系网络中各个节点代表的不安全行为间的作用关系。

1. 关系网络整体结构指标确定

(1) 整体网络密度(Δ)。整体网络密度是指图中各节点间彼此产生关系的亲近疏远程度，反映各节点间的互动情况。这里考虑的是加权有向图的网络密度，一个加权有向图的密度等于有向图中已存在的弧的权重值(v_i)之和除以可能出现的弧的总数。弧(L)即一对有序的点，g表示节点数，则可能出现的弧的总数为$g(g-1)$。公式表达如下

$$\Delta = \frac{\sum_1^i v_i}{g(g-1)} \tag{3.1}$$

整体网络的密度越大，节点之间的关系越亲近，即彼此间存在的影响程度较高，这样一个紧密联系的不安全行为网络具有较高的风险性；反之，网络风险性较小。

(2) 整体网络度数中心势。整体网络度数中心势反映网络整体在多大程度上展现出围绕某点产生联系的趋势，可表明网络是否存在核心点。可用相对度数中心势进行测量，相对度数中心势公式表达如下

$$C'_D = \frac{\sum_{i=1}^{n}(C_{D\max}-C_{Di})}{N-2} \tag{3.2}$$

其中，$C_{D\max}$为相对度数中心度的最大值，C_{Di}为点i的相对度数中心度，n为网络规模。

(3) 整体网络接近中心势。整体网络接近中心势反映网络整体在受控制程度上的表现。可用相对接近中心势进行测量，相对接近中心势公式表达如下

$$C'_C = \frac{\sum_{i=1}^{n}(C'_{C\max} - C'_{Ci})}{(N-2)(N-1)}(2N-3) \tag{3.3}$$

其中，$C'_{C\max}$为相对接近中心度的最大值，C'_{Ci}为点i的相对接近中心度，n为网络规模。

(4) 整体网络中间中心势。整体网络中间中心势反映网络整体对于资源有集约和全盘控制的能力。可用相对中间中心势进行测量，相对中间中心势公式表达如下

$$C_B = \frac{\sum_{i=1}^{n}(C_{B\max} - C_{Bi})}{N-1} \tag{3.4}$$

其中，$C_{B\max}$为相对中间中心度的最大值，C_{Bi}为点i的相对中间中心度，n为网络规模。

2. 关系网络中不安全行为中心度指标确定

中心度是衡量各个节点的结构位置属性的指标，反映节点在图中的地位、权力，包括度数中心度、接近中心度和中间中心度。

(1) 度数中心度。度数中心度反映的是节点关系的集中程度，是指节点拥有的直接联系的数目，显示该节点在网络中的主导位置。在加权有向图中分为点入度(Indegree)与点出度(Outdegree)。点入度表示此点在该网络关系中受到影响的多少，点出度表示此点在网络关系中具有多大的扩展性，即在多大程度上能够影响其他点。公式分别如下

$$点入度 C_D(n_i) = \frac{\sum_{1}^{i}dI(ni)}{v_{i\max}(N-1)} \tag{3.5}$$

$$点出度 C_D(n_i) = \frac{\sum_{1}^{i}do(ni)}{v_{i\max}(N-1)} \tag{3.6}$$

其中，$dI(ni)$为点i的点入度值，$do(ni)$为点i的点出度值，n为网络规模。

(2) 接近中心度。接近中心度反映的是节点之间的密切程度，用图中所有节点间的捷径距离之和来衡量，显示该节点处于中心位置，其与度数中心度最大的区别是它考虑了间接关系，也称为整体中心度。公式如下

$$C_{APi}^{-1} = \sum_{j=1}^{n}d_{ij} \tag{3.7}$$

其中，d_{ij}为节点i与节点j之间的捷径距离，即捷径中包含的线数，n为网络规模。节点接近中心度测量节点发挥影响作用时的独立性，值越大，独立性越小，越不是网络的重要节点；反之，该点具有较高的整体中心度，在传递、分享资源方面更有优势。

(3) 中间中心度。中间中心度反映的是节点充当"中介"作用的程度，用经过点i的两点间捷径数与这两点间捷径总数之比来衡量，表明一个点作为其他点"中介"

作用的效果。公式如下

$$C_{ABi} = \sum_{j}^{n}\sum_{k}^{n} b_{jk}(i) = \sum_{j}^{n}\sum_{k}^{n} \frac{g_{jk}(i)}{g_{jk}}, j \neq k \neq i, 且 j < k \tag{3.8}$$

其中，$b_{jk}(i)$表示节点i控制jk两点交往的能力，g_{jk}表示jk两点之间的捷径数目，$g_{jk}(i)$表示jk两点间经过节点i的捷径数目，n为网络规模。

3. 关系网络中不安全行为影响力指标确定

影响力分析指标反映的是整体网络中各节点之间的相互影响关系，不同于度数中心度对于影响能力的衡量。度数中心度属于常规的判断一个节点被影响和影响其他节点的能力大小，它们仅关注多少节点对某一节点产生直接影响和这一节点对多少节点产生直接影响，并没有深究到底是哪个节点对它产生的影响或者它对哪些具体的节点产生的影响，而影响力分析考虑了间接的影响关系，并给出具体的两点之间的影响力大小，以及各个节点影响力大小的综合排序。

在社会网络分析中，考虑了间接关系的影响力指数，包括卡兹影响力指数、胡贝尔影响力指数以及泰勒影响力指数。本章将采用胡贝尔影响力指数进行计算，因为胡贝尔影响力指数更符合实际情况，同时考虑了网络中节点的输入影响和输出影响。

4. 关系网络中不安全行为凝聚子群指标确定

一个网络中，"派系"是最大的完备子图，其内涵包括三点：其一是强调一个互惠对是不构成派系的，因此集合至少由三个节点组成；其二是派系是完备的，在派系中只存在有直接关系的节点，这个概念比较严格；其三是派系是最大的子群，不能再囊括任何其他新成员。

派系分析的目的是找到网络中一些相互联系非常紧密、具有凝聚力的小群体。派系中存在大量的共享成员，这种现象被称为存在"桥节点"。桥节点在子群之间充当传播影响的桥梁角色，强关系出现在子群体中直接联系的节点之间，来维持子群体内部的关系。如果群体中存在大量相互重叠的派系，可以进一步研究派系的重叠性，进而找到在子群之间起到纽带作用的桥节点。

3.4.4 关系网络模型结果分析与讨论

1. 不安全行为关系网络整体特征分析

本章采用整体网络密度和中心势指标对整体网络结构进行度量。针对图3.3所示的不安全行为关系网络模型，利用Ucinet 6.0进行计算，结果如表3.7所示。

表3.7 整体网络结构指标

整体网络密度	密度标准差	度数中心势	接近中心势	中间中心势
0.92	1.65	23.58%	44.16%	1.08%

不安全行为关系网络模型的整体密度为0.92。因为本指标值是针对加权有向网络计算得到的，91.67%的网络密度指数说明此网络中的不安全行为之间联系非常紧密，同时也说明了不安全行为之间联系的强度较大。紧密联系的不安全行为网络说明各个不安全行为之间互相影响关系较多，这些不安全行为之间的关系越是紧密，由此构成的整体网络的安全性就越差。当网络中的少数不安全行为发生后，会带动其他不安全行为的产生，造成一连串的不良反应，最终导致安全事故的发生，因此这样一个紧密联系的不安全行为关系网络具有较高的风险性。密度标准差为1.65，说明存在影响关系程度较强的强联系，在整体网络中起到重要的影响作用。

不安全行为关系网络模型的度数中心势为23.58%，说明此关系网络存在着围绕某个节点产生联系的趋势，即存在核心点，如图3.4所示，图中节点的大小代表其位置的重要程度。

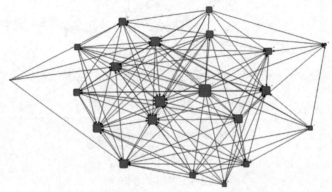

图3.4　度数中心势

网络模型的接近中心势为44.16%，说明此关系网络整体在受控制程度上表现出较大的独立性，关系网络中的不安全行为在发挥影响作用方面较少依赖其他节点，具有受控制程度低的特征，即存在对于其他不安全行为有较强影响能力而又较少依赖其他不安全行为发挥影响作用的节点。图3.5为网络模型的接近中心势。

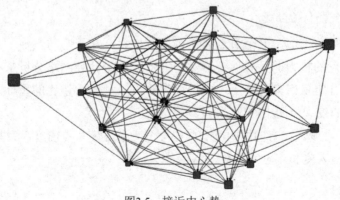

图3.5　接近中心势

网络模型的中间中心势为1.08%，较低的中间中心势指数说明此关系网络中控制其他不安全行为的"中介"作用不明显，即此关系网络中几乎不存在对信息传递起"中介"作用的核心角色。由较高的网络密度可知不安全行为之间的影响关系紧密，但1.08%的中间中心势表明不安全行为之间的影响方向多为单向的传递，互相之间的互动性不高。由不安全行为关系网络模型图(见图3.3)可知，C9至C21这些不安全管理控制行为和不安全作业行为均受到了不安全设计行为的影响，却没有对不安全设计行为产生影响；C16至C21这些不安全作业行为均受到了不安全管理控制行为的影响，却没有对不安全管理控制行为产生影响，这进一步说明施工企业在建筑施工安全管理过程中更加强调的是自上而下的管理模式，忽视了自下而上的反馈作用，不重视不安全作业行为反映出的管理工作的缺陷。网络模型的中间中心势如图3.6所示。

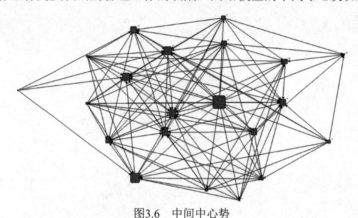

图3.6　中间中心势

由网络密度与中心势分析的结果可知，网络节点间紧密联系表明可能存在小群体现象；网络有着趋于某些核心点产生联系的趋势表明可能存在关键不安全行为；网络中存在强联系表明可能存在关键不安全行为连锁反应链。因而有必要进行进一步的中心度、影响力和凝聚子群分析，找到起重要作用的关键不安全行为及其间的强联系，找到联系紧密的小群体。

2. 关键不安全行为分析

在社会网络结构中，一个节点之所以拥有权力，在于它与其他节点之间存在的关系数，此节点的权力即是其他节点对它的依赖性。社会网络分析从"关系"视角出发对权力进行定量研究，基于"中心度"给出多种权力量化的指标，包括度数中心度、接近中心度和中间中心度。

(1) 度数中心度。在有向图中度数中心度分为点入度与点出度，表3.8给出了21种不安全行为的点入度和点出度指数。

表3.8 度数中心度

不安全行为	OutDegree	InDegree	NrmOutDeg	NrmInDeg
C1	58	0	58	0
C5	46	4	46	4
C2	41	5	41	5
C6	33	11	33	11
C3	30	5	30	5
C4	26	5	26	5
C7	25	4	25	4
C12	22	15	22	15
C9	19	32	19	32
C11	17	8	17	8
C8	15	0	15	0
C10	14	7	14	7
C20	13	17	13	17
C13	8	25	8	25
C14	6	34	6	34
C19	5	31	5	31
C16	3	41	3	41
C21	3	40	3	40
C15	1	18	1	18
C18	0	40	0	40
C17	0	43	0	43

该不安全行为关系网络的度数中心度指数说明，C1具有最大的出度中心度(58%)，其次是C5、C2、C6、C3，即C1(安全生产管理机构设置不合理)产生的直接影响最大，其次是C5(安全检查和监督体系设置不合理)、C2(安全技术操作规程制定不完备)、C6(安全奖惩机制制定不合理)、C3(安全管理计划编制不完善)，这5种不安全行为在网络中拥有最强的直接影响力，处于网络的权力中心。这些不安全行为均属于不安全设计行为，相较于不安全管理控制行为和不安全作业行为，不安全设计行为更易产生影响。因设计行为在施工管理过程中处于顶端设计的位置，所以不安全的设计行为产生的影响范围也较大，在此关系网络中占有重要位置，权力集中于此，但是C8(安全生产资金投入不到位)这一不安全设计行为产生的直接影响较小，结合实际分析，由于安全生产资金投入在建筑施工中有着硬性的比例规定，实际管理中很少有克扣安全资金投入的现象，因而对其产生的不良影响较小。

C17具有最大的入度中心度43%，其次是C16、C21、C18、C14，即C17(工具设备使用不当)受到其他不安全行为的直接影响最大，其次是C16(个人防护做得不好)、C21(作业人员操作失误)、C18(作业人员处于不安全位置)、C14(机械及防护设备管理疏漏)，这5种不安全行为在网络中处于最易受到影响的核心位置。这5种不安全行为中有4种属于不安全作业行为，说明不安全作业行为在此关系网络中处于被影响最多的位置，尤其是个人防护、工具设备使用、作业位置及操作失误，而作业人员有意或无意的违规操作受到其他不安全行为影响的程度较小，也是由于它们受作业人员主观影响因素较多；其中机械及防护设备管理疏漏这项不安全管理控制行为也受到多种不安全行为的影响而处于被影响较多的位置，在建筑施工安全管理过程中，机械及防护设备的管理工作受到体制、规程、计划、监督、检查等众多方面的影响，而其仅对个人防护、工具设备使用、作业人员作业位置、有意违章产生不良影响，因此其入度中心度比其他不安全管理控制行为更大。

综合点入度与点出度来看，C1、C9、C5、C2、C16、C6的度数中心度居于前5位(C16、C6并列第5)，这说明这些不安全行为处于关系网络的核心位置，网络的关系更大程度上围绕着这些点展开。它们分别为安全生产管理机构设置不合理、安全问题未及时发现和纠正、安全检查和监督体系设置不合理、安全技术操作规程规定不完备、个人防护做得不好、安全奖惩机制制定不合理。其中包括4项不安全设计行为，一项不安全管理控制行为和一项不安全作业行为。

(2) 接近中心度。接近中心度是以捷径距离为标准来衡量一个节点在全局的受控制程度，衡量其传递作用的大小，因为其以捷径距离为标准，所以忽略连线上的权重。Ucinet 6.0的计算程序仅对二值化的关系矩阵进行接近中心度的分析。在有向图中接近中心度分为点入接近中心度和点出接近中心度，表3.9为21种不安全行为的点入及点出接近中心度。

表3.9 接近中心度

不安全行为	inFarness	outFarness	inCloseness	outCloseness
C18	46	420	43.48	4.76
C17	63	420	31.75	4.76
C16	105	380	19.05	5.26
C21	123	400	16.26	5.00
C19	143	380	13.99	5.26
C14	221	340	9.05	5.88
C9	240	320	8.33	6.25
C20	241	341	8.30	5.87
C13	260	302	7.69	6.62
C12	320	301	6.25	6.65

(续表)

不安全行为	inFarness	outFarness	inCloseness	outCloseness
C15	320	325	6.25	6.15
C6	360	260	5.56	7.69
C10	380	260	5.26	7.69
C11	380	281	5.26	7.12
C3	400	161	5.00	12.42
C2	400	240	5.00	8.33
C7	400	240	5.00	8.33
C5	400	181	5.00	11.05
C4	400	185	5.00	10.81
C8	420	264	4.76	7.576
C1	420	41	4.76	48.78

该不安全行为关系网络的接近中心度指标说明，C18具有最大的点入接近中心度43.5%，其次是C17、C16、C21、C19，即C18(作业人员处于不安全位置)、C17(工具设备使用不当)、C16(个人防护做得不好)、C21(作业人员操作失误)、C19(作业人员有意违规操作)，具有较大的点入接近中心度。这些不安全行为均属于不安全作业行为，较大的点入接近中心度说明网络中其他节点到它们的距离之和都很短，这些行为较易被直接影响，而不受其他不安全行为的控制。

C1具有最大的点出接近中心度48.8%，其次是C3、C5、C4、C2、C7，即C1(安全生产管理机构设置不合理)的点出接近中心度最大，其次是C3(安全管理计划编制不完善)、C5(安全检查和监督体系设置不合理)、C4(安全生产责任分配不合理)、C2(安全技术操作规程制定不完备)、C7(安全保障体系设置不合理)，这些不安全行为均属于不安全设计行为，较大的点出接近中心度说明这些节点到网络中其他点的距离之和都很短，即这些不安全设计行为更容易独立地影响其他不安全行为。

综合点入度与点出度，即仅考虑某一不安全行为与其他各不安全行为之间的短程线距离之和，主要突出影响因素的独立性，不强调被影响的独立性和产生影响的独立性。得出的各不安全行为接近中心性数值如表3.10所示，可以看出C1、C17、C18、C9的接近中心度居于前4位，这说明这些不安全行为在发挥影响作用或是受到影响作用方面具有较大的独立性，不受其他不安全行为的控制，它们分别为安全生产管理机构设置不合理、工具设备使用不当、作业人员处于不安全位置、安全问题未及时发现和纠正。

表3.10 各不安全行为接近中心性数值

不安全行为	nCloseness
C1	90.909
C17	80

(续表)

不安全行为	nCloseness
C18	76.923
C9	76.923
C14	74.074
C16	74.074
C21	74.074
C3	74.074
C19	74.074
C5	71.429
C13	71.429
C20	68.966
C6	68.966
C2	66.667
C10	66.667
C12	66.667
C7	66.667
C4	62.5
C11	62.5
C15	57.143
C8	54.054

(3) 中间中心度。中间中心度用以衡量网络中的某一个节点在传递影响关系的过程中是否起到重要的中介作用。Ucinet 6.0的计算程序仅对二值化的关系矩阵进行中间中心度的分析，关注联系的数目及联系的方向，在此基础上找到能够控制影响关系的重要节点。经计算，表3.11为21种不安全行为的中间中心度。

表3.11 中间中心度

不安全行为	Betweenness	nBetweenness
C9	4.97	1.31
C20	4.50	1.18
C14	3.47	0.91
C13	1.64	0.43
C16	1.57	0.41
C10	1.47	0.39
C12	1.31	0.34
C21	1.24	0.33
C6	0.74	0.19
C15	0.50	0.13

(续表)

不安全行为	Betweenness	nBetweenness
C11	0.24	0.06
C3	0.07	0.02
C7	0.07	0.02
C2	0.07	0.02
C19	0.07	0.02
C5	0.07	0.02
C8	0.00	0.00
C17	0.00	0.00
C4	0.00	0.00
C18	0.00	0.00
C1	0.00	0.00

该不安全行为关系网络的中间中心度指标说明，C9(安全问题未及时发现和纠正)具有最大的中间中心度1.3%，其次是C20(作业人员无意违章操作)，中间中心度为1.2%，其余均低于1.0%。这些不安全行为均在网络中起到中介作用，它们在一定程度上处于各点对的捷径上，在传递影响能力方面较其他不安全行为强，但由于其指数均较低，且网络整体的中间中心势也较低，因而这种中介作用并不明显。

3. 不安全行为影响力及反应链分析

影响力分析用以说明不安全行为关系网络中具体的影响关系，深究谁影响了谁，并同时考虑了直接和间接的影响作用。度数中心度用以衡量某个节点产生的影响指数和被影响的指数。表3.12为影响力综合排名。

表3.12 影响力综合排名

不安全行为	Row Sums	Col Sums
C1	3634.14	1.00
C2	145.56	3.50
C3	378.28	3.50
C4	234.38	3.50
C5	509.03	3.00
C6	117.06	15.25
C7	77.75	3.00
C8	78.69	1.00
C9	19.25	107.06
C10	67.63	7.00
C11	37.38	8.75
C12	36.38	27.00

(续表)

不安全行为	Row Sums	Col Sums
C13	15.38	67.38
C14	6.75	131.13
C15	7.75	26.75
C16	2.50	596.84
C17	1.00	1210.61
C18	1.00	2339.88
C19	3.50	300.78
C20	13.50	48.88
C21	2.50	483.59

影响力排名前5位的不安全行为为C1(安全生产管理机构设置不合理)、C5(安全检查和监督体系设置不合理)、C3(安全管理计划编制不完善)、C4(安全生产责任分配不合理)、C2(安全技术操作规程制定不完备)，然而安全事故并非由少数关键的不安全行为导致，它是由一系列不安全行为的连锁反应产生的。影响关系矩阵表明，不安全设计行为要素间、不安全管理控制行为要素间、不安全作业行为要素间均有影响关系，同时不安全设计行为对不安全管理控制行为、不安全设计行为对不安全作业行为、不安全管理控制行为对不安全作业行为也有影响关系。其中，具有较强影响程度的行为关系包括以下几组：C1、C3、C5对C14有影响关系；C9对C18有影响关系；C1对C15有影响关系；C15对C18有影响关系；C3、C5对C13有影响关系，C13对C17有影响关系。

4. 派系及聚类分析

利用Ucinet 6.0对不安全行为关系网络进行凝聚子群分析，当子群最小规模设定为7时，仅有一个小群体被找到，包含C1、C5、C6、C9、C13、C17、C19，当子群最小规模设定为6时，有9个小群体被找到，而当规模设定为5时，有39个小群体被找到，因此规模取6比较合适。计算得到的派系表如表3.13所示。

表3.13 派系表

1	C1 C5 C6 C9 C13 C17 C19
2	C1 C7 C9 C13 C17 C19
3	C1 C2 C9 C13 C17 C19
4	C1 C10 C12 C14 C17 C19
5	C1 C5 C6 C9 C16 C17
6	C1 C3 C6 C9 C16 C17
7	C1 C3 C6 C14 C16 C17
8	C1 C3 C6 C9 C13 C17
9	C5 C6 C9 C13 C18 C19

由表3.13可得到，不安全行为关系网络中紧密相连的9个小群体的成员集合，属于一个派系的不安全行为互相之间均存在直接的联系，因此它们组成了一个紧密联系的小群体，即这些不安全行为构成的小群体是更容易导致安全事故发生的不安全行为的集合。只要它们放在一起无论切断哪一条连线，其他不安全行为依然都会发生，且9个派系中都包含有一个直接导致安全事故的不安全作业行为，因此这些不安全行为的集合是最易导致安全事故的集合。对这些群体进行针对性的管理和预防，有利于降低安全事故的发生，进而提高施工安全管理水平。

由表3.13可知，9个派系的成员之间存在重叠，出现了共享的成员，因而可以得到共享成员矩阵，如表3.14所示。

表3.14 共享成员矩阵

派系	1	2	3	4	5	6	7	8	9
1	7	5	5	3	5	4	3	5	5
2	5	6	5	3	3	3	2	4	3
3	5	5	6	3	3	3	2	4	3
4	3	3	3	6	2	2	3	2	1
5	5	3	3	2	6	5	4	4	3
6	4	3	3	2	5	6	5	5	2
7	3	2	2	3	4	5	6	4	1
8	5	4	4	2	4	5	4	6	3
9	5	3	3	1	3	2	1	3	6

该结果给出了9个派系共同拥有的不安全行为的情况，对角线上的值表示每个派系拥有的成员数目，第i行第j列，表示两个派系共享的不安全行为的个数，例如1派和2、3、5、8、9派共享5个成员。派系之间共享成员的数目越多，说明这两个派系的关系越紧密，进而联结成更大的不安全行为群。

通过对"共享成员"矩阵进行等级聚类分析得到的聚类图，如图3.7所示。

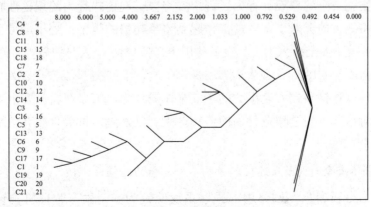

图3.7 聚类图

已知这9个派系成员之间存在重叠,也就是有着大量的"桥"节点存在,这些桥在子群之间充当纽带,传导影响关系。子群内部直接联系的不安全行为之间形成的是强关系,强关系的作用是维持群体内部的关系,而子群间的桥节点形成的是弱关系,弱关系的作用是使得一个更大的网络达到结构上的凝聚性,即这些桥节点所代表的不安全行为将更多的子群联系在一起,形成了更大的不安全行为关系网络,使得这个关系网络的危险性增加。由图3.7可知,C1和C17共享8个派系,即安全生产管理机构设置不合理与工具设备使用不当同时出现在8个不安全行为子群中,C1、C9、C17共享6个派系,即安全生产管理机构设置不合理、安全问题未及时发现和纠正与工具设备使用不当同时出现在6个不安全行为子群中,依次类推可以得到派系中具体的共享成员(即网络中的桥节点)依次为C1、C17、C9、C6、C13、C19、C5。这些点代表的不安全行为在网络中起到重要的纽带作用,当在子群中去除这些桥节点,则有些子群便不能连接成网络,从而成为独立的子网络。若在安全管理实践中针对这些不安全行为进行严格把控,将会大大提高不安全行为网络的安全性,达到有效控制安全事故的目的。

3.4.5 小结

1. 不安全行为网络具有较高的风险性

由文献分析及实地调查问卷获取的不安全管理行为及不安全作业行为所构成的关系网络呈现紧密联系的整体结构特征,表明此网络具有较高的风险性,结合整体趋势指标表明此网络存在网络核心点。

2. 存在影响力大及受影响大的两类关键不安全行为

根据度数中心度与接近中心度分析得知,处于权力中心的关键不安全行为为安全生产管理机构设置不合理(C1)、安全问题未及时发现和纠正(C9)、安全检查和监督体系设计不合理(C5),这些不安全行为在网络中占据重要的、独立发挥影响作用的位置。因此在实施安全管理设计行为过程中要充分重视这些行为的规范性和正确性,对其进行严格把关能够对安全管理工作起到事半功倍的效果。处于最易受到影响的核心位置的关键不安全行为为工具设备使用不当(C17)、个人防护做得不好(C16)、作业处于不安全位置(C18)、作业人员失误操作(C21),因为这些不安全行为处于反应链的末端,是可以直接导致安全事故的不安全作业行为,所以在实施安全管理控制过程中要加强对这些不安全作业行为的监控,阻止其发生,可最直接有效地避免安全事故的发生。

3. 存在将不安全行为节点连接起来的不安全行为连锁反应链

从影响力分析得出,网络中的强联系反应链为安全生产管理机构设置不合理

(C1)—机械及防护设备管理疏漏(C14)—作业处于不安全位置(C18)和安全检查和监督体系设计不合理(C5)—安全问题未及时发现和纠正(C9)—作业处于不安全位置(C18)。在安全管理过程中不仅要重点关注、把控具有较高影响力的关键不安全行为，更要有针对性地切断网络中的强联系，中断不安全行为的连锁反应，进而终止安全事故的发生。这对有效减少安全事故的发生有着重要的作用。

4. 存在将不安全行为子群连接成网络的关键桥节点

由聚类分析得出，起重要桥作用的节点为安全生产管理机构设置不合理(C1)、工具设备使用不当(C17)、安全问题未及时发现和纠正(C9)、安全奖惩机制制定不合理(C6)、安全奖惩机制实施不到位(C13)，它们是使网络紧密联系到一起的关键所在，破坏掉这些"桥"，网络的密度将减小，进而降低整体网络的风险性，此不安全行为网络的安全性也将提高。这些不安全行为应在建筑施工的安全管理过程中予以关注。

本章分析结果为建筑施工安全管理提供了理论上的支持和实践中的借鉴，要加强关键不安全行为的管理，避免不安全行为连锁反应的发生。在管理设计阶段，要保证安全生产管理机构设置的合理性、安全管理计划编制的完善性、安全检查和监督体系设置的合理性；在管理控制阶段，要加强现场监督和检查工作，及时发现并纠正安全问题，切实落实好安全奖惩机制；在施工作业过程中，要重点关注作业位置的安全性、工具设备的使用以及个人防护等问题。

第4章
建筑施工主体社会网络对其安全行为的作用机理

4.1 概述

建筑施工活动中存在着各种网络，如咨询网络、合同网络、进度控制网络、采购网络、人际关系网络、信息交换网络等，这些正式与非正式的网络对于提高项目部管理各项资源与任务的能力、提高项目管理水平有重要的作用。尽管在健康、项目管理与知识管理等领域中有关社会网络的研究有很多，但是在建筑施工管理领域相应的研究还非常少见。例如，施工主体网络作为主体安全行为的载体，正式网络和非正式网络的结构特征对施工主体安全行为和安全沟通是否有显著的影响作用？网络结构特征对施工主体安全行为和安全沟通的具体作用机理是怎样的？安全沟通在网络结构特征与主体安全行为之间的中介作用是怎样的？从社会网络的视角分析施工网络的结构特征对主体安全行为的影响规律，是一种新的思路和方法。本章从个体网络和组织网络两个层面，采用社会网络分析方法，通过实地调研分析，构建了施工人员和施工组织的正式网络和非正式网络，深入研究了社会网络的结构特征对个体(组织)安全行为和安全沟通的影响机理，同时检验了安全沟通在社会网络的结构特征与个体(组织)安全行为之间的中介作用，并提出了相关建议，研究结果从构建社会网络角度为施工企业提升施工安全行为水平提供了借鉴。

4.2 施工人员社会网络结构特征对其安全行为的影响研究

4.2.1 理论分析与研究假设

1. 安全行为

依据2.2.1节《施工人员安全行为的研究综述》，本书中将工人安全行为定义为工人在施工现场为了个人、组织和工作场所安全而进行的活动或行为。借鉴Neal和Griffin二维绩效理论，将施工人员的安全行为划分为安全遵守行为和安全参与行为两个维度。安全遵守行为对应于任务绩效而言，用来描述施工人员为保证个人安全和维护工作场所安全而必须进行的核心安全活动，这些行为包括遵守安全规范、穿戴防护衣物等；安全参与行为对应于情境绩效而言，是指施工人员自愿参加有益于改善个体和组织安全状况、安全环境的安全活动或主动参加安全会议的行为，包括主动帮助同事、积极参与安全措施改进等。

2. 正式网络与非正式网络

根据组织行为学中关于正式组织和非正式组织的划分，社会网络也可以分为正式网络和非正式网络[199]。正式网络嵌入正式组织结构中，是为完成相互依赖的工作而形成的非自主性的关系，而非正式网络存在于非正式组织结构中，人们可以自主寻找、选择个体建立关系，而不必遵循组织结构或政策[200]。正式网络和非正式网络广泛存在于现代企业中且对员工绩效产生不同的作用。在施工项目中，由于施工活动具有较强的分散性和非集权性，不同专业的班组除受项目经理、安全经理管理外，在具体施工过程中具有较大的自主性，区分正式网络和非正式网络对于识别施工人员安全行为的关键影响因素具有重要意义。

3. 安全沟通

对施工安全相关问题的沟通不畅也被认为是导致安全事故发生的重要原因之一，且是对建筑业从业者的主要挑战[201]，通过改善施工人员间的沟通频率和沟通方式可以有效降低施工现场的安全事故[166]。在施工人员间建立有效的安全沟通网络，如工作前的晨会、专门的安全会议、安全培训等，改善工人的沟通方式和沟通频率，能够显著提升项目的安全绩效[202]。基于此，本书将安全沟通界定为施工人员间对安全信息的交流与分享，沟通方式既包括正式的书面文件分享、安全会议和安全培训等，也包括面对面的交流与口头传达等非正式形式。

4. 节点中心性

社会网络节点中心性分析是对处于网络中各主体权力的量化分析，各主体在网络结构中所处的位置不同，其控制信息和资源的能力也就不同，从而对自身绩效产生不同的影响[200]。社会网络分析中对节点中心性的分析主要有三个指标，分别是度数中心度、接近中心度和中间中心度。其中有向图的度数中心度是指与节点有直接联系的数目，可以分为点入度和点出度两种，并可以根据点入度和点出度计算节点的相对度数中心度。3.4.3节已对中心度指标进行了具体说明，本节不再赘述。

5. 研究假设

(1) 社会网络中心性对安全行为的影响。度数中心度由网络中与该节点具有直接联系的数目决定，反映该节点在网络中占据的主导位置。度数中心度越高，个体在拥有和控制信息方面越具有优势，从而促进个人绩效的提高[200]。在施工活动中，个体之间形成的网络既有基于工作关系的正式网络，也有基于人际关系的非正式网络。个体在正式网络和非正式网络中的度数中心度均反映了其在该团体中的主导位置，度数中心度越高，个体对安全施工知识和信息的掌握就越多，从而为其遵守安全规范和参与积极的安全活动提供条件；反之，度数中心性越小，该个体就越孤立，其影响他人和被他人影响的可能性就越小，从而不利于个体提高安全遵守行为和安全参与行为。据此提出如下假设：

H1：度数中心度对工人安全行为具有正向影响

H1a：正式网络度数中心度对工人安全遵守行为具有正向影响

H1b：非正式网络度数中心度对工人安全遵守行为具有正向影响

H1c：正式网络度数中心度对工人安全参与行为具有正向影响

H1d：非正式网络度数中心度对工人安全参与行为具有正向影响

接近中心度与度数中心度的区别在于考虑了节点之间的间接关系，即在网络整体范围内与其他节点的接近程度，接近中心度越小，说明其与其他节点越接近，在网络中越处于核心位置，其在信息传递方面依赖他人的可能性越小[200]。在施工活动中，个体的接近中心度同样反映了其与其他个体的密切程度，在正式网络或非正式网络中的接近中心度越小，说明个体在安全知识、信息分享与传递方面越具有自主性，越有利于促进个体在遵守安全规范和指令以及帮助他人提升安全行为等方面的活动。据此提出以下假设：

H2：接近中心度对工人安全行为具有负向影响

H2a：正式网络接近中心度对工人安全遵守行为具有负向影响

H2b：非正式网络接近中心度对工人安全遵守行为具有负向影响

H2c：正式网络接近中心度对工人安全参与行为具有负向影响

H2d：非正式网络接近中心度对工人安全参与行为具有负向影响

中间中心度主要考虑个体在网络中起到的中介作用，即在多大程度上能够控制信息资源或他人联系的程度，节点中心度越大，其起到的中介作用越大。在施工活动中，个体在正式网络或非正式网络中的中间中心度越大，其拥有的结构洞数量也越大，在安全知识或信息的传递分享中越具有控制力，从而促进个体安全遵守行为和安全参与行为水平的提高。据此提出如下假设：

H3：中间中心度对工人安全行为具有正向影响

H3a：正式网络中间中心度对工人安全遵守行为具有正向影响

H3b：非正式网络中间中心度对工人安全遵守行为具有正向影响

H3c：正式网络中间中心度对工人安全参与行为具有正向影响

H3d：非正式网络中间中心度对工人安全参与行为具有正向影响

(2) 社会网络中心性对安全沟通的影响。社会网络作为安全信息沟通的媒介，工人所处的不同的社会网络体现出的结构特征对安全沟通的顺畅与否起到了重要的影响作用[167]。工人度数中心度的增加，表示其在网络中占有更核心的位置，掌握着更多的安全信息和知识，因而对信息在网络中的传播具有较大的影响作用，从而促进沟通水平的提升[203]。在施工活动中，无论是施工人员处于正式网络还是非正式网络中，其度数中心度的提升均对安全沟通的进行起到积极的作用。据此提出以下假设：

H4：度数中心度对工人间安全沟通具有正向影响

H4a：正式网络度数中心度对工人安全沟通具有正向影响

H4b：非正式网络度数中心度对工人安全沟通具有正向影响

接近中心度与度数中心度不同，体现的是个体在信息和行为等方面依靠他人的程度，接近中心度越大，其对他人的依靠程度越大，即个体通过自身的位置优势得到相关的信息的难度也越大，且由于与个体具有直接联系的主体并不多，因而通过该个体进行信息的传播就会受到一定的限制作用[200]。在施工活动中，接近中心度越大，安全信息的沟通就越不顺畅。据此提出以下假设：

H5：接近中心度对工人间安全沟通具有负向影响

H5a：正式网络接近中心度对工人安全沟通具有负向影响

H5b：非正式网络接近中心度对工人安全沟通具有负向影响

中间中心度体现的是个体在网络中的结构洞的数量，即拥有和控制信息的能力，个体所拥有的结构洞数量越多，其在网络中对信息的传播起到的作用也越大[200]。在施工活动中，个体的中间中心度越高，其对安全信息传播的效率影响也越大，因此对安全沟通起到一定的积极作用。据此提出以下假设：

H6：中间中心度对工人间安全沟通具有正向影响

H6a：正式网络中间中心度对工人安全沟通具有正向影响

H6b：非正式网络中间中心度对工人安全沟通具有正向影响

(3) 安全沟通对工人安全行为的影响。安全沟通对工人安全行为水平的影响已经得到了多数学者的认可，工长对施工人员的安全培训与安全沟通频率的增加，能够显著地减少施工人员的不安全行为[204]，且工人间的沟通和互相支持比管理者与施工人员之间的沟通更能提升施工人员的安全行为水平[175]，这是因为施工人员之间的安全沟通能够使施工人员及时意识到自身的问题，增强对项目团队安全目标的认识，从而更加遵守安全行为，并努力做出为实现团队安全目标的活动。据此提出以下假设：

H7：安全沟通对施工人员安全行为具有正向影响

H7a：安全沟通对施工人员安全遵守行为具有正向影响

H7b：安全沟通对施工人员安全参与行为具有正向影响

(4) 安全沟通在社会网络中心性与施工人员安全行为间的中介作用。在施工活动中，安全沟通离不开工人间形成的社会网络，社会网络是安全信息传播和安全沟通的载体和媒介，而工人间通过正式工作关系和非正式的社会关系形成的社会网络，又会通过安全信息的沟通促进工人安全行为水平的提高，因此在上述研究假设的基础上，本书提出安全沟通在工人正式社会网络和非正式社会网络的中心性对工人安全行为影响关系间具有一定的中介作用。据此提出如下假设：

H8：安全沟通在正式网络中心性与施工人员安全行为间具有中介作用

H9：安全沟通在非正式网络中心性与施工人员安全行为间具有中介作用

根据上述研究假设，构建概念模型如图4.1所示。

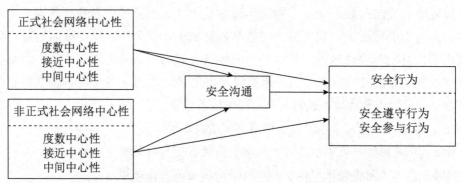

图4.1　社会网络中心性、安全沟通、安全行为的概念模型

4.2.2　研究设计

1. 问卷设计

为获取实证分析所需数据，根据上述研究变量(施工人员社会网络及安全行为)设计了调查问卷。问卷的设计流程主要包括以下几个步骤。

(1) 明确要测量的目标变量。在进行变量测量题项设计和问卷设计之前，要明确测量的目标变量，包括变量的定义、所包含内容、维度划分。然后，通过文献梳理，将所要测量的变量与参考文献中已有的变量内涵做对比分析，依据研究内容及研究背景对要测量的目标变量进行定义，为测量题项开发和问卷设计提供依据。

(2) 生成测量量表。本章的问卷设计包括两种形式：一种是借鉴成熟量表；另一种是新开发量表。在明确目标变量的内涵后，开始从相关文献中收集与变量相关的已有测量题项，为量表编制和问题设计提供基础。为了保证题项内容的准确度，对于英文文献测量题项的翻译采用回译法。回译法一般分为三步：第一步，将所收集到的英文测量题项译成中文；第二步，将英文译成的中文测量题项再回译成英文；第三步，将回译后的英文测量题项与原英文测量题项的语言表述进行对比，对原文意思表述不清或有歧义的回译英文题项进行完善修正。

在收集整理测量变量所需要的测量题项后，为了保证测量题项的准确性，需要评价测量题项所表达的含义。本章采用专家评价法对测量题项的含义与对应研究变量内容的一致性程度等内容效度进行评价，邀请了施工领域的两位专家和三位项目经理对变量的测量量表进行评价分析，明确了测量题项所面对的调查对象，删除了部分含义重叠的测量题项，修正了部分有歧义或不易理解的题项，并对各题项间的逻辑关系进行完善，提高了量表的整体内容效度。

(3) 小范围访谈和试调查。根据上述步骤形成了所需的调查问卷。由于收集到的测量题项对应不同的研究背景，如文化背景不同、行业领域不同，对于涉及本研究的施工企业的适用性还有待验证，一般采用小范围访谈和试调查来验证初始量表对研究内容的适用性。通过小范围一对一的访谈和试调查，我们可以对量表中不适用于本国国情和所研究领域的题项进行修正和完善，从而使量表能够更好地匹配研究问题，得到可信度较高的数据。

(4) 修正和完善测量题项。通过对初始问卷进行小范围访谈和试调查后，在相关文献综述和理论阐述的基础上，结合本国和研究对象的实际情况，对部分不适用于测量变量含义的测量题项进行修改，使题项准确对应测量变量的含义，没有遗漏。除了测量题项本身含义的问题，我们还对部分表达不明晰、容易产生歧义、不易理解的题项进行词语上的更换与修正，使问卷简明扼要、通俗易懂。

(5) 生成最终量表。经过上述对题项的修正与完善之后，我们在对各个研究变量的测量题项进行归纳整理的基础上，增加了两部分内容：一是对调查问卷包含内容、研究问题和数据用途的解释与说明，使被调查者对问卷的目的有明确的了解；二是被调查对象所提供的项目信息和个人基本信息的描述，用于描述问卷的发布与回收信息。最终形成的调查问卷包含三部分内容：项目基本信息、调研内容和个人基本信息。

问卷设计基本流程如图4.2所示。

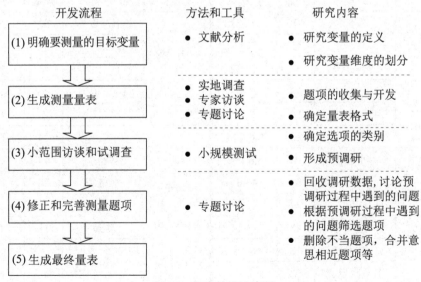

图4.2 问卷的设计流程

本章最终问卷内容包括三个部分，第一部分为被调查施工项目的基本信息，包括项目名称、所在城市、项目类型等。第二部分为研究变量调研的主要内容，主要包括对施工人员社会网络、安全沟通、安全行为状况的测度,其中在社会网络测度中个体之间联系以是否有联系为标准进行确认的,联系的指向以"主动"和"被动"表示;安全沟通以"每月一次""每周两次""每周一次""每天一次""一天多次"等表示[205];正式网络与非正式网络分别以"工作需要"和"人际交往需要"等区分[199]。安全行为状况参考Neal和Griffin[206]等研究,对安全遵守行为的测度以"我会遵守安全操作规程和规定""我会积极配合并听从安全管理人员指挥和安排""我会确保在最安全的状态下工作"等题项表示,安全参与行为以"我会参与安全目标和计划等工作""我会帮助他人解决安全问题""我会努力改善工作场所安全状况"等题项表示,对其状况的测度采用5分制里克特量表表示,以1~5分表示"非常不同意"至"非常同意"。问卷第三部分为被调查者的个人信息,包括性别、年龄、工作年限、工种及所属部门等。

2. 数据获取与描述性统计

本书选取了位于京津冀及周边地区的10个房屋和市政工程项目作为问卷发放对象,为准确分析个体之间的网络结构,力求以人员比较稳定的班组为单位,运用提名法对班组内的施工人员发放问卷,最终回收有效问卷194份。被调查者的基本信息如表4.1所示。

表4.1 被调查者样本数据的描述性统计(N=194)

项目	分类	频数	频率%	项目	分类	频数	频率/%
性别(1、2)	男	179	92.27	工作年限(1、2、3、4、5)	5年及以下	53	27.32
	女	15	7.73		6~10年	83	42.78
年龄(1、2、3、4)	18~30岁	53	27.32		11~15年	41	21.13
	31~40岁	73	37.63		16~20年	16	8.25
	41~50岁	55	28.35		21年及以上	1	0.52
	51岁以上	13	6.70	工种(1、2、3、4、5、6)	木工	24	12.37
学历(1、2、3、4、5、6)	小学	12	6.19		钢筋工	49	25.26
	初中	87	44.85		水电工	26	13.40
	中专	22	11.34		架子工	18	9.28
	高中	48	24.74		测量	12	6.19
	大专	18	9.28		其他	20	10.31
	本科及以上	7	3.61				

注:( )内数字为变量的分类代号。

4.2.3 实证分析

1. 计算方法

对于多变量，一般可分为变量间的相关分析和回归分析两种，前者分析变量间的密切关系，以相关系数为测度工具，后者重点分析某些变量(自变量)对特定变量(因变量)的影响程度，以回归系数为测度工具，相关分析是回归分析的基础。本书首先采用相关分析考查各变量之间的相关性，然后在此基础上分析变量间的影响关系。

其中，对于施工人员个体节点中心性的计算主要利用所获取的数据，以工程项目为单位，采用Ucinet 6.0软件构建各项目内班组的网络结构图，根据式3.2、3.3、3.4分别计算正式网络和非正式网络中各节点的相对度数中心度C_d、相对接近中心度C_p和相对中间中心度C_b。

施工人员安全行为以安全遵守行为S_C、安全参与行为S_P表示，安全沟通由SC表示，由各题项取均值得出。控制变量主要包括性别、年龄、学历、工作年限等。

2. 相关分析

根据变量性质的不同，相关系数的计算方式也不同，连续变量之间采用Pearson简单相关系数，分类变量之间采用Spearman等级相关系数，连续变量和分类变量之间采用Kendall相关系数。根据表4.2各变量间的相关系数计算结果可知，正式网络和非正式网络的个体社会网络节点中心性与其安全遵守和安全参与行为均具有显著的正相关关系，一定程度上说明了施工人员个体两种网络结构特征对其安全行为水平的积极作用。正式网络与非正式网络的节点中心性之间表现出显著的正相关，说明正式网络中个体的特征表现很有可能影响其非正式网络的结构特征，反之亦然。

3. 回归分析

1) 网络中心性对安全行为的影响关系

上述相关分析显示个体社会网络节点中心性与安全行为之间存在显著的相关关系，但并不能说明网络中心性对安全行为具有直接的影响关系。对此，本章利用OLS回归模型分别针对正式网络和非正式网络的中心性特征对其影响关系进行了多变量回归分析，结果如表4.3所示。

表4.2 变量间相关性分析(N=194)

变量		均值	标准差	S_c	S_p	SC	正式网络			非正式网络			性别	年龄	学历
							C_d	C_p	C_b	C_d	C_p	C_b			
S_c		4.145	0.875												
S_p		4.083	0.978	0.688**											
SC				0.625**	0.888**										
正式网络	C_d	38.962	9.151	0.500**	0.556**	0.507**									
	C_p	73.961	6.256	0.540**	0.572**	0.520**	0.880**								
	C_b	2.039	0.916	0.287**	0.404**	0.386**	0.572**	0.630**							
非正式网络	C_d	41.434	9.344	0.399**	0.481**	0.434**	0.605**	0.546**	0.347**						
	C_p	76.235	6.950	0.331**	0.408**	0.382**	0.499**	0.529**	0.266**	0.868**					
	C_b	1.775	0.844	0.156*	0.207**	0.136	0.261**	0.219**	0.489**	0.509**	0.514**				
性别		1.08	0.268	-0.228**	-0.153	-0.066	-0.094	-0.087	-0.006	-0.006	-0.009				
年龄		2.14	0.899	0.041	0.112	0.130	-0.001	0.014	0.075	-0.002	-0.022	-0.007	-0.154*		
学历		2.97	1.283	-0.007	0.020	-0.036	-0.106*	-0.066	-0.014	-0.038	-0.026	-0.016	0.171*	-0.240**	
工作年限		2.12	0.923	0.138*	0.204**	0.169**	0.110**	0.140**	0.072	0.185**	0.165**	-0.037	-0.020	0.231**	-0.131

注:其中S_c、S_p、C_d、C_p、C_b、SC为连续变量,性别、年龄、学历、工作年限为分类变量。****为$p<0.001$, **为$p<0.01$, *为$p<0.05$, 下同。

表4.3 网络中心性对安全行为影响的回归分析结果

变量	正式网络		非正式网络	
	S_C	S_P	S_C	S_P
回归截距	−0.743(0.999)	−0.937(1.084)	3.343	1.901(0.990)
C_d	0.109(0.012)	0.249(0.013)*	0.447(0.013)**	0.490(0.014)***
C_p	0.497(0.019)***	0.299(0.020)*	−0.016(0.017)	−0.002(0.018)
C_b	−0.091(0.074)	0.063(0.080)	−0.084(0.080)	−0.058(0.086)
性别	−0.208(0.198)**	−0.095(0.215)	−0.223(0.218)**	−0.110(0.235)
年龄	0.012(0.062)	0.087(0.067)	−0.003(0.067)	0.087(0.073)
学历	0.097(0.043)	0.122(0.046)*	0.072(0.046)	0.087(0.050)
工作年限	0.013(0.059)	0.126(0.064)*	0.010(0.066)	0.100(0.071)
调整R^2	0.322	0.362	0.182	0.242
F值	14.091	16.671	7.145	9.794

注：表内数字标准化回归系数，括号内数字为标准误差，***表示Sig.<0.001，**表示Sig.<0.01，*表示Sig.<0.05。

由表4.3可知，当考虑性别、年龄、学历、工作年限等控制变量后，正式网络与非正式网络的节点中心性对个体的安全行为的影响关系不尽相同。根据上文所提假设，分别对各变量间的影响关系进行阐述分析。

(1) 度数中心性对个体安全行为的影响关系。根据表4.3所示，正式网络的度数中心性仅对施工人员安全参与行为具有正向影响关系(r=0.249*)，而非正式网络的度数中心性对施工人员安全遵守(r=0.447**)和安全参与行为(r=0.490***)均具有正向影响关系。这可能是因为，对于非正式网络而言，度数中心性高的施工人员具有更多的隐性安全知识和信息[207-208]，对不遵守安全行为而导致危害后果认识更加深刻，从而自觉加强自身的遵守行为，而不是像在正式网络中仅依靠命令、制度等来被动地加强安全遵守。相关学者研究表明，工人个体的社会网络中心性对其自发利他行为具有积极影响[209]，度数中心性高的施工人员更有机会和条件去凝聚其他人员提升安全参与行为。因此，无论是正式网络还是非正式网络，度数中心性对安全参与行为均具有较好的促进作用，因此假设H1得到部分支持。

(2) 接近中心性对个体安全行为的影响关系。回归结果显示正式网络的接近中心性对安全遵守行为(r=0.497***)和安全参与行为(r=0.299**)均具有正向影响关系，而非正式网络的接近中心性对安全遵守行为和安全参与行为均不具有显著的影响关系。接近中心性反映的是个体依赖其他个体的强度[210]，其在正式网络和非正式网络中的作用不太相同。对于正式网络而言，个体越依赖他人，说明越处于权力下游，更需要他人的指示或信息进行安全活动，因此接近中心性值越大，其越需要服从他人的命令，对安全遵守行为方面表现较好，而在安全参与活动方面也越易受到他人的影响。而对于非正式网络而言，个体的接近中心性并未起到显著的作用，说明施工过程中的个体依赖性并不会对其安全行为产生显著影响，因此假设H2没有得到支持。

(3) 中间中心性对个体安全行为的影响关系。回归结果显示只有正式与非正式网络的中间中心性对施工人员安全参与行为均不具有显著的影响关系，而其他变量间的影响关系不显著，这是因为中间中心性反映的是个体拥有的结构洞数量，即起到的中介作用大小。在正式网络中，很多安全参与活动需要经过处于中间位置的人来具体执行，因此中间中心性高的工人对安全参与表现更好，而安全遵守并不一定通过其得到执行。非正式网络中的中间中心性同样没有体现一定的作用，这可能是因为所调研的施工人员在实际生活中并未通过非正式网络来提升安全行为的意愿。因此假设H3未得到支持。

(4) 控制变量的影响关系。由表4.3可知，控制变量中性别变量对安全遵守行为具有显著影响关系，男性的安全遵守行为较女性表现较好，这可能是由于男性在施工活动中的知识和经验较为丰富，而部分女性为临时施工人员，这些人员对安全遵守行为的意识较为薄弱；年龄变量不具有显著影响关系；学历和工作年限均对安全参与行为具有显著的正向影响关系，这是因为学历越高、工作年限越长的施工人员更易在施工过程中有意识地帮助他人及维护整个项目的安全[166]。

2) 网络中心性对安全沟通的影响关系

同样利用OLS回归模型分别针对正式网络和非正式网络的中心性特征对安全沟通影响关系进行了多变量回归分析，结果如表4.4所示。

表4.4 网络中心性对安全沟通影响的回归分析结果

变量	正式网络对SC	非正式网络对SC
回归截距	−0.937(1.084)	1.901(0.990)
C_d	0.249(0.013)*	0.490(0.014)***
C_p	0.299(0.019)*	−0.002(0.018)
C_b	0.063(0.080)	0.058(0.086)
性别	−0.095(0.215)	−0.110(0.235)
年龄	0.087(0.067)	0.087(0.073)
学历	0.122(0.046)*	0.087(0.050)
工作年限	0.126(0.064)*	0.100(0.071)
调整R^2	0.362	0.242
F值	16.671	9.794

注：表内数字标准化回归系数，括号内数字为标准误差，***表示Sig.<0.001，**表示Sig.<0.01，*表示Sig.<0.05。

由表4.4可知，当考虑性别、年龄、学历、工作年限等控制变量后，正式网络与非正式网络的节点中心性对施工人员安全沟通的影响关系不尽相同。根据上文所提假设，分别对各变量间的影响关系进行分析。

(1) 度数中心性对安全沟通的影响关系。根据表4.4所示，正式网络和非正式网络的度数中心性对安全沟通(r=0.249*)和(r=0.490***)均具有显著正向影响，这与以往学者的研究结论一致[203]，也说明了施工人员所处网络中与他人连接的越多，越促进安全信息的传播与安全沟通的进行。

(2) 接近中心性对安全沟通的影响关系。根据表4.4所示，正式网络的接近中心性对安全沟通具有显著的影响关系(r=0.299*)，而非正式网络的接近中心性对安全沟通不具有显著的影响关系，且正式网络的接近中心性对安全沟通的影响关系为正向影响，这与本书的假设正好相反。这可能是因为，在正式网络中，处于权力下游的个体接近中心性较大，依据正式的沟通方式能够较好地实现安全信息的沟通，而不会因为对他人的过分依赖而阻碍安全沟通的进行，非正式网络由于没有强制性的命令、安排而导致接近中心性对安全沟通没有显著的影响。

(3) 中间中心性对安全沟通的影响关系。根据表4.4所示，正式网络和非正式网络的中间中心性对安全沟通均不具有显著的影响关系，这可能是因为，如果组织中个体的中间中心性过大，会导致组织中的沟通渠道发生中断，个体拥有的结构洞虽多，但是不利于安全信息向他人的传播，这也证实了在组织中如果存在过多结构洞，就会对信息的传播有一定的阻碍作用[211]。

3) 安全沟通对安全行为的影响关系

同样利用OLS回归模型针对安全沟通对安全行为影响关系进行了多变量回归分析，结果如表4.5所示。

表4.5 安全沟通对安全行为回归分析结果

变量	S_C	S_P
回归截距	2.374(1.084)	0.473(0.229)*
S_C	0.684(0.048)***	0.875(0.035)***
性别	−0.148(0.173)**	−0.083(0.121)*
年龄	−0.068(0.053)	−0.025(0.037)
学历	0.008(0.037)	0.060(0.026)
工作年限	−0.039(0.052)*	0.080(0.036)*
调整R^2	0.485	0.798
F值	37.406	153.34

注：表内数字标准化回归系数，括号内数字为标准误差，***表示Sig.<0.001，**表示Sig.<0.01，*表示Sig.<0.05。

由表4.5结果可知,安全沟通对施工人员安全遵守行为和安全参与行为(r=0.684***)和(r=0.875***)均具有显著的正向影响关系,这与以往多数学者的研究结果均一致,说明施工过程中,施工人员之间对安全信息的交流和分享能够促进其对安全规范的遵守以及参与到提升项目安全水平的活动中去。

4) 安全沟通的中介作用

为进一步检验安全沟通在网络中心性对施工人员安全行为的影响关系,本书借鉴Baron等[212]的研究,通过逐步加入法检验安全沟通在网络中心性与施工人员安全行为间的中介效应。通过对比加入安全沟通前后社会网络中心性对施工人员安全行为关系的系数变化与模型拟合程度,可判断出安全沟通的中介效应,结果如表4.6所示。

表4.6 安全沟通中介效应检验结果

变量	正式网络			非正式网络	
	$C_p \rightarrow S_C$	$C_d \rightarrow S_P$	$C_p \rightarrow S_P$	$C_d \rightarrow S_C$	$C_d \rightarrow S_P$
回归截距	−0.557 (0.871)	−0.595 (0.589)	−0.595 (0.589)	2.599 (0.771)**	0.656 (0.504)
C_d		0.069 (0.007)	0.069 (0.007)	0.215 (0.771)	0.144 (0.007)*
C_p	0.371 (0.016)**		0.091 (0.011)		
S_C	0.481 (0.059)***	0.793 (0.040)***	0.793 (0.040)***	0.558 (0.058)***	0.836 (0.038)***
性别	−0.198 (0.173)***	−0.078 (0.117)*	−0.078 (0.117)*	−0.200 (0.182)***	−0.075 (0.119)***
年龄	−0.045 (0.054)	−0.006 (0.037)	−0.006 (0.037)	−0.071 (0.057)	−0.015 (0.037)
学历	0.069 (0.037)	0.076 (0.025)	0.076 (0.025)	0.058 (0.039)	0.066 (0.025)*
工作年限	−0.021 (0.052)	0.069 (0.035)	0.069 (0.035)	−0.015 (0.055)	0.062 (0.036)
调整R^2	0.485	0.812	0.812	0.431	0.806
F值	23.721	105.221	105.221	19.291	101.332

注:表内数字标准化回归系数,括号内数字为标准误差,***表示Sig.<0.001,**表示Sig.<0.01,*表示Sig.<0.05。

通过对比表4.3与表4.6的结果可知,在加入安全沟通变量后,具有显著影响关系的社会网络中心性与安全行为间的路径系数和调整的R^2均具有显著的变化,下面主要分正式网络和非正式网络两个角度进行阐述。

(1) 安全沟通在正式网络中心性与安全行为间的中介效应。对于接近中心性对安全遵守行为的影响关系而言,由表4.6可知,加入安全沟通变量后,模型的解释程度有了显著改进,调整的R^2由0.322增大到0.485,接近中心性对安全遵守的路径系数由0.497下降到0.371,且表现依然显著,说明安全沟通在接近中心性与安全遵守行为间具有部分中介作用,接近中心性能够通过安全沟通对施工人员的安全遵守行为起到一定的促进作用;对于度数中心性和接近中心性对安全参与行为的影响关系而言,模型的解释程度也有显著的改进,调整的R^2由0.362增大到0.812,且度数中心性和接近中心性对安全参与行为的路径系数均变得不显著,说明安全沟通在两者间具有完全中介作用，施工人员对于安全参与行为的提升需要通过安全沟通。

(2) 安全沟通在非正式网络中心性与安全行为间的中介效应。对于非正式网络中的度数中心性对施工人员安全遵守行为的影响关系而言，由表4.6可知，加入安全沟通变量后，模型的解释程度有了显著改进，调整的R^2由0.182增大到0.431，度数中心性对施工人员安全遵守行为的路径系数变为不显著，说明安全沟通在两者之间起到完全中介作用，说明安全沟通在非正式网络度数中心性对安全遵守行为的影响过程中具有重要的作用。对于非正式网络中的度数中心性对施工人员安全参与行为的影响关系而言，加入安全沟通变量后，模型的解释程度也有了显著改进，调整的R^2由0.242增大到0.806，度数中心性对施工人员安全参与行为的路径系数由0.490降低到0.144，且表现仍然显著，说明安全沟通在两者间起到了部分中介作用。

4.3 施工组织社会网络结构特征对组织安全行为的影响研究

4.3.1 理论分析与研究假设

1. 正式网络结构特征对组织安全行为的影响关系

近年来，组织正式网络的结构特征和组织行为之间的关系得到了很多学者的关注，并认为建筑施工组织的正式网络结构特征有利于提高施工组织管理各项资源与任务的能力，促进知识共享行为[213]。在企业合作网络中，节点属性影响网络位置，而网络位置的中心度指标决定网络权力，最终网络权力会影响网络节点的决策行为[214]。建筑施工活动中存在着各种复杂的网络，施工组织的正式网络作为组织安全行为的载体，它的结构特征对组织安全行为有重要的影响，进而影响安全绩效[215]。当施工组织的正式网络密度提升时，意味着施工组织内各部门之间的互动频率会增加，有助于促使部门间共同安全行为规范的形成，提高施工组织的整体安全行为。网络中心势对组织绩效影响的效果还取决于知识的专长程度[216]，在施工组织的正式网络中，为防止安全事故的发生，需要核心部门具有较高的中心度，担任着网络中安全信息传递的重要职责，网络的度数中心势包括出度中心势和入度中心势；而施工组织正式网络的中间中心势越高，表示各部门之间的信息交流和传递严重依赖第三方，这不利于从整体上提升施工组织的安全行为水平，并且网络平均路径长度的增大，会增加网络节点间进行交流的难度，从而降低创新行为的传播强度[217]。当施工组织正式网络的聚类系数较高时，表明该部门的"朋友"彼此之间也成为"朋友"的概率较高，从而提高安全信息传播的效率，最终提升施工组织的安全行为水平。基于此，提出以下假设：

H1：正式网络结构特征对组织安全行为有显著影响

H1a：正式网络密度对组织安全行为有显著正向影响

H1b：正式网络出度中心势对组织安全行为有显著正向影响

H1c：正式网络入度中心势对组织安全行为有显著正向影响

H1d：正式网络中间中心势对组织安全行为有显著负向影响

H1e：正式网络平均路径长度对组织安全行为有显著负向影响

H1f：正式网络聚类系数对组织安全行为有显著正向影响

2. 非正式网络结构特征对组织安全行为的影响关系

非正式网络度数中心势、中间中心势和接近中心势会对组织内隐性知识共享行为产生影响[218]。施工组织非正式网络的密度较大时，表明组织内各部门之间联系较频繁，有利于形成并维持共同的安全行为规范。当度数中心势适当增大时，中心度较高的核心部门会和其他部门传递和共享一些重要的信息，网络的度数中心势分为出度中心势和入度中心势。非正式网络的中间中心势越高，说明存在中间中心度指标高的部门，该部门占据着安全信息流动的必经路径，不利于各部门之间的协调合作，降低了施工组织整体的安全行为水平，而增大施工组织网络的密度和降低网络的平均路径长度有利于参与部门之间的沟通与合作[166]，施工组织的非正式网络平均路径长度越短，越促进安全信息的传递。非正式网络的聚类系数较高时，各部门间联系的密切程度加大，进而促进施工组织整体的安全行为水平。建筑施工组织的非正式网络的结构特征有利于分享情感，有利于部门间的安全信息传递，进而提升组织安全行为的水平。基于此，提出以下假设：

H2：非正式网络结构特征对组织安全行为有显著影响

H2a：非正式网络密度对组织安全行为有显著正向影响

H2b：非正式网络出度中心势对组织安全行为有显著正向影响

H2c：非正式网络入度中心势对组织安全行为有显著正向影响

H2d：非正式网络中间中心势对组织安全行为有显著负向影响

H2e：非正式网络平均路径长度对组织安全行为有显著负向影响

H2f：非正式网络聚类系数对组织安全行为有显著正向影响

3. 正式网络结构特征对安全沟通的影响关系

组织内部部门间的社会网络有利于加强部门间的安全沟通。随着正式网络的密度和度数中心势的提升，施工组织内各部门之间的互动更为频繁，安全信息交换频率加快，促进安全知识的传递，有助于正式网络内的安全沟通。中间中心势高的部门因为某些原因，没有将有价值的安全隐性知识传播出去，不利于正式网络内的安全沟通；而网络平均路径长度越短，聚类系数越高时，越有利于安全信息的交流与扩散，对组织绩效有重要影响[219]。据此提出以下假设：

H3：正式网络结构特征对安全沟通有显著影响

H3a：正式网络密度对安全沟通有显著正向影响

H3b：正式网络出度中心势对安全沟通有显著正向影响

H3c：正式网络入度中心势对安全沟通有显著正向影响

H3d：正式网络中间中心势对安全沟通有显著负向影响

H3e：正式网络平均路径长度对安全沟通有显著负向影响

H3f：正式网络聚类系数对安全沟通有显著正向影响

4. 非正式网络结构特征对安全沟通的影响关系

大量研究表明，非正式网络的沟通能够培养网络成员之间的感情，成员之间的非正式沟通有利于隐性知识的传递[220]。当组织内部非正式网络的密度和中心势增大时，部门之间的互动就会更加频繁，这有利于加强与组织内部成员的沟通，进而正向影响组织的任务绩效[203]。网络的平均路径长度越短、聚类系数越大，部门间更容易建立相互信任的关系，使得部门间交流顺畅并获得更多的支持和帮助。非正式网络的中间中心势越高，表示部门之间直接联系比较少，不利于安全信息的沟通。施工组织的非正式网络的结构特征有利于各部门之间交流情感，使得施工组织内部形成良好的安全信息共享的氛围。基于此，提出以下假设：

H4：非正式网络结构特征对安全沟通有显著影响

H4a：非正式网络密度对安全沟通有显著正向影响

H4b：非正式网络出度中心势对安全沟通有显著正向影响

H4c：非正式网络入度中心势对安全沟通有显著正向影响

H4d：非正式网络中间中心势对安全沟通有显著负向影响

H4e：非正式网络平均路径长度对安全沟通有显著负向影响

H4f：非正式网络聚类系数对安全沟通有显著正向影响

5. 安全沟通的中介作用

(1) 安全沟通对组织安全行为的影响关系。安全沟通对于安全行为的积极影响已经得到学者的认同[202]，施工组织内部的安全沟通的频率和方式的改善对提升安全行为水平有重要的作用[166]。施工组织网络部门之间经常交流安全信息，可以营造良好的安全氛围，最终提升施工组织安全行为水平。据此提出以下假设：

H5：安全沟通对组织安全行为有显著正向影响

(2) 安全沟通在正式网络结构特征与组织安全行为之间的中介作用。安全沟通是建立在组织之间相互联系的基础上的，所以安全沟通离不开一定的社会网络。施工组织的正式网络作为部门间安全沟通的载体，它的结构特征有利于加强部门间的安全沟通，形成良好的安全氛围，进而提升施工组织安全行为水平。据此提出以下假设：

H6：安全沟通在正式网络结构特征与组织安全行为之间起中介作用

H6a：安全沟通在正式网络密度与组织安全行为之间起中介作用

H6b：安全沟通在正式网络出度中心势与组织安全行为之间起中介作用

H6c：安全沟通在正式网络入度中心势与组织安全行为之间起中介作用

H6d：安全沟通在正式网络中间中心势与组织安全行为之间起中介作用

H6e：安全沟通在正式网络平均路径长度与组织安全行为之间起中介作用

H6f：安全沟通在正式网络聚类系数与组织安全行为之间起中介作用

(3) 安全沟通在非正式网络结构特征与组织安全行为之间的中介作用。建筑施工活动中存在着各种复杂的网络，其中施工组织的非正式网络作为安全沟通的渠道，它的结构特征有利于各部门之间交流情感，使安全沟通更加顺畅，进而提升施工组织安全行为水平。据此提出以下假设：

H7：安全沟通在非正式网络结构特征与组织安全行为之间起中介作用

H7a：安全沟通在非正式网络密度与组织安全行为之间起中介作用

H7b：安全沟通在非正式网络出度中心势与组织安全行为之间起中介作用

H7c：安全沟通在非正式网络入度中心势与组织安全行为之间起中介作用

H7d：安全沟通在非正式网络中间中心势与组织安全行为之间起中介作用

H7e：安全沟通在非正式网络平均路径长度与组织安全行为之间起中介作用

H7f：安全沟通在非正式网络聚类系数与组织安全行为之间起中介作用

6. 理论模型

在文献回顾和对研究概念界定的基础上，我们构建了施工组织社会网络结构特征、安全沟通和组织安全行为的理论模型，如图4.3所示。

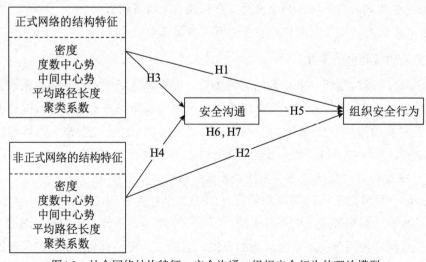

图4.3 社会网络结构特征、安全沟通、组织安全行为的理论模型

4.3.2 研究设计

为了深入研究社会网络的结构特征与组织安全行为的关系,首先基于前文的文献研究,收集相关数据,对数据质量进行检验,进而为实证分析提供数据支持。然后进行研究设计,主要内容包括问卷的设计流程、量表的设计、问卷的发放与回收、数据的录入与处理、描述性统计分析、数据质量检验6个部分(后两部分单独讲解)。

1. 问卷设计流程

依据4.2.2节研究设计中的问卷设计流程进行问卷设计。

2. 量表设计

本部分需要对社会网络进行测量,在此基础上分析社会网络的结构特征,其中社会网络指的是施工项目部内各部门组成的社会网络。采用整体社会网的资料收集方法,每个部门的主管都需要填写1份问卷。社会网络问卷形式一般都是半开放式的问卷,这与普通问卷形式不同。测量施工组织的安全沟通和组织安全行为的问卷则发放3~5份,由每个项目部的管理者填写,这类问卷属于常用的封闭式问卷。因为上述两类问卷的发放对象和问卷内容均有区别,所以按照两类问卷分别进行设计。第一类问卷主要测量施工组织社会网络,包括正式网络和非正式网络两个量表,此部分题项由每个部门的主管填写;第二类问卷主要测量安全沟通和组织安全行为,包括安全沟通和组织安全行为两个量表,此部分题项发放给项目部的项目经理、部门主管或者安全员填写。

3. 问卷发放与回收

最终问卷确定后,进行了大样本的问卷发放与回收,选取北京、天津、河北、河南、江苏、山东、四川、陕西等地进行问卷调查,发放形式包括现场发放、电子邮箱和网上调查(问卷星)三种方式。社会网络问卷共发放800份,回收问卷763份,回收率为95.4%,安全沟通和组织安全行为问卷共发放500份,回收问卷471份,回收率为94.2%。问卷的发放与回收形式如表4.7所示。

表4.7 问卷发放与回收形式

问卷	形式	发放数量	回收数量
社会网络问卷	现场发放	503	475
	电子邮箱	276	267
	网上调查(问卷星)	21	21
	总计	800	763
安全沟通和组织安全行为问卷	现场发放	294	274
	电子邮箱	195	186
	网上调查(问卷星)	11	11
	总计	500	471

通过筛选,有6个团队的问卷最终被放弃,共得到有效项目91个,有效社会网络问卷741份,有效问卷回收率为92.6%;有效安全沟通和组织安全行为问卷443份,有效问卷回收率为88.6%。

4. 数据录入与处理

(1) 社会网络问卷。收集该项目部的所有部门填写的问卷,使用Excel建立部门之间的邻接关系矩阵,在横轴和纵轴上分别列出项目部内各个部门的名称,纵轴代表被调查者所在的部门,横轴代表与被调查者所在部门有关的另一个部门,在被调查者所在的部门到另一个部门的对应位置填写两者的关系值。如果部门之间存在关系,按照被调查者填写的联系频繁程度来计分,"1"表示非常不频繁,"2"表示比较不频繁,"3"表示不确定,"4"表示比较频繁,"5"表示非常频繁。正式网络和非正式网络都按照此方法录入数据。

(2) 安全沟通和组织安全行为问卷。新建Excel表,在第一行列出各题项的名称,然后逐行录入各问卷题项的值,为下文数据分析做准备。

5. 描述性统计分析

为了检验样本的代表性,使用SPSS 19.0对样本数据进行了描述性统计分析,如表4.8所示。该调查共包括91个工程项目,调查样本涵盖了国内10多个建筑业比较发达的省市,其中位于天津市和河北省内的项目比较多,分别为42个和32个,占到总项目数的46.2%和35.2%,其余项目较均匀地分布在北京市、陕西省、山东省、江苏省、河南省、安徽省、四川省等省市。所调查的项目能够在一定程度上代表国内各地区工程项目的特点。

项目类型主要包括民用建筑工程、工业建筑工程和市政公用工程等类型,调查数量分别为46个、26个和14个,占到总项目数的50.5%、28.6%和15.4%。所调查项目以民用建筑项目居多,且民用建筑项目的施工环节与其他两类项目相比较为复杂,涉及的安全风险更高,能够较好地反映所调查的问题。

结构类型主要包括砖混结构、框架结构、钢结构等,分别占到总项目数的18.7%、51.6%、11.0%,所调查项目以框架结构和砖混结构居多,能够代表现阶段我国工程项目的一般特点。

表4.8 样本数据特征的描述性统计

统计内容	分类	频数/个	百分比
地区	北京市	4	4.3%
	天津市	42	46.2%
	河北省	32	35.2%
	河南省	3	3.3%
	山东省	1	1.1%

(续表)

统计内容	分类	频数/个	百分比
地区	江苏省	2	2.2%
	四川省	2	2.2%
	陕西省	3	3.3%
	安徽省	1	1.1%
	广东省	1	1.1%
项目类型	民用建筑工程	46	50.5%
	工业建筑工程	26	28.6%
	市政公用工程	14	15.4%
	其他	5	5.5%
结构类型	砖混结构	17	18.7%
	框架结构	47	51.6%
	钢结构	10	11.0%
	其他	17	18.7%

6. 数据质量检验

问卷的数据质量检验主要是指对量表的信度和效度进行检验，以判断样本数据是否具有可靠性和有效性。本节首先检验量表的信度，然后检验量表的效度。

1) 信度检验

信度是指由若干题目所构成的量表所测得结果的稳定性和一致性，一般用信度系数来表示。稳定性是指同一受测群体在不同的时间段被测试的结果前后的差异非常小；一致性是指对同一受测群体进行性质相同、题型相同以及目的相同的不同问卷测试后，测试结果之间显示较强的正相关性。信度是评判所编制的问卷优劣的一个重要指标，一般认为信度系数越高，量表就越合理，测试结果也就越可靠。

信度分析方法有很多种，如克隆巴赫α系数、半分信度分析、库德-理查德森信度分析、重测信度分析以及评分者信度分析。克隆巴赫α系数是目前学术界普遍使用的信度分析方法，克隆巴赫α系数越高，说明量表的内部一致性就越好，一般认为该系数的值大于0.7是可以接受的。本章采用克隆巴赫α系数进行信度的检验。

(1) 施工组织社会网络量表。施工组织社会网络量表包括正式网络量表和非正式网络量表。社会网络量表是半开放式问卷，收集到的社会网络数据经过软件计算后，得到社会网络的结构特征。罗家德[221]指出在设计社会关系问卷时，要掌握两个主要原则来保证问卷的信度：一是测量题项不涉及敏感的关系问题；二是尽量嵌入情境。本研究的社会网络量表较为规范，在发放问卷前进行了小范围访谈和试调查，在一定程度上保证了问卷的情境嵌入性，从而保证了研究的可信度。

(2) 安全沟通和组织安全行为问卷。对施工组织安全沟通量表和组织安全行为量表进行信度分析,结果如表4.9所示。

表4.9 信度检验结果

变量	题项	α系数
安全沟通	SC1	0.89
	SC2	
	SC3	
	SC4	
	SC5	
	SC6	
	SC7	
	SC8	
组织安全行为	OSB1	0.86
	OSB2	
	OSB3	
	OSB4	
	OSB5	
	OSB6	
	OSB7	
	OSB8	
	OSB9	
	OSB10	
	OSB11	

由表4.9可知,安全沟通量表和组织安全行为量表的整体α系数均大于0.8,表明测试题项的内部一致性较高,量表的信度较好。

2) 效度检验

(1) 内容效度。在设计问卷过程中参考了国内外的相关文献,并征求了课题组和行业专家的意见,对题项进行了修改,可以认为该量表具有较好的内容效度。

(2) 收敛效度。为了验证量表结构的有效性,需要使用验证性因子分析来检验量表的测量模型是否与实际数据相契合,测量题项是否可以有效测量各潜在变量,从而判断量表的收敛效度。首先对施工组织安全沟通量表的收敛效度进行分析,使用222个样本进行验证性因子分析,然后利用Amos软件绘制模型并计算。安全沟通的测量模型计算结果如图4.4所示。

从模型的拟合指数来看,整体模型的自由度为17,χ^2/df(卡方自由度比值)为1.95,近似均方根误差(Root Mean Square Error of Approximation,RMSEA)为0.046,小于0.08,调整拟合度指数(Adjusted Goodness-of-Fit Index,AGFI)为0.960,大于0.9,拟合度指数(Goodness-of-Fit Index,GFI)为0.981,大于0.9,可以看出模型拟合指数均满足要求,表示回收数据与各测量模型之间具有较好的匹配度。同理,使用验证性因子分析计算出组织安全行为测量题项的因素负荷量和模型适配指标。检验结果如表4.10所示。

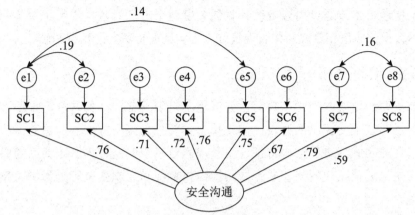

图4.4 安全沟通测量模型

表4.10 变量测量模型的验证性因子分析结果

变量	测量题项	因素负荷量	T值	模型适配指标				
				自由度	χ^2/df	RMSEA	AGFI	GFI
安全沟通	SC1	0.76	—	17	1.95	0.05	0.96	0.98
	SC2	0.71	12.59					
	SC3	0.72	12.94					
	SC4	0.76	13.39					
	SC5	0.75	12.65					
	SC6	0.67	12.12					
	SC7	0.79	13.73					
	SC8	0.59	10.79					
组织安全行为	OSB1	0.76	—	37	2.29	0.07	0.93	0.96
	OSB2	0.72	13.01					
	OSB3	0.78	12.00					
	OSB4	0.69	11.27					
	OSB5	0.70	12.54					
	OSB6	0.66	10.97					
	OSB7	0.74	9.83					
	OSB8	0.63	11.91					
	OSB9	0.68	8.23					
	OSB10	0.73	9.66					
	OSB11	0.75	10.48					

由表4.10可知，各变量测量题项的因素负荷量(FL)>0.5，其C.R.>1.96，说明各题项的参数都达到了0.05的显著水平，而且模型适配指标均满足要求，说明模型具有较好的收敛效度，可以进行下文的实证分析。

综上所述，本节通过内容效度和收敛效度两个方面对数据进行了检验和分析，结果显示数据的质量和量表结构表现较好，为实证分析奠定了数据基础。

4.3.3 实证分析

本节主要利用获取的样本数据，分析施工组织网络的结构特征，采用多元回归分析的方法验证上文提出的假设。假设检验主要分为两个方面：一是验证施工组织正式网络和非正式网络的结构特征、安全沟通对组织安全行为影响关系的假设；二是检验安全沟通在正式网络和非正式网络结构特征和组织安全行为影响关系之间的中介作用。

1. 施工组织正式网络的构建与结构特征分析

1) 施工组织正式网络的构建

通过处理正式网络问卷的数据，得到每个项目部内的部门之间的邻接关系矩阵，分别存储在以项目部的名称命名的Excel文件中。将数据导入到Ucinet 6.0软件中，并运用Netdraw绘制施工组织的正式网络。下面以上东轩项目为例，详细介绍网络构建过程。

(1) 上东轩项目的基本情况。上东轩项目是由阳菱光辉(天津)房地产开发有限公司开发建设的住宅项目，是住宅与商业为一体的建设项目。上东轩项目部包含工程部、合同部、质量部、材料部、安全部、技术部、资料部、财务部、设备部、后勤部10个部门。

(2) 正式网络关系矩阵的建立。根据施工组织正式网络问卷，经过数据的录入与处理后，得到每个项目部内的部门之间的邻接关系矩阵，其中邻接矩阵中的数字1~5代表部门间联系的频繁程度，"1"表示非常不频繁，"2"表示比较不频繁，"3"表示不确定，"4"表示比较频繁，"5"表示非常频繁。将矩阵导入Ucinet 6.0软件中。

(3) 正式网络关系图的绘制。Ucinet 6.0在计算中间中心度和平均路径长度等结构特征时，只针对二值化数据进行分析。因此，需要以二值化界定联系的频繁程度，本节将关系权重为4和5的数值统一归为1，将关系权重为1~3的数值归为0。经过二值化处理后，每个节点代表一个部门，节点间连线表示部门之间存在信息交流，最后形成的施工组织正式网络如图4.5所示。

从图4.5中可看出，工程部门位于施工组织正式网络的中心位置。这是因为工程部门作为建筑施工项目的作业部门，在施工项目的实施过程中，和大部分部门都有联系，处于整个信息交流的核心位置，其他部门在工作中也相互有联系，与实际情况相符。

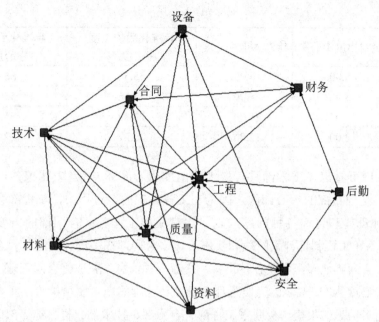

图4.5 二值化处理后的施工组织正式网络

2) 施工组织正式网络的结构特征分析

描述社会网络的参数有很多种,本章主要关注施工组织正式网络的整体结构特征,包括网络的密度、度数中心势、中间中心势、平均路径长度和聚类系数。其中密度、度数中心势、中间中心势等参数的计算依据可见3.4.1节介绍,平均路径长度和聚类系数的计算下文详细讲明。下面以上东轩项目为例,分析施工组织正式网络的结构特征。

(1) 密度。本节以上东轩项目为例,使用Ucinet 6.0软件,选定施工组织正式网络,计算该网络的整体密度为0.5889。上东轩项目部的正式网络密度相对较高,说明项目部内各部门之间的互动程度高,信息交流频繁,有利于信息的共享。

(2) 度数中心势。首先使用Ucinet 6.0软件,计算正式网络节点的度数中心度,表4.11给出了项目部内10个部门的度数中心度指数。

表4.11 度数中心度分析

节点名称	绝对出度中心度	绝对入度中心度	标准化后的出度中心度/%	标准化后的入度中心度/%
工程部	8.00	8.00	88.89	88.89
合同部	7.00	6.00	77.78	66.67
质量部	7.00	7.00	77.78	77.78
安全部	7.00	5.00	77.78	55.56
技术部	5.00	5.00	55.56	55.56
资料部	5.00	4.00	55.56	44.44

(续表)

节点名称	绝对出度中心度	绝对入度中心度	标准化后的出度中心度/%	标准化后的入度中心度/%
材料部	5.00	6.00	55.56	66.67
设备部	5.00	5.00	55.56	55.56
财务部	2.00	5.00	22.22	55.56
后勤部	2.00	2.00	22.22	22.22

从表4.11可看出，工程部具有最大的出度中心度88.9%，表明该部门经常联系其他部门，是项目部的核心部门，因为在工程施工的全过程中，工程部会向其他部门获取各种资料和咨询各种问题，以尽快完成施工任务；合同部的出度中心度为77.8%，因为在工程制订计划阶段和实施阶段，合同部在工程计划制订、合同招投标的过程中，会向其他部门索要各种资料，交流各种信息，完成好合同管理工作；质量部的出度中心度为77.8%，因为质量部负责项目工程的施工质量检查，负责施工过程中不合格材料信息的收集，会联系工程部、合同部、技术部、材料部等部门就发现的质量问题交流各种信息，要求各相关部门及时整改；安全部的出度中心度为77.8%，因为安全部会进行施工全过程安全检查，检查现场使用的各种安全用品及机械设备，对施工人员进行安全和文明施工教育，会联系工程部、质量部、技术部、材料部、资料部、设备部等部门解决施工过程中发现的安全问题。综上所述，工程部、合同部、质量部和安全部是正式网络中的核心节点，担任着网络中工作信息传递的重要职责。

在分析节点中心度的基础上，计算出施工组织正式网络的度数中心势，出度中心势和入度中心势都是33.333%。施工组织正式网络出度中心势和入度中心势适中，说明各部门间的联系较为紧密，这有利于部门在工作中遇到问题时与处于核心位置的部门交流协调。

(3) 中间中心势。计算网络的中间中心势需要先计算节点的中间中心度。下面计算正式网络中10个部门的中间中心度。正式网络中的中间中心度分析如表4.12所示。

表4.12　正式网络中的中间中心度分析

节点名称	中间中心度	标准化后的中间中心度
工程部	12.15	16.86
安全部	8.92	12.38
合同部	5.75	7.99
质量部	3.40	4.72
材料部	2.40	3.33
设备部	1.73	2.41
财务部	1.50	2.08
技术部	0.50	0.69

(续表)

节点名称	中间中心度	标准化后的中间中心度
资料部	0.40	0.56
后勤部	0.25	0.35

从表4.12可看出，工程部具有最大的中间中心度16.9%，安全部的中间中心度为12.4%，合同部的中间中心度为8.0%。可见，工程部、安全部和合同部是正式网络中能够控制关系的中介节点，但由于其指数不高，所以部门的中介作用不明显。

在分析中间中心度的基础上，计算出网络的中间中心势，结果为13.04%。中间中心势比较低，说明这个网络中控制部门信息传递的中介作用不明显。

(4) 平均路径长度。社会网络中将两节点i和j之间经历的边数最少的路径定义为最短路径，其长度记为d_{ij}，平均路径长度是网络中任意两个节点之间距离d_{ij}的平均值，计算公式为

$$L = \frac{1}{\frac{1}{2}n(n-1)} \sum_{1 \leqslant i < j \leqslant n} d_{ij} \tag{4.1}$$

其中，n表示网络的节点数，如果网络中节点i和j之间不存在连接，则节点i和j之间的最短距离被定义为∞。平均路径长度描述了网络中节点的分离程度，即网络有多小。本研究中的平均路径长度是指施工组织社会网络中各个部门之间的平均距离。Ucinet 6.0软件在计算网络的平均路径长度时，要求对数据做对称化处理。我们先计算出网络的距离矩阵，进而计算出平均路径长度[28]。本章以平均值的方式进行数据对称化。正式网络的距离矩阵和距离的频率如图4.6和表4.13所示。

```
        1 2 3 4 5 6 7 8 9 10
 1 合同  0 1 1 2 1 1 1 1 1 2
 2 工程  1 0 1 1 1 1 1 1 1 1
 3 技术  1 1 0 1 1 2 1 1 1 1
 4 安全  2 1 1 0 1 2 1 1 1 1
 5 质量  1 1 1 1 0 2 1 1 1 2
 6 财务  1 1 2 2 2 0 1 2 1 1
 7 材料  1 1 1 1 1 1 0 1 2 2
 8 资料  1 1 1 1 1 2 1 0 2 2
 9 设备  1 1 1 1 1 1 2 2 0 2
10 后勤  2 1 2 1 2 1 2 2 2 0
```

图4.6 正式网络的距离矩阵

表4.13 正式网络的距离的频率

距离	频率	比例
1	64.00	0.71
2	26.00	0.29

由表4.13可看出，距离是1的情况出现了64次，占总数的71.1%；距离是2的情况出现了26次，占总数的28.9%，这说明大部分部门之间的距离是1。

接下来，对距离矩阵进行描述性统计分析，即可计算出距离的各项指标，如表4.14所示。

表4.14 正式网络距离的统计量

平均值	1.29
标准差	0.45
总和	116.00
方差	0.21
最小值	1.00
最大值	2.00

从表4.14可看出，平均路径长度为1.29，最小距离是1，最大距离是2，这说明在施工组织的正式网络中，任何两个部门的距离平均值仅仅是1.29，最大距离不过是2，因此在该网络中，部门之间基本不通过中间部门就可以直接联系。

(5) 聚类系数。聚类系数表示一个图中节点聚集程度的系数，可以用来衡量网络整体的凝聚性。本节中的聚类系数反映的是施工组织社会网络中的部门之间结集成团的程度的系数，具体来说，反映了一个部门的邻接部门之间相互连接的程度。

若节点i通过k条边与网络中其他k个互不相同的节点相连接，这k个节点之间实际存在的边数为E_i，则节点i的聚类系数定义为

$$C_i = \frac{2E_i}{k(k-1)} \tag{4.2}$$

对网络中所有节点聚类系数取平均值，公式为

$$C = \frac{1}{n}\sum_i C_i \tag{4.3}$$

C称为网络的聚类系数。当$C=0$时，表示网络中不含有边，即所有节点为孤立节点；而当$C=1$时，网络中任意两个节点都有边相连，即网络是全连接的，网络中的节点是充分聚集的。聚类系数给出了衡量网络结构的一个指标，高聚类的网络意味着节点之间的联系非常紧密，低聚类的网络中节点间则联系较少。使用Ucinet 6.0计算正式网络的聚类系数，首先要对网络进行对称化处理，本章选取平均值的方式进行对称化；然后计算网络的聚类系数，结果为0.748。各部门的聚类系数如表4.15所示。

表4.15 各部门聚类系数

部门名称	聚类系数	可能存在的第三方关系
合同部	0.76	21.00
工程部	0.64	36.00
技术部	0.86	21.00

(续表)

部门名称	聚类系数	可能存在的第三方关系
安全部	0.67	21.00
质量部	0.86	21.00
财务部	0.60	10.00
材料部	0.76	21.00
资料部	0.93	15.00
设备部	0.73	15.00
后勤部	0.67	3.00

从表4.15可看出，正式网络中每个部门的聚类系数都较高，这表明该网络中存在很多的内部联系。

(6) 网络的结构特征分析。本节对收集到的91个项目部的正式网络的数据，使用Ucinet 6.0软件对网络的结构特征进行了分析。

2. 施工组织非正式网络的构建与结构特征分析

1) 施工组织非正式网络的构建

下面仍然以上东轩项目为例，详细介绍非正式网络的构建过程。

根据施工组织非正式网络问卷，经过数据的录入与处理后，得到每个项目部内的部门之间的邻接关系矩阵。与施工组织的正式网络类似，本章在对部门之间的交流频率数据进行处理的过程中，以二值化界定联系的频繁程度，本研究将关系权重为4和5的数值统一归为1，将关系权重为1~3的数值归为0。经过二值化处理后，每个节点代表一个部门，节点间连线表示部门之间存在信息的交流，形成的施工组织非正式网络如图4.7所示。

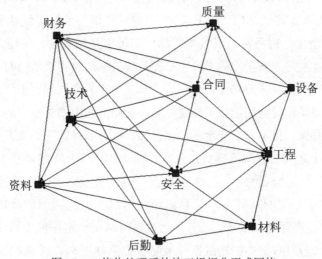

图4.7 二值化处理后的施工组织非正式网络

2) 施工组织非正式网络的结构特征分析

描述社会网络的参数有很多种，本章主要关注施工组织非正式网络的整体结构特征，包括网络的密度、度数中心势、中间中心势、平均路径长度和聚类系数。下面以上东轩项目为例，分析施工组织非正式网络的结构特征。

(1) 密度。本节以上东轩项目为例，使用Ucinet 6.0软件，选定施工组织非正式网络，计算该网络的整体密度为0.5111。上东轩项目部的非正式网络密度相对较高，说明网络的节点之间的联系较紧密。

(2) 度数中心势。类似于对正式网络的分析，首先对非正式网络中各部门的度数中心度进行分析。表4.16给出了项目部内10个部门的度数中心度指数。

表4.16 度数中心度分析

节点名称	绝对出度中心度	绝对入度中心度	标准化后的出度中心度/%	标准化后的入度中心度/%
技术部	7.00	6.00	77.78	66.67
安全部	7.00	5.00	77.78	55.56
合同部	6.00	3.00	66.67	33.33
工程部	5.00	7.00	55.56	77.78
资料部	5.00	5.00	55.56	55.56
后勤部	4.00	4.00	44.44	44.44
财务部	4.00	7.00	44.44	77.78
材料部	3.00	4.00	33.33	44.44
设备部	3.00	1.00	33.33	11.11
质量部	3.00	5.00	33.33	55.56

从表4.16可看出，技术部具有最大的出度中心度77.78%，表明该部门的员工在工作之余经常联系其他部门，从图4.7中可看出该部门的员工经常和合同部、工程部、安全部、质量部、财务部、资料部等部门的员工互相来往，证明这些部门的员工之间有共同的兴趣爱好。安全部的出度中心度是77.78%，表明该部门的员工在工作之外经常和其他部门有来往，从图4.7中可看出安全部的员工和合同部、工程部、技术部、财务部、材料部、设备部等部门的员工相互联系。合同部的出度中心度是66.67%，表明合同部的员工和工程部、技术部、安全部、质量部、财务部等部门的员工互相有联系，证明这些部门的员工之间经常交流感情，分享各种信息。综上所述，技术部、安全部、合同部和工程部是非正式网络中的核心节点，担任着网络中信息传递的重要职责。

在分析节点中心度的基础上，计算出施工组织非正式网络的度数中心势，出度中心势和入度中心势都是28.395%。说明此关系网络在一定程度上表现出向某几个节点集中的趋势，但是网络出度中心势和入度中心势都不高，说明网络整体关系的分布较为均匀。

(3) 中间中心势。网络中间中心势反映出团队成员间传递信息和知识时依赖第三方的程度。计算网络的中间中心势需要先计算节点的中间中心度。下面计算非正式网络中10个部门的中间中心度。非正式网络中的中间中心度分析如表4.17所示。

表4.17 非正式网络中的中间中心度分析

节点名称	中间中心度	标准化后的中间中心度
财务部	12.04	16.72
安全部	10.05	13.95
技术部	7.24	10.05
工程部	6.05	8.40
合同部	4.33	6.02
资料部	2.34	3.25
后勤部	2.23	3.09
材料部	2.23	3.09
设备部	1.31	1.82
质量部	0.20	0.28

从表4.17可看出,财务部具有最大的中间中心度16.72%,安全部的中间中心度为13.95%,技术部的中间中心度为10.05%。可见,财务部、安全部和技术部是非正式网络中能够控制关系的中介节点,但由于其指数比较低,所以部门的中介作用不明显。

在分析中间中心度的基础上,计算出施工组织非正式网络的中间中心势,结果为11.17%。中间中心势比较低,说明网络中控制部门信息传递的中介作用很不明显。

(4) 平均路径长度。Ucinet 6.0软件在计算网络的平均路径长度时,要求对数据进行对称化处理。我们先计算出网络的距离矩阵,进而计算出平均路径长度[28]。本章以平均值的方式进行数据对称化。非正式网络的距离矩阵和距离的频率如图4.8和表4.18所示。

```
          1 2 3 4 5 6 7 8 9 10
 1 合同    0 1 1 1 1 1 2 1 2 2
 2 工程    1 0 1 1 1 1 1 2 1 1
 3 技术    1 1 0 1 1 1 2 1 2 1
 4 安全    1 1 1 0 2 1 1 1 1 2
 5 质量    1 1 1 2 0 1 2 2 1 2
 6 财务    1 1 1 1 1 0 2 1 1 1
 7 材料    2 1 2 1 2 2 0 1 2 1
 8 资料    1 2 1 1 2 1 1 0 2 1
 9 设备    2 1 2 1 1 1 2 2 0 2
10 后勤    2 1 1 2 2 1 1 1 2 0
```

图4.8 非正式网络的距离矩阵

表4.18 非正式网络的距离的频率

距离	频率	比例
1	60.00	0.67
2	30.00	0.33

由表4.18可看出，距离是1的情况出现了60次，占总数66.7%；距离是2的情况出现了30次，占总数的33.3%，这说明大部分部门之间的距离是1。

接下来，对距离矩阵进行描述性统计分析，即可计算出距离的各项指标，如表4.19所示。

表4.19 非正式网络距离的统计量

平均值	1.33
标准差	0.47
总和	120.00
方差	0.22
最小值	1.00
最大值	2.00

从表4.19可看出，平均路径长度为1.33，最小距离是1，最大距离是2，这说明在施工组织的非正式网络中部门之间基本不通过第三方就可以直接联系，部门之间的联系很紧密。

(5) 聚类系数。首先要对网络进行对称化处理，本章选取平均值的方式进行对称化处理，然后计算网络的聚类系数，结果为0.701。各部门的聚类系数如表4.20所示。

表4.20 各部门聚类系数

部门名称	聚类系数	可能存在的第三方关系
合同部	0.80	15.00
工程部	0.57	28.00
技术部	0.71	21.00
安全部	0.62	21.00
质量部	0.80	10.00
财务部	0.64	28.00
材料部	0.67	6.00
资料部	0.67	15.00
设备部	0.83	6.00
后勤部	0.70	10.00

从表4.20可看出，非正式网络中每个部门的聚类系数都较高，高的聚类水平显示

网络中存在很多的内部联系，这有利于部门之间在工作之外的沟通交流。

(6) 网络的结构特征分析。本节对收集到的91个项目部的非正式网络的数据，使用Ucinet 6.0软件对网络的结构特征进行了分析。

3. 相关分析

1) 施工组织正式网络的相关分析

为避免回归分析时发生多重共线性问题，在使用回归分析之前应进行自变量间的相关分析。使用SPSS 19.0进行相关分析，结果如表4.21所示。

表4.21　变量的相关系数矩阵

变量	1	2	3	4	5	6	7
密度	1						
出度中心势	0.50**	1					
入度中心势	0.18	0.41**	1				
中间中心势	−0.38**	−0.39**	0.02	1			
平均路径长度	−0.45**	−0.39**	−0.10	0.48**	1		
聚类系数	0.27**	0.48**	0.14	−0.34**	−0.35**	1	
安全沟通	0.57***	0.52**	0.06	−0.41**	−0.53**	0.32**	1
安全行为	0.64***	0.61***	0.05	−0.43**	−0.56***	0.28**	0.68***

注：***表示Sig.<0.001，**表示Sig.<0.01，*表示Sig.<0.05。

从表4.21可看出，各变量的相关系数都没有超过0.7，初步判断没有明显的多重共线性问题，正式网络的各个结构特征之间呈现中低度相关。因此，适合进一步进行回归分析。

2) 施工组织非正式网络的相关分析

使用SPSS 19.0进行相关分析，结果如表4.22所示。

表4.22　变量的相关系数矩阵

变量	1	2	3	4	5	6	7
密度	1						
出度中心势	0.47**	1					
入度中心势	−0.02	−0.07	1				
中间中心势	−0.45**	−0.25*	−0.06	1			
平均路径长度	−0.44**	−0.31**	−0.02	0.22*	1		
聚类系数	0.48**	0.36**	−0.02	−0.21*	−0.33**	1	
安全沟通	0.69**	0.68**	−0.07	−0.31**	−0.62**	0.52**	1
安全行为	0.70**	0.67**	−0.01	−0.30**	−0.56**	0.52**	0.64**

注：***表示Sig.<0.001，**表示Sig.<0.01，*表示Sig.<0.05。

从表4.22可看出，各变量的相关系数都没有超过0.7，没有明显的多重共线性问题，非正式网络的各个结构特征之间呈现中低度相关，符合要求。因此，适合进行回归分析。

4. 假设关系检验

1) 正式网络结构特征与组织安全行为的关系检验

本章将施工组织正式网络的各个结构特征作为自变量，以组织安全行为作为因变量，使用SPSS 19.0进行回归分析。下面分别对施工组织正式网络的密度、出度中心势、入度中心势、中间中心势、平均路径长度、聚类系数和组织安全行为的假设关系进行检验。

(1) 正式网络密度与组织安全行为。将正式网络的密度作为自变量，以组织安全行为作为因变量，以项目部的项目类型、结构类型、项目部管理人员数和安全投资总额作为控制变量，使用SPSS 19.0进行层级回归分析，验证了正式网络密度与组织安全行为之间的关系，结果见表4.23。其中，模型1是仅有控制变量的回归分析结果；模型2是加入自变量密度后的回归分析结果。

回归分析的结果表明，仅考虑控制变量，回归方程具有显著性，对组织安全行为变异的解释为0.152。放入密度变量后，回归方程的F值为20.118(P<0.001)，回归方程仍然显著，对组织安全行为的解释有较大的增加($\triangle R^2$=0.39)，密度和组织安全行为的标准化系数为0.537，并在0.001的置信水平下显著。因此，正式网络密度与组织安全行为存在显著的正相关关系，假设H1a得到了验证。

表4.23 正式网络密度与组织安全行为的层级回归分析结果

变量		因变量			
		组织安全行为			
		模型1		模型2	
		β	Sig.	β	Sig.
控制变量	项目类型	0.04	0.50	0.05	0.33
	结构类型	0.03	0.64	0.25	0.30
	项目部管理人员数	0.16*	0.02	0.10*	0.05
	安全投资总额	0.18*	0.01	0.13*	0.05
自变量	密度	—		0.54***	0.000
	F	3.85**		20.12***	
	R^2	0.15		0.54	
	ΔR^2	—		0.39	

注：***表示Sig.<0.001，**表示Sig.<0.01，*表示Sig.<0.05。

(2) 正式网络出度中心势与组织安全行为。结果表明,加入出度中心势变量后,回归方程具有显著性,而且模型2相对于模型1有了显著改进(ΔR^2=0.334),这说明加入出度中心势后能够显著提升模型的解释能力,而且出度中心势和组织安全行为的标准化系数为0.461,并在0.001的置信水平下显著。因此,正式网络的出度中心势与组织安全行为存在显著的正相关关系,假设H1b得到了验证。

(3) 正式网络入度中心势与组织安全行为。结果表明,加入入度中心势变量后,回归方程具有显著性,但是入度中心势对组织安全行为的影响是不显著的(β=0.035,P=0.543)。因此,正式网络的入度中心势与组织安全行为不存在显著的正相关关系,假设H1c没有得到验证。

(4) 正式网络中间中心势与组织安全行为。结果表明,加入中间中心势变量后,回归方程具有显著性,对组织安全行为的解释有较大的增加(ΔR^2=0.275),而且中间中心势和组织安全行为的标准化系数为-0.285,并在0.01的置信水平下显著。因此,正式网络的中间中心势与组织安全行为存在显著的负相关关系,假设H1d得到了验证。

(5) 正式网络平均路径长度与组织安全行为。结果表明,加入平均路径长度变量后,回归方程具有显著性,对组织安全行为的解释有较大的增加(ΔR^2=0.371),而且平均路径长度和组织安全行为的标准化系数为-0.457,并在0.001的置信水平下显著。因此,正式网络的平均路径长度与组织安全行为存在显著的负相关关系,假设H1e得到了验证。

(6) 正式网络聚类系数与组织安全行为。结果表明,加入聚类系数变量后,回归方程具有显著性,对组织安全行为的解释有较大的增加(ΔR^2=0.23),而且聚类系数和组织安全行为的标准化系数为0.151,并在0.05的置信水平下显著。因此,正式网络的聚类系数与组织安全行为存在显著的正相关关系,假设H1f得到了验证。

综上所述,除了入度中心势与组织安全行为不存在显著的相关关系外,正式网络的其他结构特征与组织安全行为都存在显著的相关关系,因此假设H1基本得到了验证。

2) 正式网络结构特征与安全沟通的关系检验

(1) 正式网络密度与安全沟通。以正式网络的密度作为自变量,以安全沟通为因变量,以项目部的项目类型、结构类型、项目部管理人员数和安全投资总额作为控制变量,进行层级回归分析,验证了正式网络密度与安全沟通之间的关系,结果如表4.24所示。

表4.24 正式网络密度与安全沟通的层级回归分析结果

变量		因变量			
		安全沟通			
		模型1		模型2	
		β	Sig.	β	Sig.
控制变量	项目类型	0.02	0.81	0.01	0.87
	结构类型	0.08	0.20	0.07	0.25
	项目部管理人员数	0.13*	0.02	0.12*	0.03
	安全投资总额	0.15*	0.01	0.14*	0.02
自变量	密度	—	—	0.44***	0.00
F		3.33*		17.69***	
R^2		0.13		0.51	
ΔR^2		—		0.38	

注：***表示Sig.<0.001，**表示Sig.<0.01，*表示Sig.<0.05。

回归分析的结果表明，仅考虑控制变量，回归方程具有显著性，对安全沟通变异的解释为0.134。加入密度变量后，回归方程的F值为17.694(P<0.001)，回归方程仍然显著，对安全沟通的解释有较大的增加(ΔR^2=0.376)，而且密度在0.001的置信水平上对安全沟通具有显著正向影响。因此，正式网络的密度与安全沟通存在显著的正相关关系，假设H3a得到了验证。

(2) 正式网络出度中心势与安全沟通。结果表明，加入出度中心势变量后，回归方程具有显著性，对安全沟通的解释有较大的增加(ΔR^2=0.393)，而且出度中心势在0.001的置信水平上对安全沟通具有显著正向影响，因此，正式网络的出度中心势与安全沟通存在显著的正相关关系，假设H3b得到了验证。

(3) 正式网络入度中心势与安全沟通。结果表明，加入入度中心势变量后，回归方程具有显著性，但是入度中心势对安全沟通没有显著影响。因此，正式网络的入度中心势与安全沟通不存在显著的正相关关系，假设H3c没有得到验证。

(4) 正式网络中间中心势与安全沟通。结果表明，加入中间中心势变量后，回归方程具有显著性，对安全沟通的解释有较大的增加(ΔR^2=0.283)，而且中间中心势在0.01的置信水平上对安全沟通具有显著负向影响。因此，正式网络的中间中心势与安全沟通存在显著的负相关关系，假设H3d得到了验证。

(5) 正式网络平均路径长度与安全沟通。结果表明，加入平均路径长度变量后，回归方程具有显著性,对安全沟通的解释有较大的增加(ΔR^2=0.358),而且平均路径长度在0.001的置信水平上对安全沟通具有显著负向影响。因此,正式网络的平均路径长度与安全沟通存在显著的负相关关系,假设H3e得到了验证。

(6) 正式网络聚类系数与安全沟通。结果表明,加入聚类系数变量后,回归方程具有显著性,对安全沟通的解释有较大的增加(ΔR^2=0.251),而且聚类系数在0.05的置信水平上对安全沟通具有显著正向影响。因此,正式网络的聚类系数与安全沟通存在显著的正相关关系,假设H3f得到了验证。

综上所述,除了入度中心势与安全沟通不存在显著的相关关系外,正式网络的其他结构特征与安全沟通都存在显著的相关关系,因此假设H3基本得到了验证。

3) 非正式网络结构特征与组织安全行为的关系检验

本章将施工组织非正式网络的各个结构特征作为自变量,以组织安全行为作为因变量,进行回归分析。下面分别对施工组织非正式网络的密度、出度中心势、入度中心势、中间中心势、平均路径长度、聚类系数和组织安全行为的假设关系进行检验。

(1) 非正式网络密度与组织安全行为。将非正式网络的密度作为自变量,以组织安全行为作为因变量,以项目部的项目类型、结构类型、项目部管理人员数和安全投资总额作为控制变量,进行层级回归分析,验证了非正式网络密度与组织安全行为之间的关系,结果如表4.25所示。

回归分析的结果表明,放入密度变量后,回归方程仍然具有显著性,密度和组织安全行为的标准化系数为0.436,并在0.001的置信水平下显著。因此,非正式网络密度与组织安全行为存在显著的正相关关系,假设H2a得到了验证。

表4.25 非正式网络密度与组织安全行为的层级回归分析结果

变量		因变量			
		组织安全行为			
		模型1		模型2	
		β	Sig.	β	Sig.
控制变量	项目类型	0.04	0.50	0.04	0.35
	结构类型	0.03	0.64	0.05	0.30
	项目部管理人员数	0.16*	0.02	0.12*	0.04
	安全投资总额	0.18*	0.01	0.16*	0.02
自变量	密度	—		0.44***	0.00
	F	3.85**		18.34***	
	R^2	0.15		0.52	
	ΔR^2	—		0.37	

注:***表示Sig.<0.001,**表示Sig.<0.01,*表示Sig.<0.05。

(2) 非正式网络出度中心势与组织安全行为。结果表明，加入出度中心势变量后，回归方程具有显著性，而且出度中心势和组织安全行为的标准化系数为0.264，并在0.05的置信水平下显著。因此，非正式网络的出度中心势与组织安全行为存在显著的正相关关系，假设H2b得到了验证。

(3) 非正式网络入度中心势与组织安全行为。结果表明，加入入度中心势变量后，回归方程具有显著性，但是入度中心势对组织安全行为的影响是不显著的（β=0.082，P=0.685）。因此，非正式网络的入度中心势与组织安全行为不存在显著的正相关关系，假设H2c没有得到验证。

(4) 非正式网络中间中心势与组织安全行为。结果表明，加入中间中心势变量后，回归方程具有显著性，但是中间中心势对组织安全行为的影响是不显著的（β=-0.061，P=0.791）。因此，非正式网络的中间中心势与组织安全行为不存在显著的负相关关系，假设H2d没有得到验证。

(5) 非正式网络平均路径长度与组织安全行为。结果表明，加入平均路径长度变量后，回归方程具有显著性，而且平均路径长度和组织安全行为的标准化系数为-0.372，并在0.001的置信水平下显著。因此，非正式网络的平均路径长度与组织安全行为存在显著的负相关关系，假设H2e得到了验证。

(6) 非正式网络聚类系数与组织安全行为。结果表明，加入聚类系数变量后，回归方程具有显著性，而且聚类系数和组织安全行为的标准化系数为0.249，并在0.05的置信水平下显著。因此，非正式网络的聚类系数与组织安全行为存在显著的正相关关系，假设H2f得到了验证。

综上所述，除了入度中心势、中间中心势与组织安全行为不存在显著的相关关系外，非正式网络的其他结构特征与组织安全行为都存在显著的相关关系，因此假设H2基本得到了验证。

4) 非正式网络结构特征与安全沟通的关系检验

(1) 非正式网络密度与安全沟通。以非正式网络的密度作为自变量，以安全沟通为因变量，以项目部的项目类型、结构类型、项目部管理人员数和安全投资总额作为控制变量，进行层级回归分析，验证了非正式网络密度与安全沟通之间的关系，结果如表4.26所示。

回归分析的结果表明，加入密度变量后，回归方程仍然具有显著性，而且密度和安全沟通的标准化系数为0.217，在0.05的置信水平上对安全沟通具有显著正向影响。因此，非正式网络的密度与安全沟通存在显著的正相关关系，假设H4a得到了验证。

表4.26 非正式网络密度与安全沟通的层级回归分析结果

变量		因变量			
		安全沟通			
		模型1		模型2	
		β	Sig.	β	Sig.
控制变量	项目类型	0.02	0.81	0.01	0.87
	结构类型	0.08	0.20	0.07	0.26
	项目部管理人员数	0.13*	0.02	0.11*	0.03
	安全投资总额	0.15*	0.01	0.14*	0.02
自变量	密度	—		0.22*	0.03
F		3.33*		8.45***	
R^2		0.13		0.33	
ΔR^2		—		0.20	

注：***表示Sig.<0.001，**表示Sig.<0.01，*表示Sig.<0.05。

(2) 非正式网络出度中心势与安全沟通。结果表明，加入出度中心势变量后，回归方程仍然具有显著性，而且出度中心势和安全沟通的标准化系数为0.278，在0.01的置信水平上对安全沟通具有显著正向影响，因此，非正式网络的出度中心势与安全沟通存在显著的正相关关系，假设H4b得到了验证。

(3) 非正式网络入度中心势与安全沟通。结果表明，加入入度中心势变量后，回归方程仍然具有显著性，但是入度中心势对安全沟通没有显著影响。因此，非正式网络的入度中心势与安全沟通不存在显著的正相关关系，假设H4c没有得到验证。

(4) 非正式网络中间中心势与安全沟通。结果表明，加入中间中心势变量后，回归方程仍然具有显著性，但是中间中心势对安全沟通没有显著影响。因此，非正式网络的中间中心势与安全沟通不存在显著的正相关关系，假设H4d没有得到验证。

(5) 非正式网络平均路径长度与安全沟通。结果表明，加入平均路径长度变量后，回归方程仍然具有显著性，而且平均路径长度和安全沟通的标准化系数为-0.338，在0.001的置信水平上对安全沟通具有显著负向影响。因此，非正式网络的平均路径长度与安全沟通存在显著的负相关关系，假设H4e得到了验证。

(6) 非正式网络聚类系数与安全沟通。结果表明，加入聚类系数变量后，回归方程仍然具有显著性，而且聚类系数和安全沟通的标准化系数为0.201，在0.05的置信水平上对安全沟通具有显著正向影响。因此，非正式网络的聚类系数与安全沟通存在显著的正相关关系，假设H4f得到了验证。

综上所述，除了入度中心势、中间中心势与安全沟通不存在显著的相关关系外，非正式网络的其他结构特征与施工组织的安全沟通都存在显著的相关关系，因此假设H4基本得到了验证。

5) 安全沟通与组织安全行为的关系检验

以安全沟通作为自变量，以组织安全行为作为因变量，以项目部的项目类型、结构类型、项目部管理人员数和安全投资总额作为控制变量，进行层级回归分析，验证了安全沟通与组织安全行为之间的关系，结果见表4.27。

表4.27 安全沟通与组织安全行为的层级回归分析结果

变量		因变量			
		组织安全行为			
		模型1		模型2	
		β	Sig.	β	Sig.
控制变量	项目类型	0.04	0.50	0.03	0.50
	结构类型	0.03	0.64	0.02	0.70
	项目部管理人员数	0.16*	0.02	0.15*	0.02
	安全投资总额	0.18*	0.01	0.16*	0.03
自变量	安全沟通	—	—	0.58***	0.00
F		3.85**		22.72***	
R^2		0.15		0.57	
ΔR^2		—		0.42	

注：***表示Sig.<0.001，**表示Sig.<0.01，*表示Sig.<0.05。

回归分析的结果表明，放入安全沟通变量后，回归方程仍然具有显著性，对组织安全行为的解释有较大的增加(ΔR^2=0.42)，而且安全沟通和组织安全行为的标准化系数为0.581，并在0.001的置信水平下显著，这说明安全沟通与组织安全行为存在显著的正相关关系，假设H5得到了验证。

5. 中介效应分析

为检验安全沟通的中介作用，本章借鉴Baron等[212]、温忠麟等[222]研究中介效应检验提出的4个步骤：

第1步，做自变量与因变量的回归，两者的关系需显著。

第2步，做自变量和中介变量的回归，两者的关系需显著。

第3步，做自变量、中介变量和因变量的回归。如果中介变量和因变量的关系显著，则观察自变量与因变量之间的关系：自变量与因变量之间的关系不显著，表示完全中介作用成立；自变量与因变量之间的关系也显著，并且自变量与因变量之间的回归系数比第1步中的系数要小，表示部分中介作用成立。如果中介变量和因变量的关系不显著,则转到第4步。

第4步,如果中介变量和因变量的关系不显著,则需要做Sobel检验。如果检验显著,意味着中介作用成立,否则中介作用不成立。

接下来,我们对安全沟通在网络各个结构特征与组织安全行为之间的中介作用进行检验,同时为了方便比较,我们将把前文的部分结果放入同一表格内进行说明。具体做法是构建5个模型:模型1是仅分析控制变量和因变量(组织安全行为)的关系;模型2是在模型1的基础上加入需要验证的自变量(网络结构特征)构建模型2,判断主效应;模型3是仅研究控制变量和中介变量(安全沟通)的关系;模型4是在模型3的基础上,加入自变量进行回归,以判断自变量和中介变量的关系;模型5是在模型2的基础上,加入中介变量进行回归,通过比较模型2和模型5中自变量回归系数的变化,我们可以判断安全沟通在自变量和因变量之间的中介效应。下面分别验证安全沟通在正式网络各个结构特征与组织安全行为间的中介作用。

1) 安全沟通在正式网络密度与组织安全行为间的中介作用

为了验证安全沟通在正式网络密度与组织安全行为间的中介作用,根据上述步骤得到5个模型,如表4.28所示。

表4.28 安全沟通在正式网络密度与组织安全行为间的中介效应检验

变量		因变量								
		组织安全行为				安全沟通				组织安全行为
		模型1		模型2		模型3		模型4		模型5
		β	Sig.	β	Sig.	β	Sig.	β	Sig.	β	Sig.
控制变量	项目类型	0.04	0.50	0.05	0.33	0.02	0.81	0.01	0.87	0.04	0.34
	结构类型	0.03	0.64	0.25	0.30	0.08	0.20	0.07	0.25	0.06	0.31
	项目部管理人员数	0.16*	0.02	0.10*	0.05	0.13*	0.02	0.12*	0.03	0.11*	0.04
	安全投资总额	0.18*	0.01	0.13*	0.05	0.15*	0.01	0.14*	0.02	0.14*	0.04
自变量	密度	—		0.54***	0.00	—		0.44***	0.00	0.43***	0.00
	安全沟通	—		—		—		—		0.53***	0.00
F		3.85**		20.12***		3.33*		17.69***		26.35***	
R^2		0.15		0.54		0.13		0.51		0.65	
ΔR^2		0.39				0.38				—	

注:***表示Sig.<0.001,**表示Sig.<0.01,*表示Sig.<0.05。

通过比较模型2和模型1，我们发现模型2有了显著改进(ΔR^2=0.39)，这说明加入密度能够显著提升模型的解释能力。如此可以进入中介效应检验的第2步，结果表明密度和安全沟通关系显著(β=0.436，P<0.001)。比较模型4和模型3，同样说明加入密度会显著提升模型的解释能力(ΔR^2=0.376)。由此可以进入中介效应检验的第3步，模型5表明安全沟通和组织安全行为的关系显著(β=0.529，P<0.001)，同时密度和组织安全行为的关系显著(β=0.429，P<0.001)，并且密度对组织安全行为的回归系数小于模型2中密度对组织安全行为的回归系数(β=0.537)，这表明安全沟通在正式网络密度与组织安全行为之间起部分中介作用，因此假设H6a得到了验证。

2) 安全沟通在正式网络出度中心势与组织安全行为间的中介作用

结果表明出度中心势和组织安全行为关系显著(β=0.461，P<0.001)。如此可以进入中介效应检验的第2步，结果表明出度中心势和安全沟通关系显著(β=0.451，P<0.001)。比较模型4和模型3，说明加入出度中心势会显著提升模型的解释能力(ΔR^2=0.393)。如此可以进入中介效应检验的第3步，模型5表明安全沟通和组织安全行为的关系显著(β=0.534，P<0.001)，同时出度中心势和组织安全行为关系不显著(β=0.081，P=0.420)，这表明安全沟通在正式网络出度中心势与组织安全行为之间起完全中介作用，因此，假设H6b得到了验证。

3) 安全沟通在正式网络入度中心势与组织安全行为间的中介作用

从上文的分析结果可以得知，正式网络入度中心势与组织安全行为的相关关系不显著，根据中介效应检验的程序，我们可以判断安全沟通在入度中心势与组织安全行为之间不存在中介作用。因此，假设H6c没有得到验证。

4) 安全沟通在正式网络中间中心势与组织安全行为间的中介作用

结果表明中间中心势和组织安全行为存在负相关的关系(β=-0.285，P<0.01)。如此可以进入中介效应检验的第2步，结果表明中间中心势和安全沟通存在负相关的关系(β=-0.296，P<0.01)。比较模型4和模型3，说明加入中间中心势会显著提升模型的解释能力(ΔR^2=0.283)。如此可以进入中介效应检验的第3步，模型5表明安全沟通和组织安全行为的关系显著(β=0.548，P<0.001)，同时中间中心势和组织安全行为关系不显著(β=-0.076，P=0.431)，这表明安全沟通在正式网络中间中心势与组织安全行为之间起完全中介作用，因此假设H6d得到了验证。

5) 安全沟通在正式网络平均路径长度与组织安全行为间的中介作用

结果表明平均路径长度和组织安全行为存在负相关的关系(β=-0.457，P<0.001)。如此可以进入中介效应检验的第2步，结果表明平均路径长度和安全沟通存在负相关的关系(β=-0.416，P<0.001)。比较模型4和模型3，说明加入平均路径长度会显著提升模型的解释能力($\Delta R2$=0.358)。如此可以进入中介效应检验的第3步，模型5表明安全沟通和组织安全行为的关系显著(β=0.563，P<0.001)，同时平均路径长度和组织安全

行为关系显著(β=-0.376,P<0.01),并且平均路径长度对组织安全行为的回归系数的绝对值小于模型2中对应的回归系数的绝对值(β=-0.457),这表明安全沟通在正式网络平均路径长度与组织安全行为之间起部分中介作用,因此假设H6e得到了验证。

6) 安全沟通在正式网络聚类系数与组织安全行为间的中介作用

结果表明聚类系数和组织安全行为关系显著(β=0.151,P<0.05)。如此可以进入中介效应检验的第2步,结果表明聚类系数和安全沟通关系显著(β=0.243,P<0.05)。比较模型4和模型3,说明加入聚类系数会显著提升模型的解释能力(ΔR^2=0.251)。如此可以进入中介效应检验的第3步,模型5表明安全沟通和组织安全行为的关系显著(β=0.519,P<0.001),同时聚类系数和组织安全行为关系显著(β=0.137,P<0.05),并且聚类系数对组织安全行为的回归系数小于模型2中对应的回归系数(β=0.151),这表明安全沟通在正式网络聚类系数与组织安全行为之间起部分中介作用,因此假设H6f得到了验证。

7) 安全沟通在非正式网络密度与组织安全行为间的中介作用

结果表明密度和组织安全行为关系显著(β=0.436,P<0.001)。通过比较模型2和模型1,发现模型2有了显著改进(ΔR^2=0.367),这说明加入密度能够显著提升模型的解释能力。如此可以进入中介效应检验的第2步,结果表明密度和安全沟通关系显著(β=0.217,P<0.05)。比较模型4和模型3,同样说明加入密度会显著提升模型的解释能力(ΔR^2=0.198)。如此可以进入中介效应检验的第3步,模型5表明安全沟通和组织安全行为的关系显著(β=0.493,P<0.001),同时密度和组织安全行为的关系显著(β=0.324,P<0.001),并且密度对组织安全行为的回归系数小于模型2中密度对组织安全行为的回归系数,这表明安全沟通在非正式网络密度与组织安全行为之间起部分中介作用,因此假设H7a得到了验证。

8) 安全沟通在非正式网络出度中心势与组织安全行为间的中介作用

结果表明出度中心势和组织安全行为关系显著(β=0.264,P<0.05)。如此可以进入中介效应检验的第2步,结果表明出度中心势和安全沟通关系显著(β=0.278,P<0.01)。比较模型4和模型3,说明加入出度中心势会显著提升模型的解释能力(ΔR^2=0.319)。如此可以进入中介效应检验的第3步,模型5表明安全沟通和组织安全行为的关系显著(β=0.542,P<0.001),同时出度中心势和组织安全行为关系不显著(β=0.046,P=0.275),这表明安全沟通在非正式网络出度中心势与组织安全行为之间起完全中介作用,因此假设H7b得到了验证。

9) 安全沟通在非正式网络入度中心势与组织安全行为间的中介作用

从上文的分析结果可以知道,非正式网络入度中心势与组织安全行为的关系不显著,根据中介效应检验的程序,我们可以判断安全沟通在入度中心势与组织安全行为之间不存在中介作用,因此假设H7c没有得到验证。

10) 安全沟通在非正式网络中间中心势与组织安全行为间的中介作用

从上文的分析结果可以知道，非正式网络中间中心势与组织安全行为的关系不显著，根据中介效应检验的程序，我们可以判断安全沟通在中间中心势与组织安全行为之间不存在中介作用，因此假设H7d没有得到验证。

11) 安全沟通在非正式网络平均路径长度与组织安全行为间的中介作用

结果表明平均路径长度和组织安全行为存在负相关的关系(β=-0.372，P<0.001)。如此可以进入中介效应检验的第2步，结果表明平均路径长度和安全沟通存在负相关的关系(β=-0.338，P<0.001)。比较模型4和模型3，说明加入平均路径长度会显著提升模型的解释能力(ΔR^2=0.453)。如此可以进入中介效应检验的第3步，模型5表明安全沟通和组织安全行为的关系显著(β=0.468，P<0.001)，同时平均路径长度和组织安全行为关系不显著(β=-0.125，P=0.054)，这表明安全沟通在非正式网络平均路径长度与组织安全行为之间起完全中介作用，因此假设H7e得到了验证。

12) 安全沟通在非正式网络聚类系数与组织安全行为间的中介作用

结果表明聚类系数和组织安全行为关系显著(β=0.249，P<0.05)。如此可以进入中介效应检验的第2步，结果表明聚类系数和安全沟通关系显著(β=0.201，P<0.05)。比较模型4和模型3，说明加入聚类系数会显著提升模型的解释能力(ΔR^2=0.207)。如此可以进入中介效应检验的第3步，模型5表明安全沟通和组织安全行为的关系显著(β=0.561，P<0.001)，同时聚类系数和组织安全行为关系不显著(β=0.061，P=0.185)，这表明安全沟通在非正式网络聚类系数与组织安全行为之间起完全中介作用，因此假设H7f得到了验证。

6. 结果讨论

1) 研究假设检验结果汇总

研究假设检验结果如表4.29所示。

表4.29　研究假设检验结果汇总

研究假设		假设内容	检验结果
H1	H1a	正式网络密度对组织安全行为有正向影响	支持
	H1b	正式网络出度中心势对组织安全行为有正向影响	支持
	H1c	正式网络入度中心势对组织安全行为有正向影响	不支持
	H1d	正式网络中间中心势对组织安全行为有负向影响	支持
	H1e	正式网络平均路径长度对组织安全行为有正向影响	支持
	H1f	正式网络聚类系数对组织安全行为有正向影响	支持
H2	H2a	非正式网络密度对组织安全行为有正向影响	支持
	H2b	非正式网络出度中心势对组织安全行为有正向影响	支持
	H2c	非正式网络入度中心势对组织安全行为有正向影响	不支持

(续表)

研究假设		假设内容	检验结果
H2	H2d	非正式网络中间中心势对组织安全行为有正向影响	不支持
	H2e	非正式网络平均路径长度对组织安全行为有正向影响	支持
	H2f	非正式网络聚类系数对组织安全行为有正向影响	支持
H3	H3a	正式网络密度对安全沟通有正向影响	支持
	H3b	正式网络出度中心势对安全沟通有正向影响	支持
	H3c	正式网络入度中心势对安全沟通有正向影响	不支持
	H3d	正式网络中间中心势对安全沟通有正向影响	支持
	H3e	正式网络平均路径长度对安全沟通有正向影响	支持
	H3f	正式网络聚类系数对安全沟通有正向影响	支持
H4	H4a	非正式网络密度对安全沟通有正向影响	支持
	H4b	非正式网络出度中心势对安全沟通有正向影响	支持
	H4c	非正式网络入度中心势对安全沟通有正向影响	不支持
	H4d	非正式网络中间中心势对安全沟通有正向影响	不支持
	H4e	非正式网络平均路径长度对安全沟通有正向影响	支持
	H4f	非正式网络聚类系数对安全沟通有正向影响	支持
H5	H5	安全沟通对组织安全行为有正向影响	支持
H6	H6a	安全沟通在正式网络密度与组织安全行为之间起中介作用	支持
	H6b	安全沟通在正式网络出度中心势与组织安全行为之间起中介作用	支持
	H6c	安全沟通在正式网络入度中心势与组织安全行为之间起中介作用	不支持
	H6d	安全沟通在正式网络中间中心势与组织安全行为之间起中介作用	支持
	H6e	安全沟通在正式网络平均路径长度与组织安全行为之间起中介作用	支持
H7	H7a	安全沟通在非正式网络密度与组织安全行为之间起中介作用	支持
	H7b	安全沟通在非正式网络出度中心势与组织安全行为之间起中介作用	支持
	H7c	安全沟通在非正式网络入度中心势与组织安全行为之间起中介作用	不支持
	H7d	安全沟通在非正式网络中间中心势与组织安全行为之间起中介作用	不支持
	H7e	安全沟通在非正式网络平均路径长度与组织安全行为之间起中介作用	支持
	H7f	安全沟通在非正式网络聚类系数与组织安全行为之间起中介作用	支持

2) 网络结构特征对组织安全行为和安全沟通的影响关系

(1) 网络密度对组织安全行为有显著正向影响，对安全沟通有显著正向影响。这是因为提升网络密度有利于形成良好的安全氛围，进而提高施工组织的整体安全行为水平。

(2) 出度中心势对组织安全行为有显著正向影响，对安全沟通有显著正向影响。这是因为出度中心势反映了存在某几个核心部门，承担着网络中安全信息传递的重要职责，有力地提升了组织安全行为水平。

(3) 入度中心势对组织安全行为没有显著影响,对安全沟通没有显著影响。这是因为入度中心势反映了存在几个核心部门,它们从其他部门获取的信息比较多,有利于促进这些部门的安全行为水平的提升,但是对于施工组织的整体安全行为的影响并不大。

(4) 平均路径长度对组织安全行为有显著负向影响,对安全沟通有显著负向影响。这是因为平均路径长度的增大,会增加各部门联系的距离,不利于安全信息的传播和共享。

(5) 聚类系数对组织安全行为有显著正向影响,对安全沟通有显著正向影响。这是因为当网络聚类系数较高时,安全行为的传播也更加频繁,有利于提升施工组织的安全行为水平。

(6) 正式网络的中间中心势对组织安全行为有显著负向影响,对安全沟通有显著负向影响。这是因为中间中心势反映了存在某几个控制信息交换的关键部门,阻碍了安全信息传播的路径,不利于从整体上提升施工组织的安全行为水平。

(7) 与正式网络不同,非正式网络的中间中心势对施工组织安全行为没有显著影响,对安全沟通没有显著影响。各施工组织非正式网络的中间中心势大部分都比较低,说明网络中控制部门间信息交流的中介作用不明显,因此在整体上没有对施工组织的安全行为有明显的负向影响。

3) 安全沟通与组织安全行为

施工组织内部门之间经常进行安全沟通,有利于部门之间共享安全经验,最终提升组织安全行为水平。

4) 安全沟通的中介效应

回归分析结果表明安全沟通在网络结构特征与组织安全行为之间起中介作用。这是因为施工组织的网络作为部门间安全沟通的载体以及部门间交流情感的渠道,它的结构特征有利于加强部门间安全信息的传递,从而形成良好的安全氛围,进而提升施工组织的安全行为水平。具体表现如下所述。

(1) 安全沟通在网络密度与组织安全行为的关系中起到了部分中介作用。

(2) 安全沟通在出度中心势与组织安全行为的关系中起到了完全中介作用。

(3) 安全沟通在入度中心势与组织安全行为的关系中没有起到中介作用。

(4) 安全沟通在正式网络中间中心势与组织安全行为的关系中起到了完全中介作用;安全沟通在非正式网络中间中心势与组织安全行为的关系中没有起到中介作用。

(5) 安全沟通在正式网络平均路径长度与组织安全行为的关系中起到了部分中介作用;安全沟通在非正式网络平均路径长度与组织安全行为的关系中起到了完全中介作用。

(6) 安全沟通在正式网络聚类系数与组织安全行为的关系中起到了部分中介作

用；安全沟通在非正式网络聚类系数与组织安全行为的关系中起到了完全中介作用。

5) 提高组织安全行为水平的措施

结合实证研究得出的结论，为了提升施工组织的安全行为水平，提出以下几个措施。

(1) 加强各部门之间的安全沟通。增大正式网络内各部门之间关于安全信息的沟通频率，通过多种方式进行安全沟通，比如安全会议、安全培训、面对面谈话、电话沟通、网络沟通、书面沟通等形式。

(2) 重视影响安全信息传播的关键部门。关键部门掌握的安全信息较多，在施工过程中要发挥核心部门的领导角色，向其他部门传递安全信息，从而提高组织安全行为水平。

(3) 利用好安全信息传递的关键位置。施工组织应该对处于"桥"位置的部门加强管理，从而促进安全信息的流动。

(4) 加强归属感建设，增进部门间的信任。当部门成员对组织产生认同时，成员就会积极参与安全工作。所以管理者要加强部门成员对组织的认同感和归属感，从而提升组织安全行为的水平。

第5章
社会资本对施工人员安全行为的作用机理

5.1 概述

施工本质上是一个社会过程,是由不同时间参与项目的各种施工人员、项目管理者等组织的基于网络的组织。人是施工生产活动的主体,在施工组织内,每位成员都有自己的人际关系网络。社会资本理论最初应用于社区研究中,强调由人际关系资源所建立起来的网络的重要性,认为来自个体所处的关系网络中的资源创造了个体行为的社会情境,对个体的行为及其结果能够产生重要的影响作用。于建筑工人而言,嵌入在这个网络中的资源即社会资本能够帮助他们更好地完成任务。目前,学术界鲜有将社会资本应用于建筑领域的研究,施工企业管理者也往往忽略社会资本对工人的影响,然而我们并不能忽视它的价值所在。传统的安全管理理论对于人际关系对安全行为影响的关注较少,人作为施工过程中唯一具有自主意识的主体,其所拥有的能力、人际关系资源及关系质量等社会资本,必然会影响个体的行为决策方式,从而影响施工过程。

本章以社会资本理论为借鉴,探讨施工企业社会资本,包括工人社会资本和管理者与工人社会资本,对工人安全行为的作用机理,并引入与工人安全行为关系密切的工人安全能力作为中介变量,探索工人安全行为的提升机制,力求降低事故发生率,为施工企业安全管理改善提供支持。

5.2 概念界定与模型假设

5.2.1 研究对象与研究变量确定

本章研究对象是指施工项目管理者和工人。施工项目是指房屋工程建设,包括民用房屋、工业用房、城市基础房屋设施、公用房屋设施等,但不包括城市道路建设、桥梁、地铁等的建设;管理者是指施工项目与一线施工人员直接接触的基层管理者,如项目经理及项目各部门经理等;工人主要指从事具体劳动的一线操作工人,如木工、钢筋工、水暖工、电工等,但不包括成本预算员、技术员等技术人员。

1. 社会资本

社会资本作为关系网络资源的集合体,包括个体之间的联系紧密程度、相互之间的信任、共同目标和共同价值观等。与正式的制度资本相对应，社会资本构成了非正式的制度资本，也会对个人的行为产生影响和约束。本书所研究的社会资本包括工人社会资本、管理者与工人社会资本两类。工人社会资本是工人之间的非正式关系网络；管理者与工人社会资本是指管理者与工人之间的非正式关系网络。借鉴Nahapiet和Ghoshal提出的关于社会资本维度划分的方法，我们将社会资本划分为结构、关系和认知三个维度。其中结构维度是指工人与工人之间或管理者与工人之间关系的连接强度、联系紧密程度等；关系维度是指工人与工人之间或管理者与工人之间的相互信任、情感及非正式规范等；认知维度是指工人与工人之间或管理者与工人之间共同的价值观、共同目标以及共同语言等。

2. 工人安全能力

安全能力是工人通过学习培训和实践锻炼，无论在有无危险的状态下都能够对个人、他人和集体的生命财产起到保护作用的能力。具体到建筑工人，安全能力就是指工人对自己和同事的保护能力，以及对安全隐患的处理能力等。本研究采用王盼盼等[153]关于施工人员安全能力的定义，即工人在施工过程中，通过运用自身的安全知识和安全技能，对施工现场的安全隐患进行识别、处理，尽可能减少工作中可能出现的风险，保护自己、同事和工作环境安全的能力。依据此研究背景与数据收集的便利性和可靠性，本书所指的安全能力包括工人学习安全规范的能力、识别潜在危险的能力、使用安全防护设备的能力等。由于各种安全能力之间的关系较为紧密，且安全能力作为中介变量进行分析，因此本书将安全能力作为一个整体变量进行分析，不进行维度划分。

3. 工人安全行为

安全行为是指人们在工作过程中遵守作业规程，并在出现安全事故时能够保护自己及保护工具、设备等物资的一切行为。本研究将施工人员的安全行为定义为工人在施工现场为了个人、组织和工作场所安全而进行的活动或行为。借鉴Griffin和Neal的二维绩效理论，将施工人员的安全行为划分为安全遵守行为和安全参与行为。安全遵守行为对应于任务绩效而言，用来描述施工人员为保证个人安全和维护工作场所安全而必须进行的核心安全活动，这些行为包括遵守安全规范、穿戴防护衣物等；安全参与行为对应于情境绩效而言，是指施工人员自愿参加有益于改善个体和组织安全状况、安全环境的安全活动或主动参加安全会议的行为，包括主动帮助同事、积极参与安全措施改进等。

5.2.2　假设提出与模型构建

1. 社会资本与安全行为

在社会资本对安全行为影响的研究中，不同类型的社会资本会对安全行为产生不同的影响。例如团队的社会资本对团队心理安全产生积极而显著的影响[223]；邻里社会资本(邻居的支持和社会氛围)与安全问题(对犯罪和对孩子的担忧)密切相关，且通过父母的影响间接影响儿童的反社会行为；社会资源丰富的环境有助于形成并提高社会共同价值观和规范，从而促进非正式社会规范对人们的约束作用[224]；认知社会资本对Facebook用户的知识共享行为产生最强的积极影响[225]；在对交通安全的研究中发现，社会资本与交通事故数呈负相关关系，高水平的社会资本即个体间的信任和规范对驾驶人员的行为具有显著的积极影响[5]。在施工安全领域，Koh和Rowlinson[226]在研究社会资本对建设项目安全绩效的影响时发现，认知维度和关系维度通过参与者的适应与合作的中介作用对项目安全绩效产生影响；另一个类似的研究表明个人社会资本和团队社会资本都会对工人的安全行为产生影响[215]；李书全等[227]的研究结果表明，施工企业内社会资本通过工人的情绪智力的中介作用对安全绩效产生积极影响。

还有一些研究虽没有明确提出社会资本的概念，但所研究变量与社会资本内涵紧密相关，结构维度反映了个体与组织内其他成员间的互动与联系，如积极的经理下属关系[228]、工长与施工人员的口头安全交流[229]都有助于成员之间感情的培养；也有研究表明，与工友和上级领导之间保持良好的沟通有助于工人减少不安全行为[230]，如员工可以从与管理层的互动中推测出管理层的安全态度，更多地选择安全行为，从而降低安全事故的发生。同时，同事的行为具有较大的感染力，影响自己对安全相关行为的选择。据此，提出以下假设：

H1：结构维度对工人安全遵守行为有显著正向影响

H1a：工人社会资本结构维度对安全遵守行为有显著正向影响

H1b：管理者与工人社会资本结构维度对安全遵守行为有显著正向影响

H2：结构维度对工人安全参与行为有显著正向影响

H2a：工人社会资本结构维度对安全参与行为有显著正向影响

H2b：管理者与工人社会资本结构维度对安全参与行为有显著正向影响

关系维度反映的是个体与组织内其他成员之间的信任。信任是对对方可信赖性的一种预期，对方的行为表现会对自己的行为产生影响。在安全生产的过程中，工人是否会采取开放性的态度欣然接受组织内其他成员的安全行为，取决于他对对方的行为是否信任，取决于学习或者模仿这个行为能否给自己带来利益。研究表明，组织成员间相互信任程度越高，越有助于他们之间产生合作行为，并且能够将更多的时间和精力致力于组织目标的实现，有助于他们自愿服从企业的规章制度和上级的指令[231]，对工人的态度、施工现场安全带来积极影响。据此，提出以下假设：

H3：关系维度对工人安全遵守行为有显著正向影响

H3a：工人社会资本关系维度对工人安全遵守行为有显著正向影响

H3b：管理者与工人社会资本关系维度对工人安全遵守行为有显著正向影响

H4：关系维度对工人安全参与行为有显著正向影响

H4a：工人社会资本关系维度对安全参与行为有显著正向影响

H4b：管理者与工人社会资本关系维度对安全参与行为有显著正向影响

认知维度反映的是个体与组织内其他成员之间的共享愿景和共同语言。共享愿景是指组织内所有成员所拥有的共同价值观、共同目标、意向或者景象。具有共享愿景的成员能够产生与组织期望相一致的角色感知，这种感知有助于个体提升自己的行为。此外，员工对组织安全价值观和规范的感知也属于安全氛围的研究范畴。员工对组织安全氛围的感知有助于提高员工"安全第一"的信念，这种信念能够有效促进员工选择安全行为[142]。企业通过制定适当、可行、明确的安全行为改进目标，有助于工人建立对安全行为改进工作的自豪感和成就感。工人为了完成施工班组制定的安全行为改进目标，会提醒和帮助其他成员的安全行为[232]。同事之间具有共同的语言，一方面有助于他们之间更好的交流，更好地理解对方所表述的内容；另一方面容易形成非正式群体，但是如果组织能够很好地利用非正式群体带来的益处，那么将会促进组织绩效的提高。研究表明，把具有共同语言和兴趣爱好的人安排在同一个部门、班组或者相邻的岗位上，能够使员工的心理环境以及人际氛围处于最佳状态，可以充分发挥非正式群体的积极作用，以此影响员工的安全行为[233]。据此，提出如下假设：

H5：认知维度对工人安全遵守行为有显著正向影响

H5a：工人社会资本认知维度对工人安全遵守行为有显著正向影响

H5b：管理者与工人社会资本认知维度对工人安全遵守行为有显著正向影响

H6：认知维度对工人安全参与行为有显著正向影响

H6a：工人社会资本认知维度对安全参与行为有显著正向影响

H6b：管理者与工人社会资本认知维度对安全参与行为有显著正向影响

2. 社会资本与安全能力

社会资本是一种重要的资源，在Nahapiet和Ghoshal从公司的资源视角来对社会资本如何提高组织绩效的解释中我们可以看到，不可替代的资源为组织提供了比竞争对手更持久的竞争能力。学者也发现了社会资本对能力的积极影响，在不同的研究领域，关于社会资本与能力关系的研究内容也不相同，如在企业发展的研究中，动态能力[234]、创新能力[235]、知识吸收能力[236]、知识获取能力等，对企业的发展尤为重要，而社会资本对企业相关能力的积极影响也已经得到了验证。

在个体安全能力培养的过程中，一方面安全经验的积累起到了重要的作用，另一方面组织成员间的互动削弱了行政边界的阻滞性，这都有助于对其他成员知识、技能的了解，使工人接触更多的异质知识，进而促使知识的转移与共享[152]，从而能够使工人掌握更多的知识，提高自身的安全能力。工人常年工作所积累的经验在他们日常工作和生活中是不容易显现出来的，这种隐性知识(包括经验、诀窍和思维方式等)具有高度的嵌入性，这需要一种强有力的联系才能够激发他们显示自己的隐性知识[237]。由此，我们可以看出，增强成员之间的互动强度有助于他们彼此交换自身所拥有的知识、技能、经验等隐性的知识，对提高他们自身的能力有着重要的影响作用。据此，提出以下假设：

H7：结构维度对工人安全能力有显著正向影响

H7a：工人社会资本结构维度对工人安全能力有显著正向影响

H7b：管理者与工人社会资本结构维度对工人安全能力有显著正向影响

信任对于成员之间共享知识的意愿有重要影响，如果不信任对方，那么成员就不愿意暴露自己的隐性知识，更不愿意与对方共享自己的隐性知识，信任的重要性甚至比正式合作的重要性还要大[238]。研究表明，信任会直接或间接地作用于人们对知识的共享[239]，只有当成员相信网络中其他成员不会产生机会主义，不会误用共享的知识，才愿意与其他成员共享自己所拥有的知识。成员之间良好的交流需要信任这一前提条件，只有彼此信任，成员才会毫无保留地与对方分享自己的内在特质，从而有助于成员之间能力的提升。据此，提出以下假设：

H8：关系维度对工人安全能力有显著正向影响

H8a：工人社会资本关系维度对工人安全能力有显著正向影响

H8b：管理者与工人社会资本关系维度对工人安全能力有显著正向影响

成员之间知识的互换有助于提升自身的能力，这种有效的交流需要以共同语言、共享愿景为基础。在这个基础上，组织成员间相互认可，这样有助于增加他们分享知识的意愿与热情，尤其是隐性知识的交流与共享[240]。这是因为，共同的语言有助于他们之间更好地交流，能够清楚地了解对方所表述的内容，从而尽可能地避免曲解信息。同时，人们更愿意与那些与自己拥有共同价值观、共同目标的人分享自己所拥有的知识，这是因为人们可以预知对方学习知识的目的，是否与自己的目标一致，是否有助于自己实现目标。据此，提出以下假设：

H9：认知维度对工人安全能力有显著正向影响

H9a：工人社会资本认知维度对工人安全能力有显著正向影响

H9b：管理者与工人社会资本认知维度对工人安全能力有显著正向影响

3. 安全能力与安全行为

人的行为都是以能力为前提条件，其行为方式的选择与能力之间存在着必然的联系。在工作过程中，施工人员不安全行为发生的主要原因是其实际能力与所要求的能力不相符。工人通过彼此之间知识的共享以获取更多的安全知识，能够提升自身的能力，从而选择安全行为，避免不安全行为的发生。工人的安全能力越强，越能够严格按照安全操作规程工作，真正参与到安全事务中，所表现出来的行为也越安全。据此，提出以下假设：

H10：工人安全能力对工人安全遵守行为产生正向影响

H11：工人安全能力对工人安全参与行为产生正向影响

4. 安全能力中介作用

社会资本对个人或组织的能力有积极影响，而根据能力的定义，能力与良好的绩效密不可分。事实上，许多研究已经证实了社会资本、获得组织资源和能力的技能、组织绩效三者之间的积极关系。如吸收能力在社会资本对农民合作创新绩效的影响中起到中介作用[241]；潜在吸收能力和实现吸收能力在市场社会资本、公共社会资本和政府社会资本对民办养老机构绩效的正向影响中起到的中介作用[242]；资源整合能力在结构社会资本与孵化绩效间的中介作用[243]；企业自身动态能力在企业家社会资本对企业绩效的影响作用中起到中介作用[244]。

建筑工人在工作或生活中与自己的同事、上级领导的沟通交流中，建立自己的人际关系网络，在互动的过程中彼此会形成一种更为隐性的关系——信任。同时，在这个过程中他们能够达成一定的共识，能够产生共同的语言，这些都有助于学到一些新的知识、技能，从而提高自己的能力，促使自己在工作中选择更为安全的行为。有研究表明，加强与工人的沟通交流行为，有助于工人对安全相关知识的掌握，从而提高工人的安全能力，促使他们在工作过程中更多地选择安全行为[158]。由此可以得知，安全能力在工人社会资本与安全行为之间起到桥梁作用。据此，提出以下假设：

(1) 结构维度、安全能力与安全行为。

H12：安全能力在社会资本结构维度与安全遵守行为之间起中介作用

H12a：安全能力在工人社会资本结构维度与安全遵守行为之间起中介作用

H12b：安全能力在管理者与工人社会资本结构维度与安全遵守行为之间起中介作用

H13：安全能力在社会资本结构维度与安全参与行为之间起中介作用

H13a：安全能力在工人社会资本结构维度与安全参与行为之间起中介作用

H13b：安全能力在管理者与工人社会资本结构维度与安全参与行为之间起中介作用

(2) 关系维度、安全能力与安全行为。

H14：安全能力在社会资本关系维度与安全遵守行为之间起中介作用

H14a：安全能力在工人社会资本关系维度与安全遵守行为之间起中介作用

H14b：安全能力在管理者与工人社会资本关系维度与安全遵守行为之间起中介作用

H15：安全能力在社会资本关系维度与安全参与行为之间起中介作用

H15a：安全能力在工人社会资本关系维度与安全参与行为之间起中介作用

H15b：安全能力在管理者与工人社会资本关系维度与安全参与行为之间起中介作用

(3) 认知维度、安全能力与安全行为。

H16：安全能力在社会资本认知维度与安全遵守行为之间起中介作用

H16a：安全能力在工人社会资本认知维度与安全遵守行为之间起中介作用

H16b：安全能力在管理者与工人社会资本认知维度与安全遵守行为之间起中介作用

H17：安全能力在社会资本认知维度与安全参与行为之间起中介作用

H17a：安全能力在工人社会资本认知维度与安全参与行为之间起中介作用

H17b：安全能力在管理者与工人社会资本认知维度与安全参与行为之间起中介作用

5. 概念模型

根据前文的理论研究及相应的假设，构建变量之间的概念模型如图 5.1 所示。该模型清晰地描绘了社会资本(工人社会资本和管理者与工人社会资本)、安全能力和安全行为之间的理论关系。

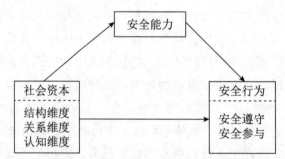

图5.1 社会资本、安全能力和安全行为之间的概念模型

5.3 研究设计

5.3.1 量表设计

1. 设计基本原则

(1) 目的明确性原则。设计问卷的基础就是要有明确的目的，只有具有明确的目的才能提出明确的假设，才能够依据假设设计题项。

(2) 题项适配性原则。为了准确测量出工人社会资本或管理者与工人社会资本、工人安全能力和工人安全行为的表现情况，各设计题项要能独立地反映相应的含义，不能出现题项含义重叠或冗余的现象。非独立性的题项会影响最终测量结果的准确性，同时在设计题项的过程中要完善有歧义的题项。

(3) 可行性与可测量性原则。量表的编制应尽可能地遵循简单的原则，设计题项不能太多且不能太复杂，否则会让受访者觉得任务非常繁重，从而内心产生一种抵触感，加大了调研问卷实施的难度，且不能保证收集数据的有效性。因此，在量表开发时，应尽可能选择切实可行、易于理解和回答、易于测量、简单易懂、没有歧义的题项。

2. 设计步骤

在开发量表时，笔者对工人社会资本、管理者与工人社会资本、工人安全能力和工人安全行为概念加以界定，从施工企业的实际出发，开发出基于中国现实背景下的工人社会资本、管理者与工人社会资本、安全能力和安全行为的量表。本书量表开发的流程参照4.2.2节研究设计中的问卷设计流程。

由于工人社会资本、管理者与工人社会资本属于不同类别的社会资本，本章共有两个独立问卷，每个问卷包括三部分内容：一是项目的基本信息，包括项目名称、所在城市、建设单位、项目类型、结构类型等内容，该部分是为了了解项目的基本情况以对不同类型的项目进行分析；二是问卷的主体测量内容，包括社会资本、工人安全能力和工人安全行为，参考Nahapiet和Ghoshal[48]、Chiu等[245]、Chen等[246]、Mohamed[157]和Chang等[247]、Neal和Griffin[248]、Vinodkumar和Bhasi[249]等学者的测量量表，具体测量内容根据社会资本类别的不同有所区分；三是被调查对象的个人基本信息，包括被调查者所属企业、性别、年龄、学历、职位、工种、工作年限，该部分主要是为了帮助笔者结合工人的个人情况进行分析。

在参考现有文献的基础上，本章量表基于我国建筑行业的现实情况，加以完善及创新；所有测量题项的回答设计均采用目前管理学、心理学领域普遍采用的李克特五点量表法，除部分题项的回答部分根据问题的内容进行设计，绝大部分采用的是统一回答方式，"1"代表非常不同意，"2"代表不同意，"3"代表一般，"4"代表同意，"5"代表非常同意。最终调查问卷详见附录A。

5.3.2 问卷发放与回收

本研究反映的是施工企业工人安全行为这一群体特征，为了获得高质量的问卷数据，对调研施工项目、问卷发放形式提出了要求。因此，大多由建筑施工企业的管理者(调查人员通过社会网络关系获得)推荐、介绍被调研施工项目，从而保证获得完整的调查问卷数据。调查问卷包括纸质版调查问卷和电子版调查问卷。纸质版以现场和邮寄两种途径进行发放，若采用现场发放，需要调查人员在调查现场对问卷内容进行解释，并现场回收问卷；若采用邮寄发放，需要为被调查项目配备一名专门的调查人员，以负责解释和接收问卷。电子版调查问卷通过电子邮箱和问卷星两种途径发放，发放过程类似于邮寄发放。本研究共计93个建设项目的600名建筑工人参与了问卷调查，回收问卷535份，回收率为89.17%。调查问卷的发放途径与回收统计如表5.1所示。

表5.1 调查问卷的发放途径与回收统计

问卷形式	发放途径	发放数量	回收数量
纸质版	现场发放	60	45
	邮寄发放	490	457
电子版	电子邮箱	37	23
	问卷星	13	13
总计		600	535

在对问卷数据进行数据质量检验之前，要剔除无效问卷，根据廖中举[303]的观点，问卷出现以下三种情形即可视为无效问卷：第一种情形是漏填题项过多，漏填题项超过总题项的10%即予以剔除；第二种情形是所有回答都相同或有规律性；第三种情形是不按规定作答，如单选题选择两个以上选项。

通过对无效问卷的剔除，本项调研最终得到457份有效问卷，有效问卷的回收率为76.17%。本次调研具有较高的有效问卷回收率的原因有两点：一是问卷内容清晰易懂，且问卷内容与工人实际工作内容紧密相关；二是配备了全程跟踪的调查人员，随时与参与者就问卷的相关问题进行沟通交流，回收的调查问卷质量高。

5.3.3 描述性统计分析

1. 项目基本信息

本次调研共包括93个建筑施工项目，项目基本信息包括项目地区分布、项目类型和项目结构类型。描述性统计分析如表5.2所示，可以看出被调研项目大部分位于天津、河北(占总体比例的76.34%)，其余分布在北京、河南、湖北等省市，符合调研人员的社会网络特征。被调研项目类型主要为民用建筑工程，占比63.44%，这与国内民用建筑项目占建筑市场的比重比较大是相符的。结构类型以框剪结构占总体结构类的比例最大，为46.6%，符合民用建设工程的项目结构类型特点。

表5.2 项目基本信息

统计内容	分类	频数	百分比/%
地区	北京	4	4.30
	天津	37	39.78
	河北	34	36.56
	河南	3	3.23

(续表)

统计内容	分类	频数	百分比/%
地区	湖北	4	4.30
	江苏	3	3.23
	广东	2	2.15
	陕西	3	3.23
	山西	1	1.08
	四川	2	2.15
项目类型	民用建筑工程	59	63.44
	工业建筑工程	11	11.83
	市政公用工程	13	13.98
	其他	10	10.75
结构类型	框架结构	17	16.50
	框剪结构	48	46.60
	短肢剪力墙结构	6	5.83
	砖混结构	3	2.91
	钢结构	6	5.83
	其他	23	22.33

2. 个人基本信息

被调查者的个人基本信息汇总如表5.3所示。本次调查共包括457名建筑施工人员，其中男性占到总被调查人数的95%，性别比例符合我国工程项目的特点；50岁以下的工人占94%，说明中青年是我国建筑工人的主要组成群体，与实际情况有较好的一致性；被调查者中初中学历占44%、高中学历占28%，具有更高学历的施工人员占比较少，表示高学历工人在被调查的建筑工人中占比较少，这也符合我国农民工占施工工人比例较高的国情；被调查者工作年限的分布较为均衡，可能是由于施工人员的工作流动性较大；被调查者的工种涵盖了工程项目中人数较多的工种，能够代表各个施工过程中施工人员的情况。

表5.3 个人基本信息

统计内容	分类	频数	百分比/%
性别	男	436	95.40
	女	21	4.60
年龄	18～30岁	129	28.23
	31～40岁	155	33.92
	41～50岁	147	32.17
	51岁以上	26	5.69

(续表)

统计内容	分类	频数	百分比/%
文化程度	小学	48	10.50
	初中	200	43.76
	中专	47	10.28
	高中	130	28.45
	大专	23	5.03
	本科及以上	9	1.97
工作年限	5年及以下	114	24.95
	6~10年	131	28.67
	11~15年	82	17.94
	16~20年	70	15.32
	21年及以上	60	13.13
工种	木工	117	25.60
	钢筋工	97	21.23
	水暖工	34	7.44
	架子工	32	7.00
	电工	24	5.25
	保温工	19	4.16
	瓦工	19	4.16
	其他	115	25.16

5.4 工人社会资本、安全能力对施工人员安全行为作用机理的实证分析

5.4.1 信效度分析

1. 信度分析

本章同样使用克隆巴赫α系数对各分量表的信度进行检验，结果如表5.4所示。

表5.4 量表信度分析

变量	α值	变量	α值
结构维度	0.914	安全能力	0.840
关系维度	0.911	安全遵守	0.894
认知维度	0.907	安全参与	0.900

由表5.4可知，各分量表的信度值均大于0.8，表明该量表具有较高的内部一致性，即量表的信度良好。

2. 效度分析

效度即有效性，是指量表在多大程度上能够准确地解释所要测量的潜在变量。量表的效度越高，说明测量结果越能够反映出潜在变量的特征。衡量效度的指标一般分为内容效度与结构效度。

内容效度是指测量量表的内容对于衡量潜在变量是否合适。我们依据国内外相关参考文献，并使用现场访谈的方法，同时基于中国建筑情景进行小组讨论进行筛选，最终形成本章的工人社会资本、安全能力和安全行为的测量量表，因此，量表具有良好的内容效度。

结构效度是指测量量表对理论的概念或特质的解释程度，包括探索性因子分析(EFA)和验证性因子分析(CFA)，这也是目前检验结构效度使用最多的两种方法。其中，探索性因子分析旨在探索量表的内在结构，使之变成一组题项较少而覆盖面广且相关性高的变量；验证性因子分析目的在于检验是否存在潜在变量，并且对事先假定的因子结构进行检验。

1) 探索性因子分析(EFA)

在进行探索性因子分析之前首先要使用"KMO值和Bartlett球形度检验"对回收数据的相关性进行检验，一般情况下，KMO值大于0.7，Bartlett球形度检验的P值(代表显著性水平)达到0.000，表示量表适合进行因子分析。检验结果表明，工人社会资本、安全能力和安全行为测量量表的KMO值分别为0.903、0.869和0.906，同时Bartlett球形度检验的P值均为0.000，达到了极其显著的水平，表明量表适合进行因子分析。工人社会资本、安全能力和安全行为测量量表的探索性因子分析的结果如表5.5、表5.6和表5.7所示。这几个表中加粗数字表示旋转后在提取公因子上的因子载荷大于0.5的题项，表明提取的公因子能够充分地解释测量题项的内涵。

由表5.5、表5.6和表5.7能够得出工人社会资本量表经旋转后提取的公因子为三个，分别是结构维度、关系维度和认知维度，并且三个公因子的累计解释总体方差贡献率为66.547%；安全能力量表只有一个公因子，无法进行旋转，该因子的累计解释总体方差贡献率为55.55%；安全行为量表经旋转后提取出两个公因子分别为安全遵守和安全参与，两个因子的累计解释总体方差贡献率57.517%。这三个解释总体量表的方差贡献率大于50%，说明该量表具有比较好的内部结构。

表5.5 工人社会资本量表探索性因子分析

旋转成分矩阵[a](N=457)

因子	题项	成分 1	成分 2	成分 3
结构维度	1. 您对项目部其他成员了解的程度	**0.893**	0.197	0.178
	5. 您参与项目组举办的聚餐、联谊等非正式活动的次数	**0.783**	0.167	0.083
	3. 在工作中,您与项目部其他成员交换意见和想法的次数	**0.770**	0.156	0.132
	2. 您与项目部其他成员间的合作程度	**0.764**	0.115	0.143
	4. 您与项目部其他成员在工作之外熟悉的程度	**0.752**	0.116	0.183
关系维度	7. 您能与项目部其他成员在工作中相互支持	0.208	**0.844**	0.237
	6. 您与项目部其他成员能真诚合作	0.153	**0.835**	0.213
	8. 您在工作中与项目部其他成员相互信任	0.163	**0.799**	0.257
	9. 您在与同事进行合作的过程中彼此不会投机取巧	0.183	**0.697**	0.280
认知维度	12. 您对工作中的专业符号、用语、词义都很清楚	0.156	0.041	**0.792**
	13. 您与项目部其他成员拥有一致的集体目标	0.175	0.334	**0.731**
	11. 对于您描述的工作问题,其他人都能很快明白	0.101	0.396	**0.668**
	14. 您和项目部其他成员对如何提升工作效率的认识	0.150	0.433	**0.602**
	10. 您与项目部其他成员有共同语言,并能有效沟通	0.262	0.377	**0.550**
解释总体方差贡献率/%		44.348	14.931	7.268
累计解释总体方差贡献率/%			66.547	

提取方法:主成分分析法
旋转法:具有 Kaiser 标准化的正交旋转法
a. 旋转在 4 次迭代后收敛

表5.6 安全能力量表探索性因子分析

成分矩阵[a](N=457)

因子	题项	成分 1
安全能力	3. 您能够正确使用安全帽、安全带等劳保用品	**0.783**
	4. 您能够正确使用灭火器、漏电防护装置等安全设备	**0.754**
	1. 您能够识别潜在的危险情况	**0.752**
	2. 通过教育培训,您对安全相关方面的知识、法规等的理解	**0.735**
	5. 您避免危险场所带来的伤害的可能性	**0.726**
	6. 正确处理现场中的安全隐患已经成为您的本能	**0.720**
解释总体方差贡献率/%		55.55
累计解释总体方差贡献率/%		55.55

提取方法:主成分分析法
a. 已提取了 1 个成分

表5.7 安全行为量表探索性因子分析

旋转成分矩阵ᵃ

因子	题项	成分 1	成分 2
安全遵守	1. 您在工作中遵守安全相关规定及操作规程	**0.783**	0.269
	3. 您对所使用的安全设备或工具进行必要检查	**0.750**	0.262
	4. 您能够积极配合安全管理人员的指挥和安排	**0.695**	0.254
	5. 确保工作环境处于高度安全的状态下您才进行工作	**0.695**	0.151
	2. 在工作中,您依据规定使用安全帽、安全带等劳保用品	**0.690**	0.301
安全参与	10. 您劝导您的同事以安全的方式进行工作	0.132	**0.782**
	7. 当您发现任何与安全有关的隐患或事件时,能够及时向上级进行汇报	0.181	**0.726**
	9. 您主动地制止、纠正同事的错误操作或想法	0.305	**0.701**
	8. 当您的同事处于危险或不利的情形时,您帮助了他们	0.346	**0.668**
	6. 您参加一些活动或者任务,以改善工作场所的安全情况	0.353	**0.593**
解释总体方差贡献率/%		46.650	10.866
累计解释总体方差贡献率/%		57.517	

提取方法:主成分分析法
旋转法:具有Kaiser标准化的正交旋转法

a. 旋转在3次迭代后收敛

2) 验证性因子分析(CFA)

验证性因子分析主要是为了检验测量量表中的变量是否适合应用于结构方程模型。我们需要对各潜在变量的测试结果进行收敛效度分析和区别效度分析,以确定潜在变量对观察变量的测试效果。

(1) 各分量表测量模型的拟合优度指数。

在对测量量表进行验证性因子分析前,需要先运用AMOS17.0计算各分量表测量模型的拟合优度指数,以验证测量模型是否有效。工人社会资本、安全能力和安全行为修正后的测量模型见图5.2～图5.4,各分量表测量模型拟合优度指数如表5.8所示,可以看出各分量表的模型拟合优度指数均满足要求,说明回收数据与各测量模型之间具有较好的匹配度。

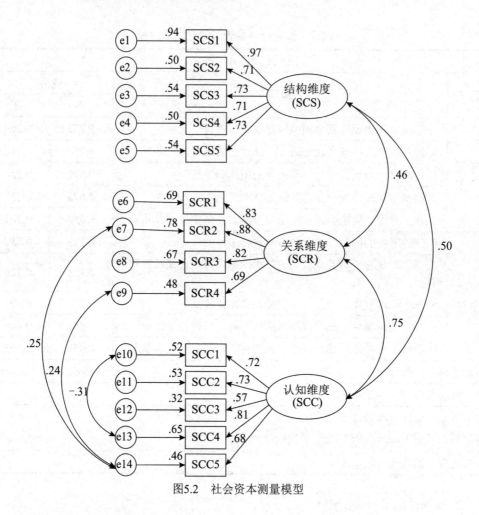

图5.2 社会资本测量模型

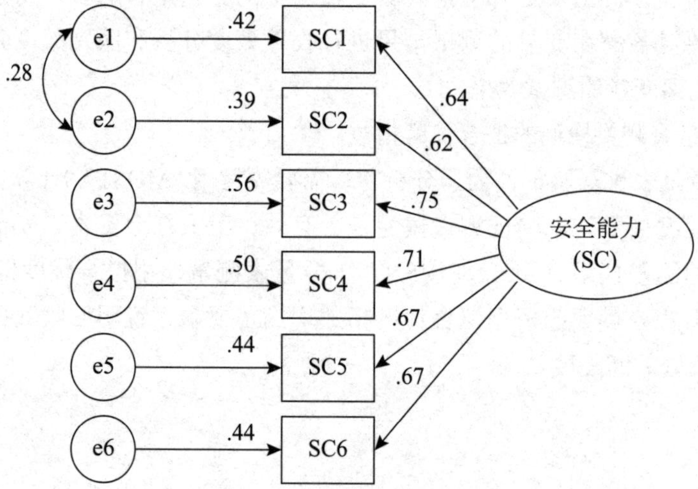

图5.3 安全能力测量模型

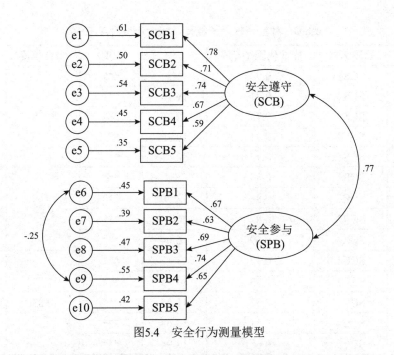

图5.4 安全行为测量模型

表5.8 分量表模型拟合优度指数

量表	χ^2/df	RMSEA	GFI	AGFI	NFI	CFI	PGFI
社会资本	1.430	0.031	0.970	0.955	0.971	0.991	0.773
安全能力	1.009	0.004	0.994	0.985	0.991	1.000	0.533
安全行为	1.776	0.041	0.975	0.959	0.965	0.984	0.722
理想水平	<3	<0.08	>0.900	>0.900	>0.900	>0.900	>0.50

χ^2/df，RMSEA，GFI，AGFI为绝对适配统计量。NFI为规范适配指数(Normed Fit Index)，CFI为比较适配指数(Comparative Fit Index)，以上为增值适配度统计量。最后一个参数PGFI为简约适配度指数(Parsimony Goodness-of-Fit Index)，为简约适配统计量。

(2) 收敛效度。

收敛效度是指测量相同潜在变量的题项(观察变量)落在同一潜在变量上，且题项间具有高度相关性。依据吴明隆[316]的研究，检验收敛效度有三条标准：第一，所有测量题项的标准化因子载荷大于0.5且达到显著状态($P<0.05$)；第二，组合信度值大于0.6；第三，平均方差抽取量(AVE)大于0.5。Amos软件可以得到标准化因子载荷，组合信度与AVE值可以通过吴明隆书中所带计算程序实现。各量表的标准化因子载荷、组合信度及AVE值如表5.9～表5.11所示。

表5.9 社会资本因子载荷、组合信度及AVE值

维度	题项编号	标准化因子载荷	T值	P值	组合信度	AVE值
结构维度 (SCS)	SCS1	0.97	—	***	0.88	0.60
	SCS2	0.71	19.19	***		
	SCS3	0.73	20.35	***		
	SCS4	0.71	19.26	***		
	SCS5	0.73	20.43	***		
关系维度 (SCR)	SCR1	0.83	—	***	0.88	0.65
	SCR2	0.88	22.30	***		
	SCR3	0.82	20.15	***		
	SCR4	0.69	16.04	***		
认知维度 (SCC)	SCC1	0.72	—	***	0.83	0.50
	SCC2	0.73	13.75	***		
	SCC3	0.57	11.05	***		
	SCC4	0.81	13.68	***		
	SCC5	0.68	12.94	***		

注：***表示在0.001水平下显著，下同；P值代表显著性水平；T值和P值一样，也是代表显著性水平，T值绝对值大于1.96表示显著。

表5.10 安全能力因子载荷、组合信度及AVE值

维度	题项编号	标准化因子载荷	T值	P值	组合信度	AVE值
安全能力 (SC)	SC1	0.64	—	***	0.84	0.46
	SC2	0.62	19.19	***		
	SC3	0.75	20.35	***		
	SC4	0.71	19.26	***		
	SC5	0.67	20.43	***		
	SC6	0.67	13.75	***		

表5.11 安全行为因子载荷、组合信度及AVE值

维度	题项编号	标准化因子载荷	T值	P值	组合信度	AVE值
安全遵守 (SCB)	SCB1	0.78	—	***	0.83	0.49
	SCB2	0.71	14.75	***		
	SCB3	0.74	15.37	***		
	SCB4	0.67	13.87	***		
	SCB5	0.59	12.12	***		

(续表)

维度	题项编号	标准化因子载荷	T值	P值	组合信度	AVE值
安全参与 (SPB)	SPB1	0.67	—	***	0.81	0.46
	SPB2	0.63	11.15	***		
	SPB3	0.69	11.96	***		
	SPB4	0.74	11.65	***		
	SPB5	0.65	11.41	***		

由表5.9～表5.11可以看出，工人社会资本、安全能力与安全行为测量量表的各因子标准化后的因子载荷均大于0.5，且显著性检验都达到了0.001水平下的显著水平；组合信度值均大于0.8，达到了Fornell&Larcker(1981)建议的更理想的0.8的标准；6个维度的AVE值介于0.46～0.65之间，安全能力、安全遵守和安全参与的AVE值略低于吴明隆所提出的标准，社会资本的三个维度的AVE值均达到了0.5的标准。因此，各测量量表的收敛效度比较好。

(3) 区别效度。

区别效度是指观察变量所代表的潜在变量与其他观察变量所代表的潜在变量之间低度相关或者存在显著的差异。参照吴明隆关于区别效度的判别方法，具体操作是首先运用Amos17.0操作软件对两个潜在变量利用单群组构建两个模型：一个是未限制模型(潜在变量间的共变参数是一个自由估计值)；另一个是限制模型(潜在变量间的共变参数是固定值)。然后比较两个模型的卡方值，差异越大且达到显著水平(P<0.05)，表示两个模型具有显著的区别，同时若未限制模型的卡方值越小，说明潜在变量间的相关性就越低，区别效度就越高。

以工人社会资本结构维度与认知维度的区别效度为例，图5.5是结构维度与认知维度模型，两者之间的公变参数设为C；图5.6是结构维度与认知维度未限制模型，此时不对C值进行定义，设为自由参数；图5.7是结构维度与认知维度限制模型，C值定义为1，表示限制模型中两个潜在变量的相关系数为1。表5.12是未限制模型与限制模型标准化后的参数值。

由表5.12可以看出，结构维度与认知维度未限制模型的卡方值为66.285，自由度为34，P值为0.001<0.05，达到了显著状态；限制模型中，卡方值为321.855，自由度为35，P值为0.000<0.05。两模型之间自由度的差异为1(35-34)，卡方值的差异为255.57(321.855-66.285)，卡方值差异量的显著性检验达到了0.05的显著水平，且相对于限制模型的卡方值，未限制模型的卡方值明显较小，这说明结构维度与认知维度的区别效度较高。

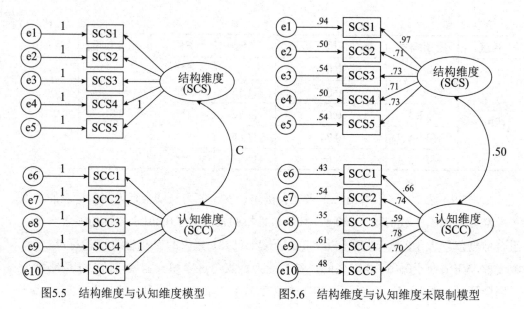

图5.5 结构维度与认知维度模型　　图5.6 结构维度与认知维度未限制模型

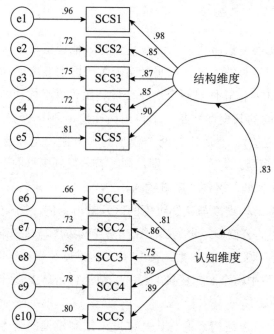

图5.7 结构维度与认知维度限制模型

表5.12 结构维度与认知维度关系模型参数

潜在变量	模型类别	卡方值	自由度	RMSEA	GFI	AGFI	P值
结构维度-认知维度	未限制	66.285	34	0.046	0.973	0.957	0.001
	限制	321.855	35	0.134	0.913	0.864	0.000

同样的方法检验工人社会资本的结构维度与关系维度，关系维度与认知维度以及安全行为的安全遵守和安全参与的区别效度，参数值如表5.13所示，工人安全能力只有一个公因子，因此不需要对安全能力进行区别效度检验。

表5.13 总的模型参数

潜在变量	模型类别	卡方值	自由度	RMSEA	GFI	AGFI	P值
结构维度-关系维度	未限制	66.745	26	0.059	0.969	0.947	0.000
	限制	322.211	27	0.155	0.894	0.823	0.000
关系维度-认知维度	未限制	75.857	26	0.065	0.966	0.941	0.000
	限制	225.910	27	0.127	0.914	0.857	0.000
安全遵守-安全参与	未限制	73.155	34	0.050	0.970	0.952	0.000
	限制	300.571	35	0.129	0.912	0.862	0.000

由表5.13可以看出，结构维度与关系维度、关系维度与认知维度以及安全遵守与安全参与的区别效度均达到了比较好的状态。

5.4.2 模型检验结果

相关性分析无法测量出变量之间作用的方向以及作用的大小，基于此，本章使用SEM模型分析方法对研究假设及理论模型进行检验。由于本章在探究工人社会资本、安全能力与安全行为之间的关系的过程中涉及中介作用分析，而根据学者Baron&Kenny的研究，进行中介作用分析分为三个步骤[211]，因此建立三个模型，即工人社会资本与安全行为关系模型、工人社会资本与安全能力关系模型以及工人社会资本、安全能力和安全行为关系模型。中介作用分析的三个步骤：第一步，分别测量自变量和中介变量对因变量的路径系数β值且均应达到显著水平；第二步，测量自变量对中介变量的路径系数β值，其值也应达到显著水平；第三步，将自变量、中介变量及因变量放在同一模型中，测量两者对因变量的作用关系，若此时自变量对因变量的路径系数β值相较于第一步中的β值降低且不显著为完全中介作用，显著为部分中介作用。

1. 工人社会资本对安全行为的影响

构建工人社会资本与安全行为各维度之间的关系模型如图5.8所示。在进行结构方程分析之前，我们要先对模型的适配度进行检验，模型M1的模型适配度如表5.14所示，能够看出模型M1具有比较好的整体适配度，这说明调查数据与M1比较匹配，能够进行下一步分析。

表5.15显示，工人社会资本结构维度、关系维度和认知维度对安全遵守行为影响的标准化路径系数分别为0.23(T=4.68>1.96，P<0.001)、0.36(T=4.16>1.96，P<0.001)和3.18(T=3.18>1.96，P=0.001)，对安全参与行为影响的标准化路径系数分别为

0.40(T=2.62>1.96, P=0.009)、0.23(T=2.78>1.96, P=0.006)和0.26(T=7.08>1.96, P<0.001),均满足统计学上的显著性,这表明结构维度、关系维度和认知维度对安全遵守和安全参与均具有显著的正向影响。因此假设H1a、H2a、H3a、H4a、H5a和H6a均成立。

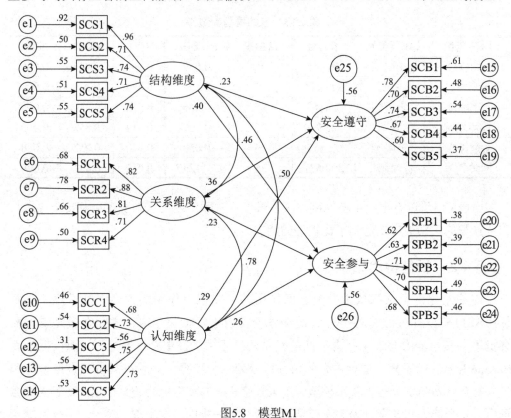

图5.8 模型M1

表5.14 模型M1拟合度指数

拟合指标	χ^2/df	RMSEA	GFI	AGFI	NFI	CFI	PGFI
M1标准值	1.936	0.045	0.923	0.905	0.17	0.958	0.843
指标值	<3	<0.08	>0.900	>0.900	>0.900	>0.900	>0.50

表5.15 模型M1标准化路径系数

变量间关系	标准化路径系数	T值	P值
结构维度→安全遵守	0.23	4.68	***
关系维度→安全遵守	0.36	4.16	***
认知维度→安全遵守	0.29	3.18	0.001
结构维度→安全参与	0.40	2.62	0.009
关系维度→安全参与	0.23	2.78	0.006
认知维度→安全参与	0.26	7.08	***

2. 安全能力对安全行为的影响

检验安全能力对安全行为的影响，构建安全能力与安全行为关系模型如图5.9所示，模型M2的拟合度如表5.16所示。由表5.16可以看出，模型M2的各项适配度指标均满足标准的要求，这说明模型M2具有良好的模型适配度，允许进行下一步的检验。

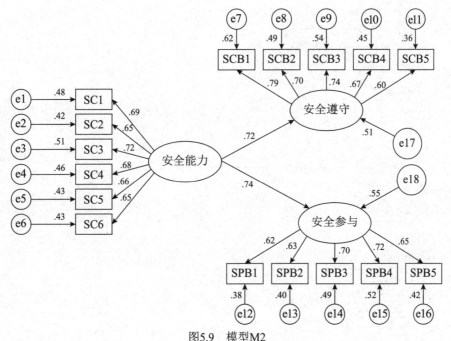

图5.9 模型M2

表5.16 模型M2拟合度指数

拟合指标	χ^2/df	RMSEA	GFI	AGFI	NFI	CFI	PGFI
M2标准值	2.575	0.059	0.936	0.915	0.909	0.942	0.800
指标值	<3	<0.08	>0.900	>0.900	>0.900	>0.900	>0.50

由表5.17可以看出，安全能力对安全遵守和安全参与影响的标准化路径系数分别为0.72(T=11.068>2.56，P<0.001)和0.74(T=10.021>2.56，P<0.001)，且均达到了非常显著的水平，这表明工人安全能力对安全遵守和安全参与均具有显著的正向影响作用，因此假设H10和假设H11成立。

表5.17 模型M2标准化路径系数

变量间关系	标准化路径系数	T值	P值
安全能力→安全遵守	0.72	11.068	***
安全能力→安全参与	0.74	10.021	***

3. 工人社会资本对安全能力的影响

工人社会资本与安全能力关系模型如图5.10所示，模型M3的拟合度如表5.18所示。由表5.18能够看出，模型M3的各项适配度符合标准的要求，这说明调查数据与M3比较匹配，模型M3具有较好的模型适配度，可以做进一步的分析。

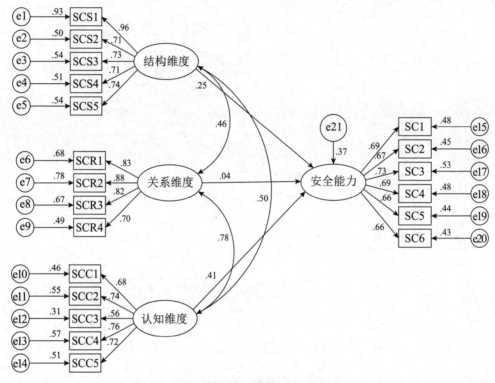

图5.10　模型M3

表5.18　模型M3拟合度指数

拟合指标	χ^2/df	RMSEA	GFI	AGFI	NFI	CFI	PGFI
M3标准值	1.862	0.043	0.939	0.922	0.935	0.969	0.836
指标值	<3	<0.08	>0.900	>0.900	>0.900	>0.900	>0.50

表5.19显示，工人社会资本结构维度和认知维度对安全能力的标准化路径系数分别为0.25(T=4.59>2.56，P<0.001)和0.41(T=4.2>2.56，P<0.001)，且均达到了非常显著的水平，这说明结构维度和认知维度对安全能力均具有显著的正向影响，假设H7a和假设H9a成立。但是，关系维度对安全能力标准化路径系数的P值为0.64，大于0.05，没有达到统计上的显著水平，因此拒绝假设H8a，即假设H8a不成立。

表5.19　模型M3标准化路径系数

变量间关系	标准化路径系数	T值	P值
结构维度→安全能力	0.25	4.49	***
关系维度→安全能力	0.04	0.47	0.64
认知维度→安全能力	0.41	4.20	***

4. 安全能力中介作用分析

由表5.19得知，关系维度对安全能力影响的标准化路径系数的P值没能达到统计学上的显著性，因此，安全能力在关系维度与安全行为之间不具有中介作用，因此假设H14a和假设H15a不成立。在构建工人社会资本、安全能力与安全行为关系模型时，不考虑关系维度至安全能力的路径，关系模型如图5.11所示，模型M4的拟合度如表5.20所示，其中参数AGFI值没有达到标准，表明模型M4的模型拟合度较低，应当进行模型的修正。

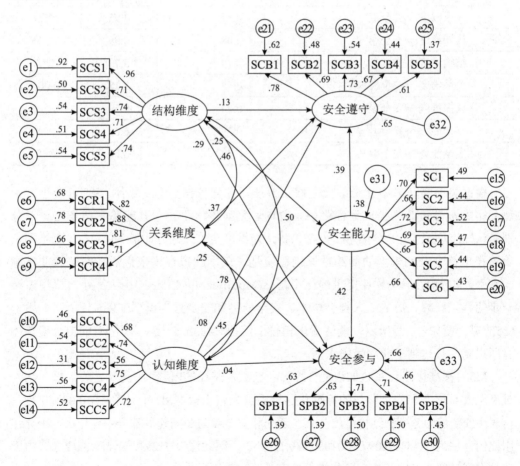

图5.11　模型M4

表5.20 模型M4拟合度指数

拟合指标	χ^2/df	RMSEA	GFI	AGFI	NFI	CFI	PGFI
M4标准值	1.709	0.039	0.913	0.897	0.905	0.958	0.863
指标值	<3	<0.08	>0.900	>0.900	>0.900	>0.900	>0.50

Amos软件输出的模型M4的标准化路径系数报表如表5.21所示。表5.21显示，认知维度至安全遵守和认知维度至安全参与的路径系数的P值没能达到显著水平，这表明认知维度对安全遵守和安全参与不具有显著的直接影响作用。

表5.21 模型M4标准化路径系数

变量间关系	标准化路径系数	T值	P值
结构维度→安全能力	0.25	4.59	***
认知维度→安全能力	0.45	6.94	***
结构维度→安全遵守	0.13	2.85	0.004
关系维度→安全遵守	0.37	4.95	***
认知维度→安全遵守	0.08	0.99	0.321
结构维度→安全参与	0.29	5.73	***
关系维度→安全参与	0.25	3.18	0.001
认知维度→安全参与	0.04	0.50	0.620
安全能力→安全遵守	0.39	6.68	***
安全能力→安全参与	0.42	6.58	***

根据吴明隆在书中介绍的模型修正方法，首先依据T值的大小，从T值最小开始逐一删除不显著的路径直到各路径系数均达到显著水平。一共删除了两条路径，分别是认知维度至安全参与(P值为0.620)和认知维度至安全遵守(P值为0.321)。删除不显著路径也符合SEM模型的简约性原则，但是，模型的拟合度依然没能够达到非常好的水平，再参考Amos软件提供的修正指标(Modification Indices)由大到小对模型做进一步的修正。修正后的工人社会资本、安全能力和安全行为模型如图5.12所示。模型M5的拟合度如表5.22所示，能够看出相较于模型M4的拟合度，模型M5的拟合度整体有所提高，且达到了非常好的水平。

M5的标准化路径系数如表5.23所示，显示各路径的P值均达到了显著水平。结构维度至安全遵守和安全参与的标准化路径系数相较于模型M1分别降低了0.09和0.12，这表明安全能力分别在结构维度与安全遵守和安全参与之间起着部分中介作用，中介作用比例分别为39.13%(0.09/0.23)和30%(0.12/0.40)，因此假设H12a和假设H13a成立。由于认知维度对安全遵守和安全参与均不具有显著的直接影响作用，因此安全能力在认知维度与安全遵守和安全参与之间皆具有完全中介作用，所以假设H16a和假设H17a成立。

第5章 社会资本对施工人员安全行为的作用机理

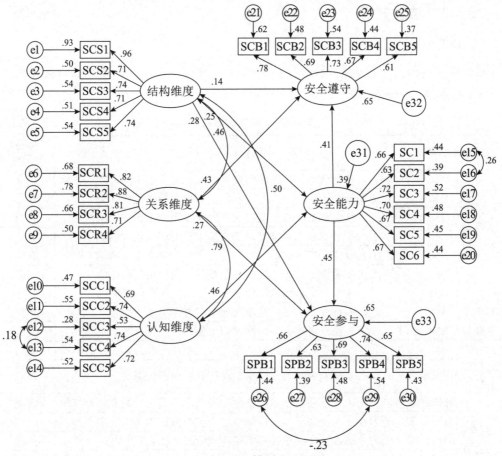

图5.12 模型M5

表5.22 模型M5拟合度指数

拟合指标	χ^2/df	RMSEA	GFI	AGFI	NFI	CFI	PGFI
M5标准值	1.590	0.036	0.918	0.902	0.911	0.965	0.867
指标值	<3	<0.08	>0.900	>0.900	>0.900	>0.900	>0.50

表5.23 模型M5标准化路径系数

变量间关系	标准化路径系数	T值	P值
结构维度→安全能力	0.25	4.47	***
认知维度→安全能力	0.46	6.94	***
结构维度→安全遵守	0.14	2.96	0.003
关系维度→安全遵守	0.43	8.32	***
结构维度→安全参与	0.28	5.61	***
关系维度→安全参与	0.27	5.33	***
安全能力→安全遵守	0.41	7.20	***
安全能力→安全参与	0.45	7.27	***

5.4.3 结果分析

1. 检验结果汇总和最终模型

本章共提出17个研究假设，包括4组变量之间的关系假设，依据假设提出的次序，汇总如表5.24所示。

表5.24 假设检验汇总

变量	编号	假设内容	检验结果
社会资本与安全行为	H1a	工人社会资本结构维度对安全遵守行为产生正向影响	成立
	H2a	工人社会资本结构维度对安全参与行为产生正向影响	成立
	H3a	工人社会资本关系维度对安全遵守行为产生正向影响	成立
	H4a	工人社会资本关系维度对安全参与行为产生正向影响	成立
	H5a	工人社会资本认知维度对安全遵守行为产生正向影响	成立
	H6a	工人社会资本认知维度对安全参与行为产生正向影响	成立
社会资本与安全能力	H7a	工人社会资本结构维度对安全能力产生正向影响	成立
	H8a	工人社会资本关系维度对安全能力产生正向影响	不成立
	H9a	工人社会资本认知维度对安全能力产生正向影响	成立
安全能力与安全行为	H10	安全能力对工人安全遵守行为产生正向影响	成立
	H11	安全能力对工人安全参与行为产生正向影响	成立
安全能力的中介作用	H12a	安全能力在工人社会资本结构维度与安全遵守行为之间起中介作用	成立
	H13a	安全能力在工人社会资本结构维度与安全参与行为之间起中介作用	成立
	H14a	安全能力在工人社会资本关系维度与安全遵守行为之间起中介作用	不成立
	H15a	安全能力在工人社会资本关系维度与安全参与行为之间起中介作用	不成立
	H16a	安全能力在工人社会资本认知维度与安全遵守行为之间起中介作用	成立
	H17a	安全能力在工人社会资本认知维度与安全参与行为之间起中介作用	成立

由表5.24可知，除了假设H8a、H14a和H15a不成立以外，其余假设均成立，由此得出工人社会资本、安全能力与安全行为最终关系模型(见图5.13)。

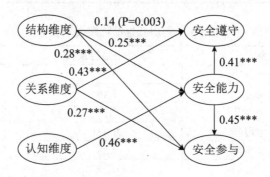

图5.13 工人社会资本、安全能力与安全行为最终关系模型

2. 工人社会资本与安全行为的关系

社会资本与安全行为变量间关系的假设检验结果表明工人社会资本结构维度、关系维度和认知维度对工人的安全遵守行为和安全参与行为均具有显著的正向影响。这表示工人与同事之间的互动、信任和共享愿景有助于提升自身的安全行为水平，如果他们能够与领导或者同事探讨所发现的安全隐患方面的信息，就能从不同的角度解决问题，促使其采取更为安全的行为，可以在很大程度上降低安全事故的发生[250]。另外，成员之间信任水平越高，就越愿意采取开放性的态度去模仿或者学习同事的安全行为，高水平的情感信任和认知信任对员工的组织公民行为能够产生显著的正向影响[251]，而共同语言[252]、共享愿景[253]和共同目标为工人之间的交流提供了一个被他们一致认可的认知框架，这有助于减少他们在工作过程中遇到的沟通障碍，进而促使他们去学习彼此的安全行为，从而提高工人的安全行为水平。

3. 工人社会资本与安全能力的关系

社会资本与安全能力的假设检验结果表明工人社会资本结构维度和认知维度对安全能力具有显著的正向影响。这表示成员之间的互动打破了组织之间的行政边界，有助于工人之间知识的交流，交流的内容不仅包括显性知识，还包括隐性知识，从而工人掌握更多的与安全有关的知识，提升了自己的安全能力。工人在与同事分享自身掌握的安全知识的过程中需要以共同的语言和共享愿景作为前提，成员之间的认可和共同的愿景有助于增加他们分享知识的意愿与热情[240]，共同的语言有助于他们更好地交流，而共享愿景有助于拉近彼此的感情，更有助于他们将所掌握的知识释放出来。

假设检验结果显示关系维度对提升工人安全能力的作用不显著，这可能是因为在施工现场工人所接受的安全相关的教育及培训内容相同，所学到的知识也几乎一样，因此会相信彼此对知识的掌握几乎在一个层级上，彼此不会展示安全相关方面的知识，工人也就无法通过学习他人的知识来提高自己的安全知识水平，从而无法提升自己的安全能力。

4. 安全能力的中介作用

安全能力中介作用的假设检验结果表明安全能力分别在结构维度与安全遵守和安全参与之间起着中介作用；同时，安全能力分别在认知维度和安全遵守和安全参与之间也起着中介作用。通过上述分析，我们能够看出结构维度对安全遵守和安全参与不仅具有显著的直接影响，还通过安全能力的部分中介作用对安全遵守和安全参与产生间接影响。然而，认知维度对安全遵守和安全参与不具有直接影响，而是通过安全能力的完全中介作用产生间接影响。员工之间的互动、共同的语言及共享愿景有助于增进他们的感情，使彼此的关系更加亲近，从而有助于他们释放以及学习安全相关方面的知识，提升自身对知识的掌握程度，进而提高他们的安全行为水平。

5.5 管理者与工人间社会资本、安全能力对施工人员安全行为作用机理的实证分析

5.5.1 信效度分析

1. 信度分析

本节同样使用克隆巴赫α系数对各分量表的信度进行检验，结果如表5.25所示。结果中，克隆巴赫α系数值从0.811～0.892，这表明调查问卷各变量所包含的题项内部一致性高，可靠性好。

2. 效度分析

本节采用验证性因子分析对量表的收敛效度进行检验。根据以往研究，选用标准化因素载荷(FL)、组合信度(CR)以及平均方差抽取量(AVE)来验证收敛效度，当这三个指标达到满意值时，也就是FL>0.5，CR>0.7，AVE>0.5时，则收敛效度良好[254]。表5.25中，标准载荷值低于0.5的题项已删除，所有变量的组合信度均大于0.7，大部分变量的平均方差抽取量大于0.5，这表明该问卷具有较好的收敛效度。

表5.25 收敛效度结果

变量	测试题项	FL	CR	AVE	α
结构维度	SCS1：您对管理者了解的程度	0.755	0.848	0.582	0.847
	SCS2：您与管理者的关系紧密程度	0.760			
	SCS3：您寻求管理者支持与帮助的次数	0.783			
	SCS4：您与管理者交换意见或想法的次数	0.752			
关系维度	SCR1：您与管理者之间能真诚合作	0.833	0.894	0.630	0.892
	SCR2：您与管理者在工作中相互支持	0.855			
	SCR3：您与管理者在工作中相互信任	0.817			
	SCR4：您在与管理者合作的过程中彼此不会投机取巧	0.709			
	SCR5：您在与管理者合作的过程中能倾尽所能来完成一项工作	0.744			
认知维度	SCC1：您与管理者有共同语言，并能有效沟通	0.714	0.862	0.611	0.843
	SCC2：您与管理者交流时使用专业术语的次数[a]	—			
	SCC3：您与管理者在工作中的交流方式可被接受与理解	0.750			
	SCC4：您与管理者拥有共同的目标	0.838			
	SCC5：您与管理者对如何提升工作效率的认识	0.817			

(续表)

变量	测试题项	FL	CR	AVE	α
安全能力	SC1：您能够识别工作场所潜在的危险情况	0.707	0.812	0.465	0.811
	SC2：通过教育培训，您对安全相关方面的知识、法规的理解程度	0.690			
	SC3：您能够正确使用安全帽、安全带等劳保用品	0.733			
	SC4：您能够避免危险场所带来的伤害	0.631			
	SC5：正确处理现场安全隐患已经成为您的本能	0.643			
安全遵守	SSC1：您在工作中遵守安全相关规定及操作规程	0.738	0.809	0.515	0.818
	SSC2：您在工作中依据规定使用安全帽、安全带等劳保用品	0.743			
	SSC3：您对所使用的安全设备或工具进行必要检查	0.761			
	SSC4：在工期紧张等压力下您也会遵守安全法规	0.621			
	SSC5：确保处于高度安全的工作环境中您才进行工作[a]	—			
安全参与	SSP1：您参与一些活动或者任务，以改善工作场所的安全	0.817	0.826	0.544	0.838
	SSP2：您主动积极参加安全教育培训	0.741			
	SSP3：您主动与工友讨论施工的安全问题	0.680			
	SSP4：您主动与上级领导沟通施工安全问题	0.705			
	SSP5：您主动制止、纠正同事的错误操作或想法[a]	—			
	SSP6：您劝导同事以安全的方式工作[a]	—			

注：a表示被移除的题项。

区别效度采用5.3.1节所用方法，区别效度检验结果如表5.26所示。结果表明，未受限模型与受限模型的卡方值差异量均大于临界指标，达到0.001的显著水平，且与受限模型相比，未受限模型的卡方值均较小，这表示各潜变量之间具有较好的区别效度。

表5.26 区别效度检验结果

潜在变量	模型类别	卡方值	自由度	P值
结构维度-关系维度	未限制	153.953	43	0.000
	限制	271.134	44	0.000
	模型差异	117.181	1	0.001
结构维度-认知维度	未限制	145.728	34	0.000
	限制	260.401	35	0.001
	模型差异	114.673	1	0.000
关系维度-认知维度	未限制	221.360	43	0.000
	限制	317.276	44	0.000
	模型差异	95.916	1	0.000

(续表)

潜在变量	模型类别	卡方值	自由度	P值
安全遵守-安全参与	未限制	138.509	64	0.000
	限制	345.367	65	0.000
	模型差异	206.858	1	0.001

5.5.2 模型检验结果

本分析采用结构方程模型进行假设检验。整体模型适配度可以通过一系列指标测量，如卡方(χ^2，P<0.05)、卡方/自由度(χ^2/df，<3.00)、拟合度指数(GFI>0.9)、调整后的拟合度指数(AGFI>0.8)、标准拟合指数(NFI>0.8)、比较拟合指数(CFI>0.9)、残差均方和平方根(RMR<0.1)、渐进残差均方和平方根(RMSEA<0.1)。如果这些指标能够满足标准，则说明模型有较好的适配度。分析结果显示，模型的χ^2=685.329 (P<0.001)，P在0.001水平上显著。另外，χ^2/df =2.405，NFI = 0.901，CFI = 0.939，RMR= 0.027，RMSEA = 0.056，这都表示模型有良好的适配度。假设检验结果如表5.27和图5.14所示。

当假设满足下面两个条件时可以被接受：P值小于0.05；E值是正值。据此，得到如下结论：假设H5b、H6b、H9b、H10和H11得到验证，而假设H3b、H4b、H7b和H8b的P值分别为0.494、0.919、0.165和0.414，都大于0.05，因此这些假设不被接受。另外，尽管H1b和H2b的P值小于0.05，但E值是负值，因此也不被接受。因此，只有认知维度对安全参与行为和安全遵守行为有积极且直接的影响。结构维度对安全遵守行为和安全参与行为有负向影响，而关系维度对安全行为没有影响。另外，安全能力对安全遵守行为和安全参与行为有积极且直接的影响。结构维度和关系维度对安全能力没有影响，而认知维度对安全能力有积极且直接的影响。

表5.27 假设检验结果

假设	E值	S.E.	T值	P值	假设检验结果
H1b.结构维度→安全遵守	-0.335	0.094	-3.568	***	拒绝
H2b.结构维度→安全参与	-0.262	0.084	-3.098	0.002	拒绝
H3b.关系维度→安全遵守	0.140	0.205	0.684	0.494	拒绝
H4b.关系维度→安全参与	0.020	0.193	0.101	0.919	拒绝
H5b.认知维度→安全遵守	0.571	0.251	2.276	0.23	接受
H6b.认知维度→安全参与	0.554	0.237	2.337	0.019	接受
H7b.结构维度→安全能力	0.136	0.098	1.387	0.165	拒绝
H8b.关系维度→安全能力	-0.144	0.177	-0.816	0.414	拒绝

(续表)

假设	E值	S.E.	T值	P值	假设检验结果
H9b.认知维度—>安全能力	0.537	0.205	2.611	0.009	接受
H10.安全能力—>安全遵守	0.401	0.070	5.729	***	接受
H11.安全能力—>安全参与	0.390	0.069	5.675	***	接受

注：E(Estimate)值为标准化回归权重，是路径系数估计值；S.E.为标准误；T值为临界比率；P值为显著性水平。

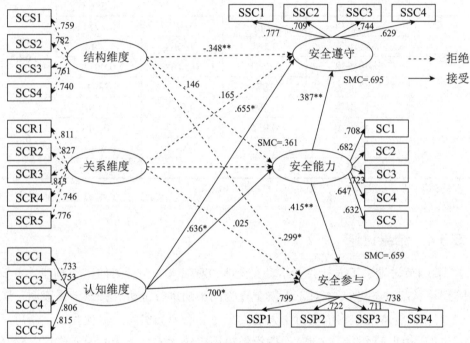

图5.14 结构方程模型检验结果

5.5.3 中介作用分析

结构方程模型可以用来分析中介作用，因为它包含测量误差，而回归分析不考虑误差项，该方法还提供整体模型一致性的指标，验证潜在测量变量之间的相关性，并通过在模型中包含中介变量来确认中介效应[255]。因此，通过结构方程模型得到的直接影响、间接影响和总影响结果如表5.28所示。

首先，结构维度和关系维度对安全能力没有直接影响，认知维度对安全能力有积极且直接的影响。其次，认知维度对安全遵守行为有积极且直接的影响，结构维度对安全遵守行为有负向影响，关系维度对安全遵守行为没有影响。当安全能力作为中介变量时，认知维度对安全遵守行为有积极的、间接的影响，解释了安全遵守行为69.6%的方差。第三，认知维度对安全参与行为有积极且直接的影响，同时，结构维度对安全参与行为有直接负向影响，关系维度对安全参与行为没有影响。当安全能力作为中介变量时，认知维度对安全参与行为有积极的、间接的影响，解释了安全参与行为65.9%的方差。

表5.28 预测变量的直接影响、间接影响和总影响

内生变量	外源变量	直接影响	间接影响	总影响	SMC/%
安全能力	结构维度	1.46	—	1.46	36.1
	关系维度	−0.175	—	−0.175	
	认知维度	0.636*	—	0.636*	
安全遵守	结构维度	−0.348**	0.057	−0.291**	69.5
	关系维度	0.165	−0.068	0.097	
	认知维度	0.655*	0.246*	0.901*	
	安全能力	0.387**	—	0.387**	
安全参与	结构维度	−0.299*	0.061	−0.238*	65.9
	关系维度	0.025	−0.073	−0.048	
	认知维度	0.700*	0.264	0.964*	
	安全能力	0.415**	—	0.415**	

注：SMC=平方多重相关，*P值<0.05，**P值<0.01 (双尾)。

5.5.4 结果讨论

本章5.4节讨论了工人社会资本、安全能力对工人安全行为的作用机理，本节重点对管理者与工人社会资本对工人安全行为的影响进行分析。假设结果表明，管理者与工人社会资本的结构维度对工人的安全行为有负向影响，促使我们重新思考社会资本的正面和负面作用。同时，假设结果还检验了安全能力的中介作用，路径分析的结果支持了部分假设。图5.14也表明，模型路径系数显著，整体适配度良好。工人安全行为也可以通过社会资本和安全能力的直接或间接影响解释。关于建筑工人安全行为的研究，很少有考虑社会资本的影响，因此本节对安全行为研究进行了新的有益探索。

1. 管理者与工人之间社会资本对工人安全行为的影响

假设检验结果表明，管理者与工人社会资本的结构维度对工人安全遵守行为的影响不显著，对工人安全参与行为有显著的负向影响，这与之前学者关于增加管理者与工人之间交流从而改善工人安全行为的结论不符。本节的结构维度表示工人与管理者之间的网络联系与管理者的中心性，表明工人与管理者之间的关系网络会对工人主动参与改善施工现场的安全行为产生阻碍作用，而对于工人遵守安全规定的行为没有影响。这可能是因为被调查的工人将遵守安全规定作为强制性要求，不认

为与管理者之间的联系紧密就会成为不遵守安全规则的借口。而主动参与改善安全生产的行为是可选择的，在人情社会关系中，与管理者之间的个人联系有可能会使工人产生不主动参加这些活动也不会受到惩罚的想法，从而减少主动参与的安全行为。社会认同理论认为高水平的社会资本会产生凝聚力高的网络[256]和过度认同，这可能会导致网络内的工人盲目跟从管理者。在施工现场，权力较小的工人可能会感受到接受权力更大的管理者的观点的压力[257]，即使管理者的决定是惯性思维决定的，或可能导致不安全的行为[258]。因此，结构维度对于安全行为潜在的负面影响可以用社会认同过程来解释，一些研究也表明社会资本对公司绩效有负面影响[259]。

假设检验结果显示，认知维度对工人安全遵守行为和安全参与行为都有显著的正向影响，表明工人与管理者之间的有效沟通与共同目标对工人遵守安全规定和主动参与安全活动有促进作用。Chiu等的研究发现，共同愿景强烈影响知识质量[260]，工人与管理者之间的社会互动形成的共同理解有助于安全工作规范的发展和联合感知，而这可能对工人的安全行为产生积极影响[48]；类似的研究也表明，共同理解可以影响组织过程，包括适应和合作，从而影响安全绩效[226]。在本节中，工人与管理者之间关于施工作业安全生产和行为问题的共同理解和共同语言有助于工人对于安全工作内容的理解，从而提高安全工作的质量。共同目标作为一种纽带机制，使管理者和工人能够整合安全资源，并促进谈判，以确保安全工作目标的实现[261]，并可能对工人的安全行为产生积极影响。

本章结论不支持关系维度对安全行为有正向影响的假设，也就是说，管理者与工人之间的互相信任或互惠规范的缺少，不会对工人的安全行为产生影响。这一发现与先前关于关系维度对安全行为影响的研究相矛盾[215, 229]。一个可能的解释是不同类型的社会资本可能会有不同的影响。本章关注的是管理者与工人之间的社会资本，与先前研究中的团队社会资本或工人的社会资本不同[262]，而类似的研究表明互相信任对于团队创造力没有影响[263]。因此，尽管管理者和工人存在信任或规范，但可能无法改善工人安全工作的动机或促进工人安全行为的联合认知。这也指出了未来的一个研究方向：社会资本关系维度的哪些方面会影响工人的安全行为。

2. 安全能力的中介作用

中介作用的假设得到部分支持：认知维度通过安全能力的中介作用间接影响安全行为，而结构和关系维度则对其没有影响。此外，安全能力与安全行为有显著的正相关关系。在本章中，能力被定义为个人的潜在特征，与个人在特定情况或工作中的良好绩效有因果关系[264]。类似的，安全能力也可以被描述为与工作现场的更高安全绩效有关的个人固有特征。有研究表明，网络联系并不影响适应性[226]，而人际关系的质量与知识获取呈负相关[262]。也有研究表明，认知社会资本对知识整合的能力有显著影响[265]。当前的研究结果显示，尽管管理者与工人之间存在着结构网络、信任和规范，但安全能力可能不会发生变化；然而，社会资本的认知维度可以通过共同理解和共同目标来激发技能和知识的获取，从而提高安全能力。此外，安全能力也直接影响工人的安全行为，这与先前研究的结果一致，表明能力显著影响工人的安全绩效[266-268]。

从本节结果可以看出，施工企业管理者与工人之间社会资本的三个维度可能对安全行为产生正面和负面影响，因此社会资本可以通过平衡这些影响来实现更好的功能。强化管理者与工人之间的网络或管理者的集中化可能会限制工人能力的发挥或导致绝对服从，从而引发不安全行为。因此，管理者应鼓励工人关注新信息或尝试不同观点，以防止惯性思维产生不安全行为，防止管理者和工人之间的两极分化，促进工人的安全行为。此外，管理者应该关注共同理解和共同目标，并定期举行安全会议和培训等强化共同理解和共同目标的形成。共同理解和共同目标也可以提高安全能力，是实现安全行为的重要催化剂，同时促进工人的安全行为。

第6章
社会资本对施工组织安全行为的作用机理

6.1 概述

20世纪50年代，Lewin[12]提出场动力理论，对于一个组织来说，环境因素变量可以分为群体因素变量和组织因素变量，行为是个体行为和组织行为交替作用的结果，在行为学研究中，学者普遍关注个体行为研究，对组织安全行为在安全事故中的致因作用的研究较为匮乏，而组织行为对个体安全行为和企业安全绩效的影响作用是非常突出的。研究表明，组织因素对人为错误和风险行为具有较大的影响[269]，也就是说，组织因素对改善工人行为有重要的作用[270]。系统安全性不只决定于个体(要素)行为，还受制于局部的群体(要素集合)行为，甚至是全局性的系统整体性行为[271]。综上所述，深入研究组织安全行为对降低安全事故的发生、提高企业安全绩效具有重要的作用。

组织部门之间存在着复杂的网络，而企业社会资本嵌入组织的内部网络，通过关系网络获取实际或潜在资源[272]。社会资本理论认为，员工之间充分的信任、良好的沟通，具有共同的奋斗目标等对促进团队合作、提高工作效率和工作绩效方面具有重要作用[45]。在已有文献中，将社会资本理论应用于组织安全行为的研究较少，而对于施工企业来讲，组织所拥有的社会资本对组织的决策以及对个体安全行为的影响至关重要。本章正是针对以上问题，研究了社会资本对组织安全行为的作用机理以及其对组织决策的影响。

根据文献梳理和分析，当前企业安全行为大多聚焦于员工安全行为，而组织安全行为是与之相对应的组织层面的安全行为，同属于企业安全行为。相较于员工安全行为的研究，组织安全行为研究刚刚起步，目前研究成果较少，但可以将安全投入行为和安全氛围研究作为基础来进行借鉴。

目前组织行为学的定义虽不统一，尚未形成规范化的标准，但众多学者的核心观点基本一致。综合文献综述的分析，以及本章研究对象的特征，本章将采用潘家怡和张兴强以及刘素霞的观点，将组织安全行为界定为企业经营管理者在生产过程中发生的与安全生产相关的一切活动，此类活动主要包括安全生产的预备工作(如宣传、教育和培训等事项)、安全器械的保障工作(如施工机械设备、安全防护器材、劳动保护用品等的选购、使用、维护和保养等事项)以及施工过程中开展的安全工作(如布置、检查、评比、监督和奖惩等事项)[273]。

本章以建筑施工项目为背景，而施工过程中的安全管理和业务执行对人、物、环境的安全影响尤其重要，据此本章从安全管理和安全业务两个角度对组织安全行为进行维度划分，即将组织安全行为细分为安全管理行为和安全业务行为。同时鉴于安全管理和安全业务内涵的复杂性，本章做了进一步细化，将安全管理行为细分为安全组织行为、安全计划行为以及安全监督行为，同时将安全业务行为细分为安全执行行为和安全预防行为[274]。

6.2 理论假设和概念模型构建

6.2.1 理论假设

1. 社会资本与组织安全行为关系假设

1) 结构维度对组织安全行为的影响关系

根据上文对施工组织安全行为内涵界定与维度分类，施工企业组织安全行为主要表现为施工项目部在安全组织、安全计划、安全预防、安全监督与安全执行等方面的行为活动。安全组织表现为项目部在组织机构设置、安全责权分配等方面的行为活动；安全计划表现为项目部在安全应急和施工组织设计方面的预案制定等活动；安全预防是指在劳动保护设备和安全教育培训方面的组织活动；安全监督是指对日常安全活动的日常检查等活动；安全执行是对安全全过程业务的执行活动。社会资本结构维度是指个人可以通过各种网络间的沟通与联系对所需要的资源进行获取。在组织层面上，社会资本的结构维度主要表现为组织内部人与人之间的关系网络及其特征[275]。组织社会资本结构维度是施工项目内部相互交流信息所采用的方式和途径，体现了信息沟通的数量和途径。研究表明，企业社会资本结构维度对企业绩效有显著正向影响[276]，企业通过创建并利用网络联系来获取信息，可提高企业对环境的适应能力，从而提高企业竞争力[277]。也有学者指出，管理者与一线管理人员和各部门负责人每周对安全问题进行交流和反馈，可以提高组织对安全问题的重视与处理能力[278]。同样，对于组织安全行为而言，结构维度通过各部门间的联系与沟通促进项目部组织机构设置和安全责权分配等制度的完善、动员全体力量全面完善安全风险应急计划、完成劳动保护设备配备以及全过程的安全活动检查与业务执行等，即组织内部优化的社会资本结构维度有助于提升施工组织的安全行为。因此，提出以下假设：

H1a：社会资本结构维度(C)对施工项目组织的安全组织行为(ORAN)产生积极的正向影响

H1b：社会资本结构维度(C)对施工项目组织的安全计划行为(PLAN)产生积极的正向影响

H1c：社会资本结构维度(C)对施工项目组织的安全执行行为(PRM)产生积极的正向影响

H1d：社会资本结构维度(C)对施工项目组织的安全预防行为(PRV)产生积极的正向影响

H1e：社会资本结构维度(C)对施工项目组织的安全监督行为(SUP)产生积极的正向影响

2) 认知维度对组织安全行为的影响关系

社会资本的认知维度是指提供不同行为的各个主体间共同理解的表达、解释和意义的资源，例如交流的语言、使用的符号以及文化习惯等。在组织的层次上，社会资本的认知维度主要表现为部门之间所共享的语言、统一的价值观以及形成的一致愿景。在一个组织内部，相同的价值观和愿景可以有效的提升组织社会资本，同时有助于组织的高效运转和组织目标的实现[279-280]。研究发现，安全认知对安全执行与安全处理有正向影响[136]，而上级管理者对下级的支持，能够促进员工对安全工作的期望，从而使员工在安全业务执行过程中做出积极的反馈[281]，较高水平的认知维度能够促使各部门在组织安全行为方面的统一认识，促进知识的交换与共享行为[240]。因此，在安全制度制定、安全应急方案制定、安全全过程检查等方面要发挥组织全员的力量，以进一步提升施工组织的安全行为水平。由此，提出以下假设：

H2a：社会资本认知维度(K)对施工项目组织的安全组织行为(ORAN)产生积极的正向影响

H2b：社会资本认知维度(K)对施工项目组织的安全计划行为(PLAN)产生积极的正向影响

H2c：社会资本认知维度(K)对施工项目组织的安全执行行为(PRM)产生积极的正向影响

H2d：社会资本认知维度(K)对施工项目组织的安全预防行为(PRV)产生积极的正向影响

H2e：社会资本认知维度(K)对施工项目组织的安全监督行为(SUP)产生积极的正向影响

3) 关系维度对组织安全行为的影响关系

社会资本的关系维度是指通过关系建立或获取的资产，包括信任、规范、惩处及期望等。在组织的层次上，社会资本的关系维度表现为部门之间彼此信任、互相帮助、诚实守信的程度。在施工安全管理过程中只是强调遵守安全规范并不能有效减少安全事故，而社会资本概念的引入能够更好地增强组织的适应性和合作，使个人通过社会网络联系在一起,相互促进,共同提高[226],通过信任机制促进施工组织间各主体的相互作用以提高项目的安全绩效已经得到了多数学者的证实[282-283]。Coleman从组织的角度出发指出社会资本具有互惠性和共享性的特点能够促进集体目标的实现[33]。各部门间的信任与合作同样能够加强施工组织在安全职责匹配、安全计划制订、安全培训、安全检查和安全执行等活动的有效实施,从而促进组织安全行为水平的提高。因此,提出以下假设:

H3a:社会资本关系维度(R)对施工项目组织的安全组织行为(ORAN)产生积极的正向影响

H3b:社会资本关系维度(R)对施工项目组织的安全计划行为(PLAN)产生积极的正向影响

H3c:社会资本关系维度(R)对施工项目组织的安全执行行为(PRM)产生积极的正向影响

H3d:社会资本关系维度(R)对施工项目组织的安全预防行为(PRV)产生积极的正向影响

H3e:社会资本关系维度(R)对施工项目组织的安全监督行为(SUP)产生积极的正向影响

2. 组织安全行为各维度间影响关系

除社会资本对组织安全行为的影响,组织安全行为各维度间也存在一定的影响作用,尤其是安全计划行为(也有学者称其为安全设计行为)。管理者编制的各种安全行为相关的规范、计划、方案和制度等,会对后期安全组织机构设置、安全预防行为和监督活动产生积极的影响[189]。研究发现,安全监督对安全事务的执行有重要作用[284],对员工安全行为的提升有显著影响[138],而实施企业安全评价后,管理者与工人的安全意识、管理者的安全管理水平都得到一定程度的提高[285]。综合以上分析,施工项目组织的安全计划行为有利于促进安全监督行为,并有效提升组织安全预防行为和安全组织行为;组织安全监督行为对安全执行行为具有正向影响。因此,提出以下假设:

H4a:施工项目组织安全计划行为(PLAN)有利于提升组织安全预防行为(PRV)

H4b:施工项目组织安全计划行为(PLAN)有利于提升组织安全组织行为(ORAN)

H4c:施工项目组织安全监督行为(SUP)有利于提升组织安全执行行为(PRM)

6.2.2 概念模型构建

基于上述理论假设,本章建立施工项目组织社会资本对组织安全行为影响关系的概念模型,如图6.1所示。

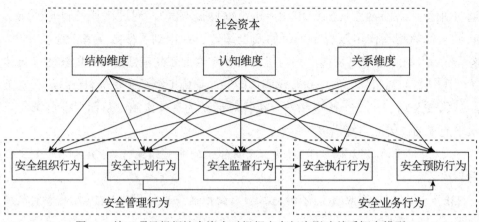

图6.1 施工项目组织社会资本对组织安全行为影响关系概念模型

6.3 研究设计

6.3.1 调查问卷设计

本节是进行实证研究之前的准备工作,主要是针对调查问卷的内容设计、调查对象的选取以及对调查数据的处理和评估,从而保证研究的真实性和有效性。

1. 量表设计过程

量表的设计是整个实证研究的重要一环,它的质量直接影响了整个研究结果的质量[286]。本章的研究变量主要包括以下两个部分:组织安全行为(包括安全组织行为、安全预防行为、安全计划行为、安全执行行为和安全监督行为)、社会资本(包括结构维度、认知维度和关系维度),以上两部分的研究尤其在施工项目组织领域应用较少,量表缺乏完整性和统一的标准。因此,本章在对量表开发过程中,采用成熟量表和对已有量表修改与完善两种方式来进行设计,最终形成完整的问卷。参照4.2.2节研究设计中量表设计流程对本章量表进行设计。

2. 初始量表设计

本章涉及的变量包括组织社会资本和组织安全行为。其中,组织社会资本按照学者普遍认同的观点,用结构维度、关系维度和认知维度三个子维度来度量;参考建筑施工行业的特征,借鉴现有研究观点,本章将组织安全行为细分为安全管理行为(包括安全组织行为、安全计划行为和安全监督行为)和安全业务行为(包括安全执行行为和安全预防行为)。此部分量表设计将围绕这两大变量(8个子维度变量)开展。

1) 社会资本初始量表设计

本章中社会资本聚焦于组织内部社会资本,通过文献梳理,依据学者Burt[287]、Harpham[288]、Nahapiet和Ghoshai[48]、Tsai和Ghoshal[261]、杜建华等[289]、韦影[290]、张慧颖等[291]、朱宏[292]关于社会资本的测量,统计社会资本测量题项,得到表6.1。

表6.1 社会资本初始量表

社会资本	编号	题项
结构维度(C)	C1	组织内部门间经常联系、交流
	C2	组织内部门间的关系很好
	C3	组织内部门间关系网密集
	C4	组织内部门间联系花费较多时间
	C5	组织内部门间的联系非常频繁
	C6	本部门与其他部门之间交流意见和想法非常频繁
	C7	组织内部门间经常进行合作
	C8	组织内部门间经常举办联谊、聚餐等活动
关系维度(R)	R1	组织内部门间能够真诚合作
	R2	组织内部门间合作频率较高
	R3	组织内部门间在工作中能够互相信任
	R4	组织内部门间信任度很高
	R5	组织内部门间能够互相尊重,互相认可
	R6	组织内部门间能够互相信守承诺,团结协作
	R7	组织内部门能得到彼此的支持与帮助
	R8	组织内部门能积极支持他人工作
	R9	组织内部门愿意遵守诺言,竭诚合作
	R10	双方合作过程中有损人利己的趋势
认知维度(K)	K1	组织内部门能够清楚了解对方意愿,进行有效沟通
	K2	组织内部门间加强合作、沟通交流和分享
	K3	组织内部门间能够准确、清晰掌握工作中用到的专业符号、专业用语
	K4	组织内部门间有共同的语言和愿景
	K5	组织内部门间在工作中经常用专业术语进行交流
	K6	组织内部门间具有相似的价值观和集体目标
	K7	组织内部门间发生矛盾时,共同寻找办法解决
	K8	组织内部门间有共同的目标
	K9	组织内部门对组织有很强烈的归属感
	K10	组织内部门认同本组织的价值观(包括提高工作绩效、施工进度、施工方案等方面)

2) 组织安全行为初始量表设计

本章对包含组织安全行为度量的部分国内外高水平文献进行梳理，参照学者刘素霞[58]、Kathryn[293]、吴贤国等[140]、曹庆仁[128]、Beatriz[294]、Bronwyn[295]、Kanten[296]、Edwin[297]等对组织安全行为的测量，统计组织安全行为测量题项，如表6.2所示。

表6.2 组织安全行为初始量表

组织安全行为	编号	题项
安全组织 (ORAN)	ORAN1	项目部设有安全生产管理专职机构或专员
	ORAN2	项目部编制了明确的安全目标、安全规章制度
	ORAN3	项目部安全责任分配明确
	ORAN4	项目部具有良好的安全环境及安全氛围
	ORAN5	项目部内进行健康与安全政策的沟通
安全计划 (PLAN)	PLAN1	项目部根据工作部门或职位编制详细的安全培训计划
	PLAN2	项目部制订了风险或灾难应急计划
	PLAN3	能够识别所有岗位的风险，制订应急计划
	PLAN4	组织实施了应急计划
	PLAN5	所有员工了解应急计划
安全预防 (PRV)	PRV1	项目部定期检查安全隐患并对隐患进行及时整改
	PRV2	项目部配备安全设备、设施
	PRV3	项目部为全体员工配备了必要的劳动防护用品
	PRV4	项目部对员工进行安全培训和考核
	PRV5	项目部定期组织事故救援演练
安全监督 (SUP)	SUP1	项目部对员工安全生产制定奖惩机制
	SUP2	项目部定期进行安全总结
	SUP3	项目部定期进行安全检查、记录和追踪
	SUP4	项目部定期进行系统检查，以保证安全管理系统正常运行
安全执行 (PRM)	PRM1	向勘测、设计施工单位提供资料及时
	PRM2	组织专家论证和审查重大技术方案或专项方案
	PRM3	按要求对新技术、新材料、新工艺的采用进行审查
	PRM4	对施工影响范围内的重点建筑物进行鉴定
	PRM5	实施安全生产全过程控制
	PRM6	安全海报展示

3. 对初始量表进行前测

按照量表设计的开发过程，在得到初始量表之后，对问卷的内容效度以及题项质量进行判断和前测。问卷内容效度的检验采用专家评价法，请专家根据经验判断量表的内容是否需要精炼、题项是否存在含糊不清或不常用的术语。在此基础上对量表进行第一轮修订。

然后，将第一轮修订后的量表发放给15位建筑施工项目组织内具有丰富安全管理经验的项目经理、副经理、安全经理等管理人员，通过访谈和问卷调查对量表进行初测，重点考查题项内容是否符合施工项目组织的实际情况，以及被调查人员对题项内容的理解是否存在偏差。根据反馈结果，对量表进行第二轮修订。

经过两轮修订之后，合并和删减重复内涵的题项，修改表述不明的题项，使量表内容更符合施工项目组织特征以及被调查者的理解。量表的具体修订内容如下。

1) 社会资本初始量表修订

鉴于量表的被调研者聚焦于施工项目的项目经理或安全经理，同时测度的是本部门与组织内部其他部门之间的社会资本情况，因此题项应该基于该部门来表述，以方便被调研者更清晰地界定自身定位，给出更准确的判断。根据专家的意见，修改目标中表述不够清晰的内容，将题项中所有涉及"组织内部门间"相关的表述全部修订为"本部门与其他部门之间"相关的表述。在此修订基础上，对三个子维度题项逐一进行调整。

(1) 社会资本结构维度(简写为C)。首先，C3"组织内部门间关系网密集"，表达过于笼统，不够清晰。本章中部门间关系主要指组织内部门间的联系以及合作，因此该题项与C1、C2、C5、C6、C7和C8有重复测量之嫌，而后者能够更为清晰地表达结构维度的联系或合作的密切程度、频率等情况，因此将C3删除。其次，C4"组织内部门间联系花费较多时间"旨在测度部门间的联系密切和频繁，与C1、C5和C6表达意思相当，但C4的表述存在负面信息，容易使被调查者给出不真实的回答，因此删掉C4。此时，社会资本结构维度剩下6个测量题项。

(2) 社会资本关系维度(简写为R)。首先，R8"组织内部门能积极支持他人工作"的表述涉及个人层面的社会资本，同时与R7"组织内部门能得到彼此的支持与帮助"要表达的意思相当，因此，删掉R8。其次，R9"组织内部门愿意遵守诺言，竭诚合作"与R1"组织内部门间能够真诚合作"以及R6"组织内部门间能够互相信守承诺，团结协作"表达的意思一致，属于重复测度，因此删掉R9。最后，R10"双方合作过程中有损人利己的趋势"属于反向测量题项，旨在测度组织部门间是否存在失信的情况，但是这种表述方式，很容易引起被调查者的反感，属于敏感问题，不易得到准确回复，因此将此题项修改为"当某些部门失去信誉，不能进行良好合作，组织有惩罚措施"。此时，社会资本关系维度剩下8个测量题项。

(3) 社会资本认知维度(简写为K)。首先，K4"组织内部门间有共同的语言和愿景"、K6"组织内部门间具有相似的价值观和集体目标"与K3、K5、K8、K10表达的意思相同，但K4和K6都同时包含了两方面内容，如K4测度了"语言"和

"愿景",而K6同时测度了"价值观"和"目标",容易造成被调查者的困惑,因此本章删掉K4和K6,保留K3、K5、K8和K10。同时,专家一致认同K9"组织内部门对企业有很强烈的归属感"过于模糊,不如K8和K10有更确切的指向,而且两组指标测度的内涵基本一致,因此删掉K9。此时,社会资本认知维度剩下7个测量题项。

2) 组织安全行为初始量表修订

与社会资本同样的修订过程,对组织安全行为进行修正和调整,其中修改的变量和指标如下所述。

(1) 安全组织行为(简写为ORAN)。ORAN4"项目部具有良好的安全环境及安全氛围"过于笼统,其要测度的内容与ORAN1、ORAN2以及ORAN3相当,而ORAN1、ORAN2以及ORAN3更加明确,因此删掉ORAN4。此时,安全组织行为方面剩下4个测量题项。

(2) 安全计划行为(简写为PLAN)。首先,PLAN3"能够识别所有岗位的风险,制订应急计划"表述过于粗略,"所有"用词不当,而PLAN2"项目部制订了风险或灾难应急计划"可以反映其中一个侧面,因此删掉题项PLAN3。其次,PLAN5"所有员工了解应急计划"测度的是个人层面的安全组织行为,与本章初衷不符,删掉。最后,根据专家讨论意见,增加一些新的题项"项目部制定施工现场的应急预案""项目部编制了较完善的安全施工组织设计或安全施工方案""项目部对于进场材料检验和安全检查制订相应的计划"和"项目部针对危险性较大的分部分项工程在施工前会编制安全专项施工方案"来测度安全计划内容。因此安全计划行为指标中,删掉2个题项,补充4个新题项,此时安全计划行为方面剩下7个测量题项。

经专家讨论和访谈,其他三个方面的题项不存在问题,因此安全预防行为、安全监督行为以及安全执行行为的题项暂且保持不变。

4. 对前测修改后的量表进行测试

我们在前测结果的基础上对初始问卷进行修订之后,将对社会资本和组织安全行为进行维度划分有效性检验。在对其进行探索性因子分析的过程中,最小样本量建议为100～500,本书中选取了20个民用建设项目的管理人员共计100人进行测试[298],对量表进行评估。

量表评估主要在于考量量表中题项设计是否符合单一维度性,是量表信效度检验的基础,而做此检验最有效的方法就是探索性因子分析(EFA),该方法是一种指标降维的技术,在于分析多元观测变量的本质结构。对于无理论支撑的研究,多指一个领域的初期探索性分析,探索性因子分析可以帮助探测事物内在的本质结构,透过错综复杂的多元题项变量辨识主要的核心因子，识别事物作用规律。

探索性因子分析一般使用主成分因子分析法(Principle Components Analysis)，采用KMO检验和Bartlett球形度检验，对样本数据是否适合做因子分析进行判断。Kaiser提出，如果Bartlett检验结果显著即小于0.001，KMO值不小于0.50，表示量表可以用于因子分析[299]。

利用探索性因子分析方法进行因子识别时，题项的选取应按照以下标准：检测区别效度应保证题项在所属因子上的载荷系数值应接近1，其他因子上的载荷系数值应接近0；检测收敛效度要保证题项所属因子上的载荷系数值大于0.4；将题项所属因子上的因子载荷系数值与其他因子上的因子载荷系数值进行比较，至少大于0.1[300]。

根据如上探索性因子分析方法，基于选取的20个民用建设项目的100个管理人员的调研数据，我们对本章中社会资本以及组织安全行为分别进行EFA分析。根据分析结果，社会资本的关系维度中，R2"企业内部门间合作频率较高"和R4"企业内部门间信任度很高"两个题项在结构维度和关系维度上的因子载荷大小相当，差值小于0.1，因此根据分析结果R2和R4均应删除。同样，社会资本认知维度中，K2"企业部门间加强合作、沟通交流和分享"和K7"企业内部门间发生矛盾时，共同寻找办法解决"两题项在关系维度和认知维度上的因子载荷之差小于0.1，也不符合维度有效的判断准则，因此K2和K7题项应该删掉。根据以上分析，社会资本的题项仍需删除4个，但并不影响各维度的内涵测度，此时结构维度有6个测量题项，关系维度有6个测量题项，以及认知维度有5个测量题项。

同理，对组织安全行为进行探索性因子分析，安全计划行为中PLAN4"企业实施了应急计划"的最大因子载荷落入安全执行行为维度之下，与文献和预期不符，因此删掉；安全执行行为中PRM6"安全海报展示"在安全执行行为和安全预防行为两维度上的因子载荷之差小于0.1，不符合维度有效的判断准则，因此删掉。根据以上分析，组织安全行为仍需删除2个题项，同时不影响安全计划行为以及安全执行行为的内涵度量。此时安全组织行为有4个测量题项，安全计划行为有6个测量题项，安全预防行为有5个测量题项，安全监督行为有4个测量题项，同时安全执行行为有5个测量题项。

5. 最终量表

根据以上分析结果，形成了本章最终量表，社会资本正式量表如表6.3所示，组织安全行为正式量表如表6.4所示。这两个调查李克特五点量表法，其中"1"表示"非常不同意"，"2"表示"不同意"，"3"表示"不确定"，"4"表示"较同意"，"5"表示"非常同意"。

1) 社会资本最终量表(见表6.3)

表6.3　社会资本正式量表

社会资本	编号	题项
结构维度 (STR)	C1	与本部门经常联系、交流的部门很多
	C2	本部门与其他部门之间的关系很好
	C3	本部门与其他部门之间的联系非常频繁
	C4	本部门与其他部门之间交流意见和想法非常频繁
	C5	本部门与其他部门之间经常进行合作
	C6	本部门与其他部门之间经常举办联谊、聚餐等活动
关系维度 (REL)	R1	本部门与其他部门之间能够真诚合作
	R2	本部门与其他部门在工作中能够互相信任
	R3	本部门与其他部门之间能够互相尊重，互相认可
	R4	本部门与其他部门之间能够互相信守承诺，团结协作
	R5	在工作中本部门经常能得到其他部门的支持与帮助
	R6	当某些部门失去信誉，不能进行良好合作，企业有惩罚措施
认知维度 (CON)	K1	本部门与其他部门之间能够清楚了解对方意愿，进行有效沟通
	K2	本部门与其他部门之间能够准确、清晰掌握工作中用到的专业符号、专业用语
	K3	本部门与其他部门在工作中经常用专业术语进行交流
	K4	本部门与其他部门之间有共同的目标
	K5	本部门认同本企业的价值观(包括提高工作绩效、施工进度、施工方案等方面)

2) 组织安全行为最终量表(见表6.4)

表6.4　组织安全行为正式量表

组织安全行为	编号	题项
安全组织 (ORAN)	ORAN1	项目部设有安全生产管理专职机构或专员
	ORAN2	项目部编制了明确的安全目标、安全规章制度
	ORAN3	项目部安全责任分配明确
	ORAN4	项目内部进行健康与安全政策的沟通
安全计划 (PLAN)	PLAN1	项目部根据工作部门或职位编制详细的安全培训计划
	PLAN2	项目部制订了风险或灾难应急计划
	PLAN3	项目部制定施工现场的应急预案
	PLAN 4	项目部编制了较完善的安全施工组织设计或安全施工方案
	PLAN 5	项目部对于进场材料检验和安全检查制订相应的计划
	PLAN 6	项目部针对危险性较大的分部分项工程在施工前会编制安全专项施工方案

(续表)

组织安全行为	编号	题项
安全预防 (PRV)	PRV1	项目部定期检查安全隐患并对隐患进行及时整改
	PRV2	项目部配备安全设备、设施
	PRV3	项目部为全体员工配备了必要的劳动防护用品
	PRV4	项目部对员工进行安全培训和考核
	PRV5	项目部定期组织事故救援演练
安全监督 (SUP)	SUP1	项目部对员工安全生产制定奖惩机制
	SUP2	项目部定期进行安全总结
	SUP3	项目部定期进行安全检查、记录和追踪
	SUP4	项目部定期进行系统检查以保证安全管理系统正常运行
安全执行 (PRM)	PRM1	向勘测、设计施工单位提供资料及时
	PRM2	组织专家论证和审查重大技术方案或专项方案
	PRM3	按要求对新技术、新材料、新工艺的采用进行审查
	PRM4	对施工影响范围内的重点建筑物进行鉴定
	PRM5	实施安全生产全过程控制

6. 调查问卷

量表设计完成后，与本书研究的其他问题信息一起组成完整问卷(见附录B)，本问卷一共分为三个部分。

第一部分：卷首语，主要对本次问卷调查的目的、意义以及调查研究工作的价值进行描述，并向调查者说明调查结果不会对其利益和隐私产生影响，目的是让被调查者了解调查的意图，消除戒备心理，帮助被调查者给出准确答案，以保证调查数据的准确性和有效性。

第二部分：问卷题项，是问卷的主要内容，包括社会资本、组织安全行为的测量量表题项，采用李克特五点量表法，让被调查者进行选择。

第三部分：基本信息，包括被调查者个人信息，包括性别、年龄、学历、工作年限、职位、工种、所属企业等。

6.3.2 数据收集与描述性统计分析

1. 样本选取

根据问卷设计的途径和过程，在通过专家和课题组对初始测量题项的讨论和评价之后，应当针对测量题项进行小范围的访谈和问卷试调查，以进一步确定各测量题项的准确性和有效性。

本次调研涉及的地区、项目类型和施工项目组织数量较多，在样本选取方面，主要将问卷发放在施工项目较多的我国中东部地区，包括山东、河北、河南、天津、山西、上海、江苏等地区,项目类型覆盖民用建筑工程项目、工业建筑工程项目、市政公用工程项目以及其他项目等。调查对象包括在施工项目组织中工作一年以上的具有丰富安全管理经验的项目经理、副经理、监理、质量安全负责人员和班组长,他们具有丰富的专业经验和文化知识,能够较好地理解问卷内容,认真地填写问卷。本次调查一共发放问卷550份,回收问卷525份,有效问卷498份。有效问卷回收率为90.5%。

2. 数据收集

本次问卷发放采用大样本数据采集,主要通过现场调查、邮件调查、邮寄调查以及问卷星调查4种方式进行问卷数据收集。问卷发放数量及回收情况见表6.5。对回收的问卷首先进行有效性检查,剔除无效问卷后将数据录入Excel表。使用SPSS软件进行探索性因子分析和信效度检验。

表6.5 问卷发放与回收情况

发放形式	发放数量	回收数量	有效问卷数量	有效问卷回收率
现场调查	60	57	55	91.6%
邮件调查	50	42	35	70%
邮寄调查	410	396	383	93.4%
问卷星调查	30	30	25	83.3%
总数	550	525	498	90.5%

3. 描述性统计分析

为了对被调查对象的整体情况有一个全面了解,我们对调查数据的特征做了相应的统计分析,这有助于对研究对象进行更深入的分析和比较。

此次调查的有效问卷中包含不同的项目类型,涵盖了民用建筑工程项目、工业建筑工程项目、市政公用工程项目以及其他项目。本次调查样本占比最高的是民用建筑项目,占样本总量的59.8%,工业和市政项目分别占19.1%和9.2%,具体样本特征分布情况如表6.6所示。

表6.6 项目类型分布情况

项目类型	项目数量	比例
民用建筑	298	59.8%
工业建筑	95	19.1%
市政公用建筑	46	9.2%
其他	59	11.9%

此次调查对被调查人员的性别、学历和工作年限等情况分类统计,能够更全面地对组织安全行为进行研究,人员基本信息如表6.7所示。被调查者中男性占总样本

的95.8%，符合建筑行业体力劳动密集型行业的特点；被调查者学历普遍相对较高，高中及以上学历占总调查人数的73.9%，这与本次调查对象集中在项目中负责安全管理和技术的人员，以及项目的主要管理人员有关；调查者的职位分布较为均匀，从业3年以上的人员占56.8%，可以看出施工项目管理人员的工作流动性不高，大部分管理者在组织中工作时间较长。

表6.7 人员基本信息统计

样本属性	样本分类	样本数量	百分比
性别	男	477	95.8%
	女	21	4.2%
学历	高中以下	130	26.1%
	高中或中专	225	45.2%
	大专或本科	110	22.1%
	研究生	33	6.6%
工作年限	1年以下	76	15.3%
	1~3年	104	20.9%
	3~5年	179	35.9%
	5~10年	106	21.3%
	10年以上	33	6.6%
职位	工长	85	17.1%
	技术员	93	18.6%
	安全员	123	24.7%
	安全经理	91	18.3%
	管理人员	106	21.3%

6.4 社会资本对组织安全行为作用机理的实证研究

6.4.1 信效度检验

本章同样采用探索性因子分析和验证性因子分析相结合的方法来验证测量数据的结构效度[301]，分别对社会资本的3个维度和组织安全行为的5个维度进行检验。

1. 探索性因子分析

进行探索性因子分析前，首先要使用"KMO值和Bartlett球形度检验"对回收数据的相关性进行检验，一般情况下，KMO值大于0.7，Bartlett球形度检验的P值小于0.05时，表示量表适合进行因子分析。主成分分析过程中，首先采用主成分分析法提取公共因子，然后选取特征值大于1的因子，最后采用转轴法。

主成分分析的可靠性与样本的数量密切相关，依据学者Gorsuch[302]的观点，样本量与测量题项数量的比例大于5∶1，样本总数不少于100人，方可保证因子分析结果的可靠性。在社会资本和组织安全行为涉及的题项中，题项最多的组织安全行为问题为25项，有效问卷数量498份，符合因子分析的要求。

采用SPSS 19.0软件，对样本数据进行探索性因子分析，得出KMO值和Bartlett球形度检验(见表6.8)，可以得出社会资本和组织安全行为KMO值分别为0.904和0.944，大于0.9，表明样本非常适合做因子分析；Bartlett球形度检验显著性为0.000，均小于0.001，表明总体的相关矩阵间有公共因子存在，两个变量均适合进行探索性因子分析。

表6.8 探索性因子分析检验结果值

变量名称	KMO	Bartlett球形度检验		
		近似卡方	自由度	显著性
社会资本	0.904	1971	136	0.000
组织安全行为	0.944	2860	276	0.000

1) 社会资本的因子分析

社会资本量表的主成分分析结果如表6.9所示。

表6.9 社会资本旋转成分矩阵

题项	因子		
	1	2	3
C1	0.124	0.331	0.653
C2	0.478	0.099	0.504
C3	0.093	0.314	0.679
C4	0.390	0.102	0.724
C5	0.502	0.118	0.537
C6	0.239	0.167	0.622
R1	0.761	0.145	0.213
R2	0.759	0.166	0.300
R3	0.789	0.217	0.151
R4	0.700	0.162	0.249
R5	0.607	0.369	0.193
R6	0.484	0.416	0.239
K1	0.304	0.678	0.122
K2	0.105	0.746	0.245
K3	0.079	0.813	0.250
K4	0.252	0.629	0.185
K5	0.501	0.518	0.082
累计方差贡献率/%	23.580	41.467	58.149

由表6.9可知，从社会资本17个成分中分别提取出特征值大于1的3个公共因子，即因子1、因子2和因子3。即提取出3个公共因子，结果与概念模型构想的内容比较一致，3个公共因子可供解释58.149%的变量。本书借鉴有较高认可度的维度划分方式，根据各个成分中题项的含义，将社会资本划分为结构维度、关系维度和认知维度。表6.9中显示旋转后的因子矩阵，采用方差最大旋转法，使用软件中默认的Kaiser正态化方式，进行了7次迭代后得到表中结果。本书借鉴廖中举[303]提出的因子载荷小于0.5需要对测量题项进行删除的标准，将R6删除，本题项的内容与其他保留题项内容有类似，删除不会影响对该变量的测量。Lederer和Sethi[304]提出当一个题项中的因子荷载量之差小于0.1时，则需要充分考虑其题项含义，选择是否需要删除相应题项。C5在第一个因子和第3个因子的载荷值分别为0.502和0.537，K5在第一个因子和第2个因子的载荷值为0.501和0.518，属于一个题项在两个因子上的载荷差小于0.1的情况，且题项的含义与其他题项内容有重复，因此予以删除。经过主成分分析，最终社会资本中的结构维度包括C1、C2、C3、C4、C6；关系维度包括R1、R2、R3、R4、R5；认知维度包括K1、K2、K3、K4；本书删除了C5、R6、K5后，再次进行探索性因子分析，结果如表6.10所示。

表6.10 社会资本旋转成分矩阵(已删除C5、R6、K5)

题项	因子		
	1	2	3
C1	0.131	0.331	0.662
C2	0.464	0.061	0.567
C3	0.106	0.320	0.676
C4	0.392	0.118	0.709
C6	0.210	0.145	0.647
R1	0.756	0.132	0.230
R2	0.764	0.153	0.319
R3	0.816	0.232	0.133
R4	0.719	0.180	0.225
R5	0.631	0.387	0.165
K1	0.301	0.657	0.151
K2	0.132	0.774	0.212
K3	0.100	0.832	0.221
K4	0.249	0.632	0.147
累计方差贡献率/%	23.993	42.922	61.036

从表6.10分析可以看出，删除C5、R6、K5后，再次对量表进行探索性因子分析，经旋转后同样提取了3个公共因子，每个因子中包含载荷量大于0.5的不同数量的

测量变量，并且在其他因子中它的载荷量不超过0.5。三个特征值大于1的主成分，可供解释变量提高到61.036%，结构效度为0.61036，这表明此模型是有效的，经主成分分析提炼的3个因子分类和反映的内容是有意义的。

2) 组织安全行为的因子分析

组织安全行为量表的主成分分析结果如表6.11所示。

表6.11 组织安全行为旋转成分矩阵

题项	因子				
	1	2	3	4	5
PLAN1	0.477	0.422	-0.007	0.109	0.234
PLAN2	0.735	0.175	0.256	0.176	0.102
PLAN3	0.709	0.236	0.283	-0.015	0.174
PLAN4	0.657	0.177	0.238	0.078	0.289
PLAN5	0.491	0.326	-0.023	0.523	0.028
PLAN6	0.548	0.128	0.481	0.312	0.03
ORAN1	0.519	0.14	0.526	0.245	-0.027
ORAN2	0.339	0.22	0.62	0.148	0.222
ORAN3	0.366	0.113	0.619	0.052	0.299
ORAN4	0.208	0.165	0.751	0.167	0.078
PRM1	-0.006	0.364	0.252	0.566	0.168
PRM2	0.151	-0.007	0.161	0.58	0.586
PRM3	0.291	0.314	0.097	0.679	0.135
PRM4	0.464	0.048	0.348	0.194	0.406
PRM5	0.556	0.056	0.261	0.367	0.23
SUP1	0.219	0.309	0.07	0.062	0.719
SUP2	0.138	0.25	0.358	0.563	0.201
SUP3	0.244	0.313	0.137	0.344	0.532
SUP4	0.162	0.399	0.211	0.164	0.519
PRV1	0.299	0.656	0.139	0.061	0.271
PRV2	0.147	0.654	0.225	0.218	0.249
PRV3	0.022	0.59	0.394	0.169	0.409
PRV4	0.086	0.694	0.336	0.312	0.009
PRV5	0.248	0.641	-0.043	0.22	0.092
累计方差贡献率/%	15.713	29.366	41.317	51.798	61.615

由表6.11可知，组织安全行为24个变量经过主成分分析后分别提取了5个特征值大于1的主成分，它们对组织安全行为变量解释累计总方差贡献率为61.615%，大于50%，说明各指标间具有显著相关性，量表指标的结构效度较好。根据相关文献

分析以及各个成分包含题项的内容和含义,将5个主成分归纳为安全计划行为、安全组织行为、安全执行行为、安全监督行为和安全预防行为。根据题项删除原则,将表6.11中各成分中不符合要求的题项进行删除,在安全计划行为题项中PLAN1和PLAN5载荷值小于0.5,由于这两个题项的内容与其余几个题项内容有一定相似性,因此将其删除不会影响此变量的测量。在安全组织行为题项中ORAN1题项载荷量归属不明确,属于一个题项在两个因子上的载荷差小于0.1的情况,此类问题需要根据问题的内容决定是否删除题项,本书将其删除。安全监督行为中的SUP2题项归类不明确,予以删除。安全执行行为中的PRM4题项,不能满足载荷值大于0.5的要求,将题项删除。PRM5题项归类不明确,予以删除。最终经过主成分分析后组织安全行为变量中的安全计划行为包括PLAN2、PLAN3、PLAN4、PLAN6;安全组织行为包括ORAN2、ORAN3、ORAN4;安全预防行为包括PRV1、PRV2、PRV3、PRV4、PRV5;安全监督行为包括SUP1、SUP3、SUP4;安全执行行为包括PRM1、PRM2、PRM3。

将PLAN1、PLAN5、ORAN1、SUP2、PRM4和PRM5这6个题项删除后,重复进行因子分析,使用正交旋转经过10次迭代后收敛,仍然提取了5个公共因子,得到表6.12。每个因子中包含载荷量大于0.5的不同数量的测量变量,并且在其他因子中它的载荷量不超过0.5。5个特征值大于1的主成分,可供解释变量提高到66.556%,这表明此模型是有效的,经主成分分析提炼的5个因子分类和反映的内容是有意义的。

表6.12 组织安全行为旋转成分矩阵(删除不符合要求的题项后)

题项	因子				
	1	2	3	4	5
PLAN2	0.195	0.787	0.162	0.107	0.169
PLAN3	0.222	0.782	0.208	0.163	0.018
PLAN4	0.135	0.661	0.248	0.299	0.098
PLAN6	0.154	0.578	0.439	-0.002	0.353
ORAN2	0.207	0.414	0.588	0.204	0.165
ORAN3	0.078	0.397	0.599	0.272	0.125
ORAN4	0.169	0.217	0.821	0.069	0.124
PRM1	0.4	-0.004	0.237	0.092	0.651
PRM2	-0.021	0.158	0.17	0.498	0.690
PRM3	0.379	0.309	0.073	0.072	0.68
SUP1	0.214	0.214	0.076	0.764	0.133
SUP3	0.281	0.316	0.068	0.529	0.371
SUP4	0.383	0.081	0.294	0.606	0.068
PRV1	0.600	0.293	0.118	0.378	0.051

(续表)

题项	因子				
	1	2	3	4	5
PRV2	0.664	0.177	0.191	0.264	0.217
PRV3	0.558	0.056	0.384	0.4	0.223
PRV4	0.746	0.117	0.299	0.081	0.175
PRV5	0.677	0.252	-0.09	0.124	0.17
累计方差贡献率/%	16.153	31.976	44.115	55.986	66.556

2. 量表的信度检验

根据计算结果，社会资本量表信度如表6.13所示，组织安全行为量表信度如表6.14所示。

表6.13 社会资本量表信度

变量	题项	CITC值	删除此题项的α系数	α系数	整体α系数
结构维度	C1	0.542	0.733	0.773	0.914
	C2	0.531	0.736		
	C3	0.531	0.737		
	C4	0.655	0.695		
	C6	0.509	0.757		
关系维度	R1	0.666	0.838	0.863	
	R2	0.720	0.825		
	R3	0.757	0.815		
	R4	0.653	0.841		
	R5	0.619	0.851		
认知维度	K1	0.547	0.763	0.790	
	K2	0.657	0.708		
	K3	0.683	0.693		
	K4	0.513	0.779		

注：CITC即为校正项总体相关性，表示每个题项与总体的相关系数；系数越高，该题项与其他题项的内部一致性越高，通常大于0.5即可。

表6.13中社会资本三个维度和各个题项的信度检验结果显示，删除各题项后的α系数值小于保留题项后的结果，因此对于表中各个题项内容予以保留。社会资本各维度的α系数和整体α系数均大于0.7，说明社会资本量表的一致性和稳定性均比较好，达到实证分析的要求。

表6.14 组织安全行为量表信度

变量	题项	CITC值	删除此题项的α系数	α系数	整体α系数
安全计划行为	PLAN2	0.703	0.760	0.828	0.921
	PLAN3	0.676	0.772		
	PLAN4	0.633	0.792		
	PLAN6	0.606	0.805		
安全组织行为	ORAN2	0.606	0.670	0.763	
	ORAN3	0.571	0.708		
	ORAN4	0.609	0.665		
安全执行行为	PRM1	0.503	0.652	0.711	
	PRM2	0.526	0.624		
	PRM3	0.558	0.585		
安全监督行为	SUP1	0.561	0.594	0.715	
	SUP3	0.533	0.630		
	SUP4	0.514	0.651		
安全预防行为	PRV1	0.618	0.792	0.826	
	PRV2	0.652	0.782		
	PRV3	0.659	0.780		
	PRV4	0.657	0.781		
	PRV5	0.522	0.891		

表6.14中组织安全行为5个维度和各个题项的信度检验结果显示，删除各题项后的α系数值小于保留题项后的结果，因此对于表中各个题项内容予以保留。组织安全行为各层面的α系数值均在0.7以上，整体组织安全行为的α系数值在0.9以上，说明变量整体以及变量各维度的一致性和稳定性均比较好，达到实证分析的要求。

3. 验证性因子分析

验证性因子分析的信度由组合信度(构面信度 Composite Reliability，CR)表示，一般信度的标准为大于等于0.7，至少要达到0.6。由于验证性因子分析(CFA)模型是由理论构建而来，已经明确区分了各个构面，组合信度计算公式为

$$组合信度 = \frac{(标准化因素负荷量的总和)^2}{(标准化因素负荷量的总和)^2 + 测量误差的总和} \tag{6.1}$$

验证因子分析(CFA)的效度即为结构方程模型(SEM)的效度。模型效度主要使用收敛效度和区别效度进行检验。本书采用平均方差提取量(Average Variance Extracted，AVE)来评价变量的收敛效度，该值是潜变量解释测量变量变异的平均大小，值越大表示随机测量结果的误差越小，表示测量变量越能够表示潜变量，当AVE的值大于等于0.5时，表示潜变量被解释大于等于50%，平均方差提取量(AVE)

见公式6.2。区别效度(Discriminant Validity)通过对不同变量之间的因子负荷进行检验，测得因子负荷量越低，区别效度越好，通过对AVE和各变量的相关系数进行比较，若AVE大于各变量之间的相关系数，则表示各变量之间具有良好的区别效度。

$$平均方差提取量=\frac{标准化因素负荷平方后的总和}{标准化因素负荷平方后的总和+测量误差的总和} \tag{6.2}$$

采用SmartPLS 3.0软件作为数据分析工具，为了取得更好的效果，首先使用SmartPLS 3.0对样本数据的因子负荷量加以验证，当因子负荷量小于0.6时予以删除。因子分析数据如表6.15所示，结构维度C6观测变量的因子负荷量低于0.6，应从指标中删除。之后重新对模型进行第二次验证。

表6.15 第一次因子负荷量数据分析结果

变量	题项	因子负荷量
结构维度	C1	0.793
	C2	0.752
	C3	0.772
	C4	0.820
	C6	0.599
关系维度	R1	0.786
	R2	0.850
	R3	0.870
	R4	0.820
	R5	0.747
认知维度	K1	0.772
	K2	0.840
	K3	0.846
	K4	0.804
安全组织行为	ORAN2	0.863
	ORAN3	0.858
	ORAN4	0.785
安全计划行为	PLAN2	0.791
	PLAN3	0.818
	PLAN4	0.773
	PLAN6	0.765
安全监督行为	SUP1	0.838
	SUP3	0.846
	SUP4	0.831
安全预防行为	PRV1	0.795
	PRV2	0.769
	PRV3	0.772
	PRV4	0.795
	PRV5	0.782
安全执行行为	PRM1	0.777
	PRM2	0.807
	PRM3	0.798

对测量模型进行的第二次验证分析结果如表6.16所示，各观测变量的因子负荷量均大于0.7，达到较好的水平。组合信度值均达到0.8，α系数值也到达0.7，说明量表具有良好的内部一致性和可靠性。AVE值均大于0.5，说明测量结果误差较小，各变量具有较好的收敛效度。

表6.16 第二次外部模型验证结果分析

变量	题项	因子负荷量	CR	AVE	α系数
结构维度	C1	0.802	0.874	0.634	0.807
	C2	0.765			
	C3	0.788			
	C4	0.829			
关系维度	R1	0.786	0.908	0.666	0.873
	R2	0.850			
	R3	0.870			
	R4	0.820			
	R5	0.747			
认知维度	K1	0.772	0.888	0.665	0.832
	K2	0.840			
	K3	0.846			
	K4	0.804			
安全组织行为	ORAN2	0.863	0.874	0.699	0.784
	ORAN3	0.858			
	ORAN4	0.785			
安全计划行为	PLAN2	0.791	0.867	0.619	0.795
	PLAN3	0.818			
	PLAN4	0.773			
	PLAN6	0.765			
安全监督行为	SUP1	0.838	0.876	0.703	0.789
	SUP3	0.846			
	SUP4	0.831			
安全预防行为	PRV1	0.795	0.888	0.612	0.842
	PRV2	0.769			
	PRV3	0.772			
	PRV4	0.795			
	PRV5	0.782			
安全执行行为	PRM1	0.777	0.837	0.631	0.707
	PRM2	0.807			
	PRM3	0.798			

如表6.17所示，比较AVE和各变量的相关系数的结果，由表中数据可知平均方差提取量(AVE)的计算结果大于各变量的相关系数，说明各变量之间的区别效度良好。综上所述，修正后测量模型的验证分析结果是有效的。

表6.17 区别效度验证分析

题项	CON	ORAN	PLAN	PRM	PRV	REL	STR	SUP
CON	0.816							
ORAN	0.600	0.836						
PLAN	0.638	0.684	0.787					
PRM	0.579	0.621	0.664	0.794				
PRV	0.556	0.649	0.688	0.664	0.783			
REL	0.690	0.627	0.674	0.622	0.616	0.816		
STR	0.643	0.559	0.577	0.508	0.558	0.680	0.796	
SUP	0.57	0.634	0.697	0.669	0.708	0.577	0.525	0.838

6.4.2 模型检验

1. 初始模型检验

根据上文中提出的假设和相关理论分析，采用SmartPLS 3.0软件，基于最小二乘法，研究社会资本与组织安全行为影响关系，验证假设和模型的合理性。本节共分为两部分：第一部分对模型进行拟合优度分析，确定模型结构的合理性；第二部分对模型的路径系数和显著性进行分析，确定模型的假设验证。结构模型检验(即反映潜变量之间的模型)采用软件中的PLS算法进行路径系数的大小和方向的计算，结果如图6.2所示。

1) 模型拟合度分析

结构模型的解释能力用 R Square(R^2)来评价，分析各潜变量的贡献程度以及模型的解释能力。根据研究标准内因潜变量决定系数(方差解释能力R^2)≥0.67，为较好；R^2≥0.33，为中等；R^2<0.19，为较低。计算模型内因潜变量方差解释能力如表6.18，可知社会资本和安全计划行为对安全组织行为的解释能力为53.9%；社会资本对安全计划行为的解释能力为51.9%；社会资本对安全监督行为的解释能力为40.1%；社会资本和安全计划行为对安全预防行为的解释能力为53%；社会资本和安全监督行为对安全执行行为的解释能力为54.2%。这表示模型解释潜在变量的程度较好。

第6章 社会资本对施工组织安全行为的作用机理

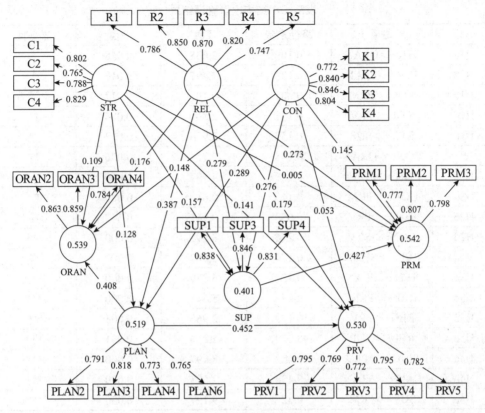

图6.2 验证分析结果

表6.18 结构模型解释能力评价表

潜变量	R Square	R Square Adjusted
安全组织行为	0.539	0.535
安全计划行为	0.519	0.516
安全执行行为	0.542	0.538
安全预防行为	0.530	0.526
安全监督行为	0.401	0.397

2) T检验及显著性分析

采用Bootstrapping(自助法)对模型各个结构变量进行T检验的值以及显著性水平进行验证。T值越大代表两组平均数差距越大,越会达到显著水平,一般要求T值均大于1.96。显著性水平P值小于0.05用*表示,表示一般显著;P值小于0.01用**表示,表示比较显著;P值小于0.001用***表示,表示非常显著。结构模型验证结果如表6.19所示。

表6.19 结构模型验证结果

假设	路径	路径系数	T值	P值	显著性
H1a	STR—>ORAN	0.109	2.038	0.038	*
H1b	STR—>PLAN	0.128	2.497	0.013	*
H1c	STR—>PRM	0.005	0.105	0.917	不显著
H1d	STR—>PRV	0.141	2.860	0.004	**
H1e	STR—>SUP	0.157	2.936	0.003	**
H1f	CON—>ORAN	0.148	2.754	0.006	**
H2a	CON—>PLAN	0.289	4.997	0.000	***
H2b	CON—>PRM	0.145	2.615	0.009	**
H2c	CON—>PRV	0.053	0.941	0.347	不显著
H2d	CON—>SUP	0.276	3.991	0.000	***
H3a	REL—>ORAN	0.176	2.967	0.003	**
H3b	REL—>PLAN	0.387	6.739	0.000	***
H3c	REL—>PRM	0.273	5.318	0.000	***
H3d	REL—>PRV	0.179	2.965	0.003	**
H3e	REL—>SUP	0.279	3.269	0.001	***
H4a	PLAN—>PRV	0.452	8.697	0.000	***
H4b	PLAN—>ORAN	0.408	7.593	0.000	***
H4c	SUP—>PRM	0.427	9.197	0.000	***

根据表6.19所示，对于假设H1c社会资本结构维度对施工项目组织安全执行行为具有正向影响关系，其P值为0.917，大于0.05，说明不显著，路径系数为0.005，因此H1c假设关系不成立。这可能是因为安全执行行为主要体现为组织各部门对自身负责工作的具体操作，项目部中各部门与其他部门间的沟通与联系显得没有那么重要，而部门间的沟通联系频繁与否，与安全执行工作的相关性不大。

假设H2c社会资本认知维度对组织预防行为具有正向影响关系，其P值为0.347，大于0.05，说明不显著，路径系数为0.053，因此H2c假设不成立。这可能是因为从本次调查样本中的数据来看，组织预防行为普遍水平较低，即使组织拥有较高的认知水平，但对安全投入、安全培训等预防性行为没有较大的影响。由于组织在进行安全投入、安全培训等安全预防行为时需要综合考虑时间、成本、质量、安全、操作等一系列情况，因此安全认知水平对其结果影响不大。

2. 模型修正

模型和数据之间不能达到较好的匹配结果，根据结构方程模型修正的原则，将H1c和H2c假设删除，进行模型的修正。修正后的结果图如图6.3所示。模型修正后对T值和P值显著性进行分析，验证结果如表6.20所示。

第6章 社会资本对施工组织安全行为的作用机理

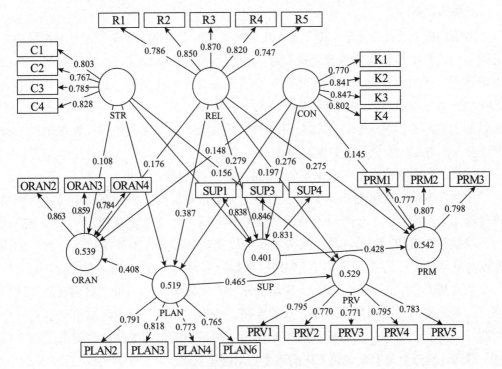

图6.3 模型修正后验证分析结果

表6.20 结构模型验证结果

假设	路径	路径系数	T值	P值	显著性
H1a	STR—>ORAN	0.108	2.094	0.037	*
H1b	STR—>PLAN	0.129	2.562	0.011	*
H1d	STR—>PRV	0.156	3.459	0.001	**
H1e	STR—>SUP	0.157	2.928	0.004	**
H2a	CON—>ORAN	0.148	2.914	0.004	**
H2b	CON—>PLAN	0.288	5.373	0.000	***
H2d	CON—>PRM	0.145	3.088	0.002	**
H2e	CON—>SUP	0.276	4.255	0.000	***
H3a	REL—>ORAN	0.176	2.915	0.004	**
H3b	REL—>PLAN	0.387	7.166	0.000	***
H3c	REL—>PRM	0.275	5.646	0.000	***
H3d	REL—>PRV	0.197	3.175	0.002	**
H3e	REL—>SUP	0.279	3.318	0.001	***
H4a	PLAN—>PRV	0.452	9.550	0.000	***
H4b	PLAN—>ORAN	0.408	7.163	0.000	***
H4c	SUP—>PRM	0.428	9.157	0.000	***

3. 结果分析

由结构模型验证修正表6.20可知，社会资本各维度对组织安全行为影响结果的显著性不同，其中结构维度对安全执行行为影响不显著；认知维度对组织预防行为影响不显著，其原因前文已加以阐述。对影响关系显著的各变量，其路径系数大小表示社会资本各维度对组织安全行为产生的不同程度的影响。下面根据前文所提的假设以及变量间的影响关系，对社会资本和组织安全行为影响关系进行详细阐述，分析社会资本对组织安全行为的影响关系。

1) 社会资本结构维度对组织安全行为的影响关系分析

社会资本结构维度对组织安全行为影响关系根据结构方程计算结果显示，结构维度对安全组织行为、安全计划行为、安全预防行为和安全监督行为具有显著的正向影响关系(P值均>0.05)，其结果与本章经过文献分析和专家访谈结果一致。结构维度对安全监督行为和安全预防行为路径系数分别为0.157和0.156，对安全计划行为路径系数是0.129，对安全组织行为影响的路径系数最小，为0.108。说明在施工项目部门与其他部门之间信息交流的方式和途径、交流的频率和联系的紧密程度对安全预防行为和安全监督行为有较好的促进作用，顺畅的信息沟通与交流提高了安全教育、培训、检查以及安全评价工作的效率，增强了效果。

2) 社会资本关系维度对组织安全行为的影响关系分析

社会资本的关系维度对安全组织行为、安全预防行为、安全计划行为、安全监督行为和安全执行行为均具有显著的正向影响关系。其中关系维度对安全计划行为影响的路径系数为0.387，说明施工项目部门与其他部门之间能够互相信任、具有共同的规范、部门之间能够真诚合作，相互支持团结协作，对组织编制合理的安全施工方案、制定有效安全事故应急预案、实现部门之间的衔接和配合等，起到了良好的作用。

3) 社会资本认知维度对组织安全行为的影响关系分析

社会资本认知维度对安全组织行为、安全计划行为、安全监督行为和安全执行行为具有显著的正向影响关系。其中认知维度对安全计划行为和安全监督行为影响的路径系数较大，分别为0.288和0.276。这表明施工项目部门与其他部门之间具有较为一致的价值观、共同的目标，部门之间使用专业术语和符号进行交流，可以对施工安全检查、安全评价、安全施工方案的编制、应急预案的设定等起到积极的作用，各部门之间对方案的制定和监督目标具有较好的一致性，部门之间相互配合，对方案的实施有较强的促进作用。

4) 组织安全行为影响关系分析

组织安全计划行为对安全组织行为具有正向影响关系，组织安全监督行为对安全执行行为具有正向影响关系。首先，安全计划对安全预防行为影响的路径系数较高，为0.452，其次，安全监督行为对安全执行行为影响的路径系数为0.428，最后，安全计划行为对安全组织行为的影响路径系数为0.408。这表明制订完善的安全培训计划、安全应急预案，具有完善的安全施工方案等安全计划措施，对预防、排查和整改安全隐患，制定合理有效的安全规章制度，保证安全管理的正常运行具有重要作用。定期的安全检查、安全评价可以有效地将安全控制、安全问题的整改和处理执行到位，从而提高安全行为水平。

6.5 社会资本与组织安全行为贝叶斯网络模型

6.5.1 方法介绍

在相关研究中复杂系统不确定性知识表示和推理存在诸多不足，组织安全行为研究中涉及很多不确定因素。贝叶斯网络(Bayesian Network，BN)是Pears于1988年提出的，也称为贝叶斯信度网络(Bayesian Belief Networks，BBN)。它将样本数据和先验知识相结合，是有效实现不确定环境中知识表示、推断预测等的工具[305]。

贝叶斯网络融合了概率论、图论以及人工智能等理论和技术。它由两部分内容构成：第一，它是一个有向无环图，由变量和有向弧构成；第二，它包括变量及其条件概率表(Conditional Probability Table，CPT)。在贝叶斯网络中，根节点是没有输入箭头的节点，它们具有相关的先验概率分布。箭头的输入方为子节点，输出方为父节点。父节点在相应取值状态下产生子节点的条件概率分布 (CPT)[306]。条件概率表示为P(A|B)，表示事件 A 在另外一个事件 B 已经发生条件下的发生概率。贝叶斯网络可以在不同情况下进行模拟，并对每一个变量进行概率分析。贝叶斯网络适用于离散的定性变量(如与安全行为相关的各种参数)，可以清晰地构建各个变量之间的因果关系，可以在有限的、不确定的条件下自动进行学习和推理，有较强的容错性。同时，在此基础上可以不断地向网络中增加新的证据进行推理，高效进行概率评估，并支持预测推理与诊断推理的算法，实现全面多角度的推理任务。贝叶斯网络图示例如图6.4。

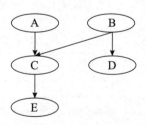

图6.4 贝叶斯网络图示例

6.5.2　社会资本与组织安全行为贝叶斯网络模型构建

我们在6.4节通过结构方程模型建立了社会资本对组织安全行为各维度之间影响关系模型，验证模型的有效性并进行实证分析，但是社会资本和组织安全行为之间的影响关系不是单方面的，而采用贝叶斯网络能够实现正向预测和反向诊断，全面地分析社会资本、组织安全行为之间的影响关系。

1. 建立贝叶斯网络

贝叶斯网络构建时关注可观测变量(即显变量)，通过现有数据预测未来时间的概率分布。对于一个复杂的系统，我们不能确定系统的真实状态，不可能观测到系统的所有方面，因此对于某些不能观测的变量(即潜变量)，在结构方程模型中可以通过能够直接观测的显变量来测量，这样易于构建模型的变量之间清晰且正确的关系，可以在不确定环境下对概念进行更全面更充分的理解。在贝叶斯网络中创建的节点都是可观测变量，通过节点间的因果关系构建路径图，依据根节点的先验概率分布和非根节点的条件概率分布，计算所有节点的联合概率。贝叶斯网络模型中的节点只有一种类型，即机会节点，它根据节点之间的有向弧方向的不同，分为前序节点和后继节点。

本章根据6.2节构建的社会资本对组织安全行为影响关系的概念模型，依据贝叶斯网络模型构建步骤，建立了社会资本与施工项目组织安全行为影响关系的贝叶斯网络模型(见图6.5)，此模型表示了社会资本与组织安全行为的影响关系，并增加了组织安全行为水平节点，表示组织安全行为各维度对组织安全行为水平的影响关系。

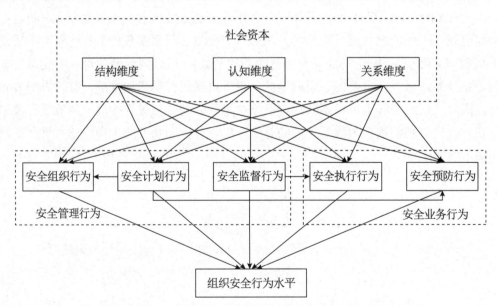

图6.5　社会资本与施工项目组织安全行为影响关系的贝叶斯网络模型

2. 数据预处理

为开发基于社会资本与组织安全行为关系的贝叶斯网络,本章所需的问卷数据同6.4节,问卷采用李克特五点量表法,分别表示"非常不同意""较不同意""不确定""较同意"和"非常同意"。

本章采用克隆巴赫α系数作为问卷的信度检验。经计算组织安全行为整体数据的克隆巴赫α系数为0.967,组织社会资本总体数据的克隆巴赫α系数为0.937,问卷信度系数大于0.7一般作为可以接受的最小期望值[307]。之后,进一步对问卷中每个组织安全行为和社会资本的内部一致性进行检验,在表6.21、表6.22中第二列显示了采用五点量表时α系数的值。

在前面的论述中,贝叶斯网络中的关系通过一组条件概率量化,通常由条件概率表(CPT)表示。如图6.6所示,例如组织安全行为水平节点,具有2个状态,它有5个父节点,即有5条进入弧。若其每个父节点有5个状态,即每条弧来自一个具有5个状态的节点,那么这个组织安全行为水平节点的条件概率表将具有$2\times5^5=6250$个元素。这个巨大的数据在调查中很难获取如此大量的样本。为避免这个问题,本书将最初问卷中的李克特五点量表收集的数据转换为三点量表。将"较同意"和"非常同意"组合成一个新的状态"Good",将"不确定"指定为"Average"状态,将"较不同意"和"非常不同意"组合为"Poor"状态,α系数变化如表6.21和表6.22中第三列所示。由此,节点组织安全行为条件概率表将具有$2\times3^5=486$个元素,而其他节点的条件概率表比组织安全行为节点需要的元素数量更少。498份样本可以用来描述图6.6中相关的所有条件概率表。采用三点量组织安全行为整体数据的α系数值为0.955,采用三点量表组织社会资本整体数据的α系数值为0.925。各维度α系数如表6.21所示,采用李克特三点量表与五点量表相比没有较大的信息损失,α系数的值没有明显降低。信度检验表明,具有3种状态(Good,Average,Poor)的组织安全行为因子可用于贝叶斯网络模型,而不会丢失太多信息。同时,本章将社会资本维度也转换为具有3个状态的标量。

表6.21 组织安全行为克隆巴赫系数α值

组织安全行为	克隆巴赫系数(5个状态)	克隆巴赫系数(3个状态)
安全计划行为	0.886	0.854
安全组织行为	0.811	0.756
安全监督行为	0.836	0.800
安全预防行为	0.911	0.876
安全执行行为	0.855	0.815

表6.22 社会资本克隆巴赫系数α值

社会资本	克隆巴赫系数(5个状态)	克隆巴赫系数(3个状态)
结构维度	0.822	0.777
关系维度	0.889	0.862
认知维度	0.861	0.824

3. 构建条件概率表

表6.21中各变量的值由问卷中的相关问题结果平均得分的四舍五入得出。计算每个节点的得分，它们具有相同的权重，计算其得分的平均值后进行四舍五入，即为变量值。

贝叶斯关系通过一组条件概率来进行量化，通常由CPT来表示，即指定节点的父节点所有可能组合条件下该节点所有状态的概率，每一种状态下的概率之和为1。例如，对于安全计划行为节点，其CPT数值可以根据问卷调查数据计算得到，它的父节点为社会资本的结构维度(STR)、关系维度(REL)和认知维度(CON)，其父节点可能的组合状态包括{<STR=Good，REL=Good，CON=Average >，<STR=Good，REL=Good，CON=Poor>，<STR=Good，REL=Average，CON=Good>，…}，共计27种状态，每一行安全预防行为的概率之和为1，由于文章篇幅限制，本章只列出了部分条件概率表的内容，如表6.23所示。

表6.23 组织安全预防行为条件概率表

条件			安全计划行为		
STR	REL	CON	Good	Average	Poor
Good	Good	Good	94.872	4.487	0.641
Good	Good	Average	65.909	31.818	2.273
Good	Average	Good	85	10	5
Good	Average	Average	48.571	48.571	2.875
Good	Poor	Poor	20	20	60
Average	Good	Good	91.667	5.556	2.778
Average	Good	Average	57.576	39.394	3.03
Average	Average	Good	56.552	39.13	4.348
Average	Average	Average	17.284	82.099	0.617
Average	Average	Poor	20	60	20
Average	Poor	Average	20	60	20
Average	Poor	Poor	25	50	25
Poor	Average	Average	20	40	40
Poor	Poor	Average	20	60	20

4. 基于社会资本的组织安全行为概率评估

根据表6.23，应用Netica软件生成社会资本与组织安全行为关系贝叶斯网络如图6.6所示，调查数据每个节点的3个状态之和应为100%。通过对贝叶斯网络各节点的分析可以看出，管理者对组织监督行为的评价较好，63.2%的管理者认为安全监督行为良好，只有32.8%的管理者认为一般，3.97%的管理者认为较差。同样对于组织的安全计划行为、安全组织行为和安全预防行为，几乎50%以上的管理者认为良好。由此可见，在施工项目组织内部管理者对于安全监督行为、安全计划行为、安全组织行为和安全预防行为还是比较重视的，管理人员希望通过完善的管理制度和科学的管理方法达到一个较高的安全管理水平，这也意味着项目内部有进一步提升安全绩效的空间。

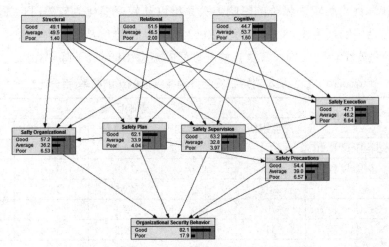

图6.6 社会资本与组织安全行为贝叶斯网络图

6.5.3 贝叶斯网络推理

基于贝叶斯理论，当有新的证据或案例加入时，可以更新与贝叶斯网络相关的信念(Belief)。通过建立的贝叶斯网络，我们可以分析社会资本、组织安全行为构成要素以及组织安全行为水平之间的关系，使用预测和诊断两种方法分析有效的安全管理策略，以提升施工项目组织安全行为水平。

1. 前向推理

应用建立的贝叶斯网络中节点的变量状态，根据证据变量的值，计算一组查询变量的概率分布，这通常被称为前向推理或预测推理。

1) 单前导因素变化的简单策略

(1) 社会资本对组织安全行为各维度的影响。

根据贝叶斯网络的社会资本根节点的变化状态，我们可以预测其他与之相关的节点概率。在图6.6所示的贝叶斯网络中，社会资本的三个维度都是根节点，可以通过改变社会资本各维度的状态，预测其不同状态下对应的组织安全行为各维度节点的概率，根据评估结果制定控制不同社会资本维度的安全管理策略，并识别最佳的选择，通过建立的贝叶斯网络得到各节点的结果如表6.24所示。当施工项目组织内社会资本结构维度较好(即项目部与其他部门之间合作较好)时，项目部具有很好的内部凝聚力，组织执行安全监督行为达到良好的概率为74.7%；当施工企业内部部门之间合作较差时，组织执行安全监督行为达到良好的概率只有29.9%。同样，当社会资本结构维度从良好变化到较差时，安全计划行为执行情况良好的概率由71.1%降低到29.9%。通过比较可以得出，结构维度的改善对组织安全监督行为和安全计划行为的提升较为明显，通过敏感性分析也可以证明这一点。此外，关系维度对安全监督行为和安全计划行为有较为显著的影响，关系维度从较好变化为较差时，安全监督行为执行情况良好的概率由78.1%下降到29.5%；而认知维度从较好向较差变化时，影响最明显的是安全计划行为，其执行情况良好的概率由80.9%下降到30%。

表6.24 社会资本对组织安全行为各维度的影响概率(百分比)

组织行为各维度		影响因素				
		安全组织	安全计划	安全监督	安全预防	安全执行
结构维度	结构维度良好	64.4	71.1	74.7	64	56.1
	结构维度较差	31.6	29.9	29.9	31.6	31.2
	敏感性	2.02	3.25	4.65	3.01	2.67
关系维度	关系维度良好	70	74.8	78.1	64	59.4
	关系维度较差	31	29.5	29.5	34.2	31
	敏感性	5.3	5.75	7.73	3.2	4.83
认知维度	认知维度良好	68.5	80.9	68.7	64.2	57.2
	认知维度较差	31.4	30	30	31.4	31.4
	敏感性	3.84	10.1	1.81	2.96	3.16

(2) 组织安全行为各维度的变化对组织安全行为水平的影响。

根据贝叶斯网络模型分析组织安全行为各个维度对组织安全行为水平影响概率，结果如表6.25所示。安全组织行为对施工企业内部安全行为水平具有较大的影响。首先，当安全组织行为较好时，组织安全行为水平较高的概率增加到86.2%；当安全组织行为较差时，施工项目组织安全行为水平较高的概率仅为50%。其次，当安全预防行为水平较高时，组织安全行为水平达到较高的概率为85.9%；当安全预防行为较差时，组织安全行为水平较高的概率为50.6%。通过敏感性分析得出，安全组织行为和安全预防行为对施工项目组织安全行为水平变化影响显著，基于此可以实施有效的安全管理策略，以提高施工企业内部安全行为水平。

表6.25 组织安全行为各维度的变化对组织安全行为水平的影响概率(百分比)

组织安全行为构成要素	安全管理行为						安全业务行为			
	安全组织		安全计划		安全监督		安全预防		安全执行	
组织安全行为水平	较好	较差	较好	较差	较好	较差	较好	较差	较好	较差
结果	86.2	50	85.6	50.2	85.9	49.8	85.9	50.6	84.6	49.9
敏感性	4.47		2.98		3.22		4.21		4.16	

2) 多前导因素变化的联合策略

对于组织安全行为的提升,只控制单个因素的简单策略是不全面的。如果需要达到更高的组织安全行为标准,进一步改善安全行为的方式是采用同时控制多个安全行为影响因素的策略[308],即联合策略。

(1) 应用联合策略将组织安全行为水平提升为良好的策略。

表6.26中列出了能够使组织安全行为水平达到良好的概率高于95%的联合策略。第一种策略,通过同时控制安全组织行为、安全预防行为和安全执行行为的联合策略,实现了组织安全行为水平良好达到96.6%的最高概率,它是所有联合策略中效率最高的策略;第二种策略,采用控制安全监督行为、安全预防行为和安全执行行为的联合策略。这两种最有效的策略都是采用将安全管理行为和安全业务行为进行联合的策略。由此可以看出,这两种方式可以达到基本相似的提升组织安全行为水平的结果。有效提升安全组织行为、安全监督行为,安全执行行为和安全预防行为,对组织安全行为水平的提高具有明显效果。

表6.26 应用联合策略组织安全行为水平提升为良好的概率(百分比)

最优组合	策略1:组织—预防—执行	策略2:监督—预防—执行
概率/%	96.6	95

(2) 分别改善社会资本、安全管理行为和安全业务行为的联合策略。

分别采用改善社会资本、安全管理行为和安全业务行为的联合策略,促使组织安全行为提升为良好的概率如表6.27所示。其中,社会资本良好使得组织安全行为水平达到良好的概率为94.7%,良好的安全管理行为使得组织安全行为水平达到良好的概率为94.1%,提高安全业务行为使得组织安全行为达到良好的概率为92%。由此可见,良好的社会资本对组织安全行为水平的影响最为显著,其次是安全管理行为。

表6.27 组织安全行为提升为良好的概率(百分比)

因素	策略1:改善社会资本	策略2:改善安全管理行为	策略3:改善安全业务行为
概率/%	94.7	94.1	92

2. 后向推理

在贝叶斯网络模型中，当证据节点的变量是从结果到原因的推理时，推理的过程称为后向推理或诊断推理。如表6.28所示，表中选取与组织安全行为各维度节点有直接影响关系的节点，分析它们对组织安全行为各维度之间的影响关系。安全计划行为和社会资本对安全组织行为具有直接影响关系。首先，当安全组织行为水平处于良好状态时，组织安全计划行为良好的概率为79.5%；当安全组织行为水平处于较差状态时，安全计划行为达到良好的概率降低至42.1%。其次是社会资本的关系维度，当安全组织行为水平处于良好状态时，关系维度达到良好的概率为62.9%；当安全组织行为水平处于较差状态时，关系维度达到良好的概率下降至42.3%。同理，当安全计划行为较好时，说明项目组织内社会资本的认知维度和关系维度较好；安全监督行为的变化与社会资本关系维度的密切相关；当安全预防行为较好时，说明安全计划行为做得比较好；当安全执行行为较好时，说明安全监督行为起到了比较显著的作用。

表6.28 组织安全行为各维度处于高、低状态的诊断表　　　　　　　单位：%

组织安全行为构成要素		影响因素				
		安全计划	关系维度	认知维度	结构维度	安全监督
安全组织行为	安全组织行为良好	79.5	62.9	53.5	46.3	
	安全组织行为较差	42.1	42.3	46	32.8	
	敏感性	11.5	4.75	3.37	1.77	
安全计划行为	安全计划行为良好		62.1	58.3	56.2	
	安全计划行为较差		40.2	45.8	45.3	
	敏感性		5.63	9.76	3.11	
安全监督行为	安全监督行为良好		63.6	48.6	58.1	
	安全监督行为较差		40.9	46.6	46.1	
	敏感性		7.65	1.75	4.49	
安全预防行为	安全预防行为良好	76.9	60.6	52.7	57.8	
	安全预防行为较差	41.9	42	45.7	46	
	敏感性	7.67	2.83	2.56	2.6	
安全执行行为	安全执行行为良好		64.9	54.3	58.5	82.2
	安全执行行为较差		42.4	48.1	46.7	41.2
	敏感性		4.2	2.69	2.27	9.55

3. 模型检验

为了检验已建立的贝叶斯网络模型的鲁棒性，并测试其在安全行为分类中的准确性，本章随机选择100个有效问卷进行分析，结果显示，使用贝叶斯网络模型检验了实际结果为"良好",得出的预测结果也为"良好"以及实际结果为"较差",预测结果也为较差的正确率为95%,总误差率为5%(见表6.29)。因此,基于建立贝叶斯网络的预测精度是可以接受的[308]。

表6.29 模型检验

组织安全行为	预测结果百分比
<预测="良好",实际="良好"> <预测="较差",实际="较差">	95%
<预测="良好",实际="较差"> <预测="较差",实际="良好">	5%

第7章

社会资本对管理者行为与施工人员安全行为互动关系的影响

7.1 概述

社会资本不仅对组织行为和个体行为分别产生影响,还在组织内管理者行为与工人安全行为之间起到一定的调节作用(如信息桥或人情桥的作用)。管理者的规定与命令的实施不仅靠权威或权力,还取决于管理者与员工之间的信任与互惠程度,工人的安全遵守与安全参与行为也受到其所处网络中社会资本的影响。因此,研究社会资本在组织行为和个体行为中的调节作用,有助于更加清晰地认识社会资本对提升施工主体安全行为水平的作用。

本章主要利用调查问卷获取数据,采用结构方程模型的理论与方法对社会资本在管理者行为与施工人员安全行为之间影响关系进行实证研究,并得出社会资本对两者关系的影响规律。

7.2 理论假设和概念模型构建

目前,社会资本对组织行为和个体行为的影响关系已经得到了广泛的研究支持,而社会资本与施工安全行为之间的影响关系鲜有研究,国外学者Koh和Rowlinson[215, 226]首次指出社会资本在提升建筑施工项目安全绩效和提高工人安全行为方面具有重要作用。本章主要研究管理者行为与工人安全行为之间的影响关系,通过文献梳理,结合组织行为理论、行为安全理论和社会资本理论对变量进行划分,管理者行为具体分为领导行为和管理行为,工人安全行为划分为安全遵守行为和安全参与行为,社会资本划分为结构维度、关系维度和认知维度。

管理者对安全的支持活动有助于工人形成积极的心理环境,进而提高工人对安全的期望,并做出安全行为[281]。管理者与工人进行经常性的沟通会促进工人遵守安全规范、提高安全行为水平[229];当管理者对安全支持做出承诺时,员工会付出更大的努力遵从安全工作的措施和其他安全相关的建议[309]。根据领导行为理论,不同类型的领导行为,对安全行为的影响程度也不一样[186, 93]。据此,提出以下假设:

H1:管理者领导行为对施工人员安全遵守行为具有积极影响作用

H2:管理者领导行为对施工人员安全参与行为具有积极影响作用

管理者具体的管理活动对施工人员安全遵守行为具有积极影响作用[310],诸如安全培训、安全计划、安全监督、发现问题和纠正问题等行为均会对施工人员不遵守安全行为做出有效的防范和纠正，提高其对安全规范和安全指令的遵从行为。另外，管理者做出的物质奖励或精神奖励在一定程度上激励了施工人员积极参与安全相关活动，并促使施工人员把项目的安全作为自己工作目标的一部分，从而提高自己的安全参与行为水平[229, 311]。据此，提出以下假设：

H3：管理者管理行为对施工人员安全遵守行为具有积极影响作用

H4：管理者管理行为对施工人员安全参与行为具有积极影响作用

安全遵守行为主要体现对强制性规范或指令的遵从行动，而管理者与工人的沟通、信任和感情以及共同愿景的建立都会对管理者与施工人员之间行为的相互影响产生作用，从而促进施工人员遵守管理者发出的指令和制定的规范等，这说明管理者与施工人员社会资本在领导行为对安全遵守行为的影响关系中具有正向促进作用。据此，提出以下假设：

H5：管理者与施工人员社会资本在领导行为对安全遵守行为的影响关系中起正向调节作用

H5a：社会资本结构维度在领导行为对安全遵守行为的影响关系中起正向调节作用

H5b：社会资本关系维度在领导行为对安全遵守行为的影响关系中起正向调节作用

H5c：社会资本认知维度在领导行为对安全遵守行为的影响关系中起正向调节作用

社会资本强调组织的适应性和合作，并促进了个体的参与，从而提高了安全行为和安全绩效水平[215, 226]。管理者与施工人员之间形成的社会资本能够促进施工人员将项目部集体利益和他人利益考虑在内，并在可能的情况下做出利他行为，有效提高领导行为对提高施工人员安全参与的影响，这说明管理者与施工人员社会资本在领导行为对安全参与行为的影响关系中具有正向促进作用。据此，提出以下假设：

H6：管理者与施工人员社会资本在领导行为对安全参与行为的影响关系中起正向调节作用

H6a：社会资本结构维度在领导行为对安全参与行为的影响关系中起正向调节作用

H6b：社会资本关系维度在领导行为对安全参与行为的影响关系中起正向调节作用

H6c：社会资本认知维度在领导行为对安全参与行为的影响关系中起正向调节作用

管理行为往往体现为管理者做出的要求施工人员遵从的具体活动。根据领导成员交换理论，管理者与施工人员之间的沟通、信任、认知等有助于施工人员遵从指令和制度，管理者与施工人员社会资本在管理行为对安全遵守行为的影响关系中具有正向促进作用。据此，提出以下假设：

H7：管理者与施工人员社会资本在管理行为对安全遵守行为的影响关系中起正向调节作用

H7a：社会资本结构维度在管理行为对安全遵守行为的影响关系中起正向调节作用

H7b：社会资本关系维度在管理行为对安全遵守行为的影响关系中起正向调节作用

H7c：社会资本认知维度在管理行为对安全遵守行为的影响关系中起正向调节作用

在管理行为对安全参与行为作用的基础上，根据领导成员交换理论，管理者与施工人员之间的沟通、信任、认知等有助于施工人员积极参与安全相关活动或做出努力使项目达到安全以作为对管理者的回报，管理者与施工人员社会资本在管理行为对安全参与行为的影响关系中具有正向促进作用。据此，提出以下假设：

H8：管理者与施工人员社会资本在管理行为对安全参与行为的影响关系中起正向调节作用

H8a：社会资本结构维度在管理行为对安全参与行为的影响关系中起正向调节作用

H8b：社会资本关系维度在管理行为对安全参与行为的影响关系中起正向调节作用

H8c：社会资本认知维度在管理行为对安全参与行为的影响关系中起正向调节作用

根据上述分析和研究假设，构建了本章的概念模型，如图7.1所示。

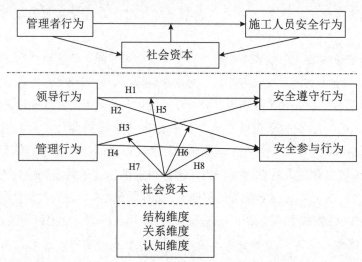

图7.1　管理者行为、施工人员安全行为、社会资本理论模型

7.3　问卷设计与数据获取

7.3.1　测量题项设计

本章研究变量主要包括社会资本、管理者行为、施工人员安全行为三个变量，测量题项的设计也主要围绕三个部分进行。下面对各个变量初始测量题项设计的过程与内容进行阐述。

1. 社会资本初始测量题项

根据上文对社会资本内涵和测度相关研究和理论的分析，本书采取Nahapiet和

Ghoshal[48]对社会资本的划分方法对施工企业管理者与工人之间的社会资本进行测量,即将社会资本分为三个维度,分别是结构维度、关系维度和认知维度。结构维度主要测量主体之间的联系频率与密切程度,关系维度主要测量主体之间的互惠性规范、信任、感情等情况,认知维度主要测量主体之间的共同语言、共同价值观等情况。由于这类测量方式与内容能够较为清晰地说明不同维度社会资本的构成要素,有助于厘清所要研究变量之间的关系,已经被广泛应用于各类企业和部门社会资本的研究之中,对此,本书梳理了国内外高水平文献中对社会资本测量题项的描述,具体如表7.1所示。

表7.1 社会资本初始测量题项

变量名称	题项编号	题项内容
社会资本结构维度（Social Capital Structural Dimension）	SCS1	您与他人联系的频繁程度
	SCS2	您与他人联系的密切程度
	SCS3	您日常生活中联系对象的数量
	SCS4	您与他人联系所花费的时间
	SCS5	您会在与他人的互动中互相学习
	SCS6	当出现问题时,您和他人会以建设性的方式相互讨论
	SCS7	在决策中,您与他人通常会交换意见和想法
	SCS8	您与其他成员都相互了解
	SCS9	您与其他成员易于建立交流技术或管理经验的联系
	SCS10	其他成员通常希望您能提供技术支持和管理建议
	SCS11	您与某些人在工作之外就相互认识
	SCS12	您与他人之间有稳定和持久的关系
	SCS13	您会参与企业举办的聚餐、联谊等非正式活动
	SCS14	您会在食堂、休息室、走廊等非正式场合与他人交谈
	SCS15	您会与其他人进行合作
	SCS16	您会向上级管理者寻求关于工作方面的支持
社会资本关系维度（Social Capital Relational Dimension）	SCR1	您在与他人的合作过程中,存在损人利己的趋向
	SCR2	您与他人能真诚合作
	SCR3	您与他人能相互信守诺言
	SCR4	您能与他人相互支持
	SCR5	您周边的人信任您,并支持您做出改变
	SCR6	您提出新观点和尝试新的做事方式时能得到他人的支持
	SCR7	组织允许采取新的方式做事情
	SCR8	您在工作中与他人相互信任
	SCR9	针对突发事件您与他人分享的知识是可信的
	SCR10	针对突发事件您与他人的知识分享承诺是及时的
	SCR11	针对突发事件您与他人的知识分享表现具有一贯性

(续表)

变量名称	题项编号	题项内容
社会资本关系维度（Social Capital Relational Dimension）	SCR12	您在组织中有归属感
	SCR13	您对于这个组织有一种强烈的积极的感觉
	SCR14	您为自己成为该组织中的一员而感到自豪
	SCR15	您认为组织有凝聚力和亲密感
	SCR16	您对组织有良好的感情
	SCR17	您与工作合作伙伴维持其合作关系付出努力的程度
	SCR18	您与其他人相信彼此的工作能力，尊重彼此的知识
	SCR19	您会与相关人员分享工作经验和知识
	SCR20	组织相关人员不会将您与他交流的知识随意泄漏给别人
	SCR22	当工作遇到困难时，项目部相关人员能对您提供帮助
	SCR23	管理者能很公平地对待员工
	SCR24	管理者能很好地体谅员工的工作难处
	SCR25	您相信上级管理者说的话是诚实可信的
	SCR26	您相信上级管理者有能力胜任他的职务
	SCR27	管理者的行为对组织有利
社会资本认知维度（Social Capital Cognitive Dimension）	SCC1	您与项目部其他成员有共同语言并能有效沟通
	SCC2	对于您描述的工作问题，其他人都能很快明白
	SCC3	您对工作有关的专业符号、用语、词义都很清楚
	SCC4	您能很好地理解他人所用的专业术语
	SCC5	针对突发事件您能够使用专业术语
	SCC6	您与组织其他成员交流时使用业务术语
	SCC7	您针对工作问题使用的交流方式是大家都能接受和理解的
	SCC8	您与组织其他成员有相似的价值取向，拥有一致的集体目标
	SCC9	您和组织其他成员对如何提升安全效率认识相同
	SCC10	您认同组织其他成员采用的工作方案
	SCC11	您与组织团队有共同的目标
	SCC12	您对于项目尤为关键的决策，能够与组织其他成员达成共识
	SCC13	您和组织其他成员采取必要措施确保项目任务时拥有共同理解
	SCC14	您对工作的重要方面(比如关键技术)的理解与认识与组织其他成员具有一致性

根据4.2.2节关于问卷设计途径和过程的阐述，在梳理国内外相关文献关于社会资本测量题项的基础上，针对表7.1所示内容，我们邀请了三位专家和课题组相关人员对题项所述内容进行了分析与评价，一方面对重复或不适合施工安全领域的题项进行删除和修正，另一方面对外文翻译过来的题项以及其他不易理解的题项进行修正完善。下面对社会资本初始测量量表的修正过程进行简要阐述。

1) 社会资本结构维度测量题项的修正

首先，对表述重复的题项进行删除与合并，其中题项SCS5、SCS6、SCS9和SCS10 4个题项表达的意思均是被调查者与组织内其他人员之间就工作问题的讨论、发表意见等活动，4个题项虽然侧重不一样，但表达意思与SCS7中表述的"您通常会与其他成员交换意见和想法"重复，因此将上述4个题项删除。其次，对各题项在建筑施工安全领域的适用性进行评价，由于本书调查的是施工项目部管理者与施工人员的社会资本，因此将"他人"和"工作问题"等修改为"项目部管理者"和"施工安全问题"等，从而使研究对象和研究问题更加明确。最后，将外文翻译过来的题项修正完善，并根据各个题项之间的逻辑关系调整题项的顺序。经过初步修正之后，社会资本结构维度测量题项总计为12个。

2) 社会资本关系维度测量题项的修正

首先，对表述重复的题项进行删除与合并，主要包括SCR5、SCR6、SCR7、SCR17与SCR4中表述的"您能与他人相互支持"的意思具有重复性，SCR9、SCR10、SCR11、SCR25、SCR26、SCR27与SCR3中表述的"您与他人的互相信任"的意思具有重复性，SCR15、SCR16与SCR13和SCR14表达的意思具有重复性，因此对上述具有重复意思的题项进行了删除与合并。其次，对于各题项在建筑施工安全领域的适用性进行评价，其中SCR1"您在工作过程中存在损人利己的趋向"属于负面表述，不易得到准确答案，修改为"您在工作过程中具有奉献精神"；SCR20"将知识泄露给他人"的表述不适用于建筑施工安全领域，因此删除；将题项中"组织""他人""工作问题"等修改为"项目部""管理者"和"施工安全问题"等，从而使调查对象和调查问题更加明确。最后，将外文翻译过来的题项修正完善，并根据各个题项之间的逻辑关系调整题项的顺序。经过初步修正之后，社会资本关系维度测量题项总计为12个。

3) 社会资本认知维度测量题项的修正

首先对表述重复的题项进行删除与合并，主要包括题项SCC4所表述的"您能很好地理解他人所用的专业术语"意思与SCC3重复，SCC5所表述的"针对突发事件，您使用专业术语"的意思与SCC6重复，SCC11、SCC12、SCC13、SCC14所表达的意思主要为被调查者在工作过程中的目标与重要问题的认识与他人认识的一致性，这与题项SCC8、SCC9、SCC10所表述的具体方面具有重复性，因此对上述题项予以删除与合并。其次，对各个题项在建筑施工领域的适用性进行评价，同样将"组织""他人""工作问题"等修改为"项目部""管理者"和"施工安全问题"等，从而使调查对象和调查问题更加明确。最后，将外文翻译过来的题项修正完善，并根据各个题项之间的逻辑关系调整题项的顺序。经过初步修正之后，社会资本认知维度测量题项总计为8个。

2. 管理者行为初始测量题项

根据对管理者行为相关研究和管理者行为相关理论的梳理与分析，本书借鉴 Avolio等[312]、Jung和Avolio[313]、Barling等[314]、Clarke[315]等研究，依据管理者行为的不同性质，将管理者的行为分为领导行为和管理行为两类。根据领导行为理论，我们可以把管理者领导行为进一步划分为变革型领导行为和交易型领导行为。通过对相关文献的梳理，得到管理者行为初始测量题项，如表7.2所示。

表7.2 管理者行为初始测量题项

变量名称	题项编号	题项内容
变革型领导行为(Transformational Leadership Behavior)	TFLB1	管理者会超越自身利益进行工作
	TFLB2	管理者会与员工谈论价值观
	TFLB3	管理者会强调集体的任务
	TFLB4	管理者会与员工积极地讨论工作问题
	TFLB5	管理者在工作方面对员工显示了信心
	TFLB6	管理者会提出对工作相关问题的认识
	TFLB7	管理者会对工作相关问题寻求不同的观点
	TFLB8	管理者会提供关于工作问题的新方法
	TFLB9	管理者会对提供解决工作的新角度
	TFLB10	管理者会对员工进行个性化关注
	TFLB11	管理者注重工作培训和教育
交易型领导行为(Transactional Leadership Behavior)	TSLB1	管理者会认识到员工的成就
	TSLB2	管理者会依据员工的安全工作表现进行分级奖励
	TSLB3	管理者会关注员工的错误
	TSLB4	管理者会跟踪员工的错误
	TSLB5	管理者会根据员工的错误及时提出纠正措施
	TSLB6	管理者只会对严重的问题进行反映
	TSLB7	管理者只会对已发生问题进行处理
	TSLB8	管理者会延迟回应遇到的问题
管理行为(Management Behavior)	MB1	管理者设置了合理的安全生产管理专职机构
	MB2	管理者制定了明确的安全目标、安全规章制度
	MB3	管理者会定期进行安全总结
	MB4	管理者会定期进行安全检查、记录、追踪
	MB5	管理者会定期检查安全隐患并对隐患进行及时整改
	MB6	管理者对员工安全生产实施奖惩机制
	MB7	管理者会对员工进行安全教育培训
	MB8	管理者会定期对安全设备、设施进行审查
	MB9	管理者会对事故多发项目进行实时监督
	MB10	管理者经常与员工进行沟通交流

同理，根据4.2.2节关于问卷设计途径和过程的阐述，针对表7.2所示内容，笔者邀请了三位专家和课题组相关人员对题项所述内容进行了分析与评价，一方面对重复或不适合施工安全领域的题项进行删除和修正，另一方面对外文翻译过来的题项以及其他不易理解的题项进行修正完善。下面对管理者行为初始测量量表的修正过程进行简要阐述。

1) 管理者领导行为测量题项的修正

首先，分析题项中是否有表述意思重复的题项，通过讨论发现上述各项题项中表达的意思各有侧重，重复性不大，因此不进行删除和合并。其次，对各题项在建筑施工安全领域的适用性进行评价，由于本章研究的是施工项目部内管理者的领导行为，因此将"工作问题"等修正为"施工安全问题"，如将题项TFLB4改为"管理者会与员工积极地讨论安全施工问题"，将题项TFLB11改为"管理者注重安全培训和教育"，从而使研究对象和研究问题更加明确。最后，对外文翻译过来的题项修正完善，并根据各个题项之间的逻辑关系调整题项的顺序。经过初步修正之后，管理者领导行为测量题项总计为19个，其中变革型领导行为题项为11个，交易型领导行为题项为8个。

2) 管理者管理行为测量题项的修正

首先，分析题项中是否有表述意思重复的题项，其中题项MB4和MB5的重复性较大，均是表示管理者对安全问题进行定期检查并整改的问题，因此合并两题项；其他题项之间的重复性不大，不进行删除和合并。其次，对各题项在建筑施工安全领域的适用性进行评价，题项来源于对建筑企业、煤矿企业安全问题的研究，对本书的关于施工项目部内管理者管理行为的适用性较强，不做过多修改。最后，对外文翻译过来的题项修正完善，并根据各个题项之间的逻辑关系调整题项的顺序。经过初步修正之后，管理者管理行为测量题项总计为9个。

3. 工人安全行为初始测量题项

根据对工人安全行为相关文献的分析，可以发现工人安全行为可以进一步划分为多种具体的行为，如遵守行为、参与行为、谨慎行为、主动行为、积极安全行为和公民安全行为等，这些行为虽然称谓不一样，但具体包含的意思有相似性。本书主要借鉴应用比较广泛、认同度较高的安全行为分类和测量方法，将工人安全行为分为安全遵守行为和安全参与行为[248]，前者指对安全规范、规程、指令的遵守情况，后者指自觉、主动参与提高安全绩效的活动和行为。通过对相关文献的梳理，可以得到施工人员安全行为初始测量题项的测量量表，如表7.3所示。

表7.3 施工人员安全行为初始测量题项

变量名称	题项编号	题项内容
安全遵守行为 (Safety Compliance Behavior)	SCB1	我会在工作中遵守安全规则和规定
	SCB2	我会严格按照相关规定使用劳保用品和安全设备
	SCB3	我会在工作中避免危险行为
	SCB4	我即使在有压力情况下也遵守安全法规
	SCB5	我会选择最安全的方式进行工作
	SCB6	我在工作时具有安全习惯
	SCB7	我会按照要求定期检查、维护操作设备
	SCB8	我在工作中主动配合安全管理人员的指挥、安排
	SCB9	工作时我确保高度的安全水平
	SCB10	我会及时报告伤害、事故和疾病
	SCB11	我会参加降低安全风险的训练
	SCB12	我会采取恰当的措施来避免危害或风险
安全参与行为 (Safety Participation Behavior)	SPB1	当我的同事处于危险或不利的情形时我会帮助他们
	SPB2	我会参加安全会议
	SPB3	我会参与改善安全环境的活动
	SPB4	我会为了提升工作场所的安全付出更多的努力
	SPB5	我会在安全施工方面表达自己的观点
	SPB6	当我发现任何与安全有关的事件时,我总能够向管理层汇报
	SPB7	我会持续通知工作场所变化和保持公民的美德
	SPB8	我会参与编制安全目标、安全计划
	SPB9	我会与管理者沟通日常安全管理问题
	SPB10	我会参与安全培训
	SPB11	我会参加应急救援演练
	SPB12	我会参加安全事务讨论或者总结
	SPB13	我会制止、纠正同事的错误操作或想法
	SPB14	我会向同事示范正确的操作方法
	SPB15	我会参与讨论施工安全问题
	SPB16	我会参与公司安全风险评估工作
	SPB17	我鼓励我的同事进行安全工作

同理,根据4.2.2节关于问卷设计途径和过程的阐述,针对表7.3所示内容,我们邀请了三位专家和课题组相关人员对题项所述内容进行了分析与评价,一方面对重复或不适合施工安全领域的题项进行删除和修正,另一方面对外文翻译过来的题项以及其他不易理解的题项进行修正完善。下面对施工人员安全行为初始测量量表的修正过程进行简要阐述。

1) 安全遵守行为测量题项的修正

首先，分析是否有表述意思重复的题项，通过分析，发现题项SCB3、SCB12与SCB1、SCB2表达意思相反，但SCB1和SCB2能包含SCB3和SCB12所表达的意思，因此将题项SCB3和SCB12剔除；题项SCB5、SCB6、SCB9、SCB12所表述的"在最安全的方式下工作""具有安全习惯""确保高度的安全水平"等词语表达意思相近，将其合并为一个题项，即"您会在周围环境处于安全状态时进行工作"。题项SCB10中对于"及时报告疾病事故等行为"的阐述应当属于安全参与行为，因此将其剔除。其次，对各题项在建筑施工安全领域的适用性进行评价，由于题项多来源于专门对施工企业安全问题的研究，适用性较强，因此并未做过多改动。最后，对外文翻译过来的题项修正完善，并根据各个题项之间的逻辑关系调整题项的顺序。经过初步修正之后，施工人员安全遵守行为的测量题项总计为7个。

2) 安全参与行为测量题项的修正

首先，分析是否有表述意思重复的题项，通过分析，发现题项SPB1"在同事处于不利情形时对其进行帮助"与SPB13、SPB14所述的意思重复，因此剔除题项SPB1；题项SPB3、SPB4、SPB7三个题项所述重复，因此对三个题项进行合并，改为"您会参加一些活动或任务以改善工作场所的安全情况"；题项SPB5"在安全施工方面表达自己的观点"、SPB12"参加安全事务讨论或者总结"与题项SPB8、SPB15所述意思具有重复性，因此对题项SPB5和SPB12进行剔除；题项SPB6和SPB9所述意思具有重复性，即"与管理者积极沟通安全问题"，因此对两题项进行合并。其次，对各题项在建筑施工安全领域的适用性进行评价，由于题项多来源于专门对施工企业安全问题的研究，适用性较强，因此并未做过多改动。最后，对外文翻译过来的题项修正完善，并根据各个题项之间的逻辑关系调整了题项的顺序。经过初步修正之后，施工人员安全参与行为的测量题项总计为11个。

7.3.2 问卷调查与数据收集

1. 问卷试调查

根据问卷设计的途径和过程，在通过专家和课题组对初始测量题项的讨论和评价之后，应当针对测量题项进行小范围的访谈和问卷试调查，以进一步确定各测量题项的准确性和有效性。

本书试调查主要选取了施工项目较多、人员较密集的我国中东部地区，包括北京、天津、河北、山东、上海、江苏等地区，力求广泛收集对调查问卷的意见和建议。本次调查共发出问卷60份，由12名课题组成员各负责5份问卷分别前往目标地区对工程项目的管理者和施工工人进行初步的访谈和调查，最终回收有效问卷52份。

在此基础上，本书主要从以下三个方面对初步调查回收的访谈信息和有效问卷进行了分析与完善：第一，问卷所使用的语言和表达方式是否易于理解；第二，问卷中是否有表达意思重复的题项和多余的题项；第三，针对调研问题，是否有需要增加的题项。据此，对调查问卷进行了进一步的修正完善，形成了最终问卷。

2. 最终问卷确定

通过上述分析过程，形成了本书调查的最终问卷，问卷主要包含三部分内容，第一部分为所调查项目的基本信息，包括项目名称、项目所在地区、项目类型、结构类型等；第二部分为问卷的主要调查内容，是对社会资本、管理行为和施工人员安全行为等要素的测量，其中，社会资本方面共计28个题项(附录A中"工人与管理者社会资本情况"部分)，管理者行为方面共计28个题项(附录A中"管理者行为情况"部分)，施工人员安全行为方面共计20个题项(附录A中"施工人员安全行为情况"部分)，具体题项如表7.4所示；第三部分为所调查人员的基本信息，包括调查者的性别、年龄、受教育情况、职位、工种、工作年限等信息。

表7.4　社会资本、管理者行为、施工人员安全行为最终测量题项

变量名称	题项编号	题项内容
社会资本	SCS1	您对项目部管理者了解的程度
	SCS2	您与项目部管理者的关系
	SCS3	您与项目部管理者的合作
	SCS4	工作中，您寻求上级支持的次数
	SCS5	在工作中，您与项目部管理者交换意见和想法的次数
	SCS6	您与项目部管理者在工作之外熟悉的程度
	SCS7	您与项目部管理者的私人关系
	SCS8	您参与项目组举办的聚餐、联谊等非正式活动的次数
	SCS9	您在食堂、休息室、走廊等非正式场合与项目部管理者交谈的次数
	SCR1	您与项目部管理者能真诚合作
	SCR2	您能与项目部管理者在工作中相互支持
	SCR3	您在工作中与项目部管理者相互信任
	SCR4	您在与管理者合作的过程中能够倾尽自己所能来完成某一项工作
	SCR5	您在与管理者进行合作的过程中彼此不会投机取巧
	SCR6	您认为项目部中管理者会帮助您，因此会觉得帮助他人也是应当的
	SCR7	您对项目部有一种归属感或者亲近感
	SCR8	您在项目部有种想要积极工作的感觉
	SCR9	您为自己成为该项目部中的一员而感到自豪
	SCR10	您认为管理者能公平地对待员工
	SCR11	您认为管理者能体谅员工的工作难处
	SCC1	您与项目部管理者有共同语言并能有效沟通
	SCC2	对于您描述的工作问题，管理者都能很快明白

(续表)

变量名称	题项编号	题项内容
社会资本	SCC3	您对工作中的专业符号、用语、词义都很清楚
	SCC4	您与项目部管理者交流时使用专业术语的次数
	SCC5	您针对工作中的问题使用的交流方式是管理者能接受和理解的
	SCC6	您与项目部管理者拥有一致的集体目标
	SCC7	您和项目部管理者对如何提升工作效率的认识
	SCC8	您认同项目部采用的施工方案
管理者行为	TFLB1	管理者能够超越自身利益进行安全施工管理
	TFLB2	管理者会与员工谈论社会责任、生命安全等话题
	TFLB3	管理者会强调工作任务
	TFLB4	管理者会与员工积极地讨论安全施工问题
	TFLB5	管理者在安全施工方面表示出了对员工的信任
	TFLB6	管理者会提出对安全问题的认识
	TFLB7	管理者会对安全问题寻求不同的观点
	TFLB8	管理者会提供解决安全问题的新方法
	TFLB9	管理者会从新的角度提出解决安全问题的方法
	TFLB10	管理者会根据员工的能力分配工作任务
	TFLB11	管理者注重安全培训和教育
	TFLB12	管理者会注意到员工的成就
	TSLM1	管理者会依据员工的安全工作表现进行分级奖励
	TSLM2	管理者会关注员工的错误
	TSLM3	管理者会跟踪员工的错误
	TSLM4	管理者及时提出并纠正员工的错误
	TSLM5	管理者只对严重的问题进行反映
	TSLM6	管理者只对已发生问题进行处理
	TSLM7	管理者会延迟处理安全问题
	MB1	管理者会设置安全生产管理专职机构
	MB2	管理者会制定的安全目标、安全规章制度
	MB3	管理者对员工安全生产实施的奖惩机制
	MB4	管理者对员工的安全教育培训
	MB5	管理者对安全设备、设施进行了定期审查
	MB6	管理者做到了定期检查安全隐患并对隐患进行了及时整改
	MB7	管理者对事故多发项目进行实时监督
	MB8	管理者定期进行了有效的安全总结
	MB9	管理者与员工进行沟通交流的次数

(续表)

变量名称	题项编号	题项内容
施工人员安全行为	SCB1	在工作中,您遵守安全相关规定及操作规程
	SCB2	在工作中,您依据规定使用安全帽、安全带等劳保用品
	SCB3	您对所使用的安全设备或工具进行必要检查
	SCB4	您会积极地参加管理者组织的岗位培训
	SCB5	您能够积极地配合安全管理人员的指挥和安排
	SCB6	存在工期紧等压力时,您也遵守安全法规
	SCB7	当确保工作环境处于高度安全的状态下,您才进行工作
	SPB1	您主动积极地参加安全会议
	SPB2	您主动积极地参与安全教育培训
	SPB3	您主动参加应急救援演练活动
	SPB4	您参加一些活动或者任务以改善工作场所的安全情况
	SPB5	您主动与工友讨论施工的安全问题
	SPB6	您主动与上级领导沟通施工安全问题
	SPB7	您参与编制组织的安全目标、安全计划等工作
	SPB8	您参与项目安全风险评价等工作
	SPB9	当您发现任何与安全有关的隐患或事件时,您及时地向上级汇报
	SPB10	当您的同事处于危险或不利的情形时,您帮助了他们
	SPB11	您主动地制止、纠正同事的错误操作或想法
	SPB12	您向同事示范正确的操作方法
	SPB13	您劝导您的同事以安全的方式进行工作

3. 问卷发放与回收

最终问卷确定后,本书进行了大样本的问卷发放与回收,发放对象主要为建筑业发展较快的国内中东部城市,发放形式包括电子邮箱、现场发放、邮寄发放和网上获取4种,共计发放问卷600份,回收问卷535份,回收率为89.17%。问卷的发放与回收情况如表7.5所示。依据廖中举[303]的观点,通过剔除无效问卷,共得到有效问卷457份,有效问卷回收率为76.17%。

表7.5 问卷的发放与回收情况

形式	发放数量	回收数量
电子邮箱	37	23
现场发放	60	45
邮寄发放	490	457
网上获取(问卷星)	13	13
总计	600	535

7.3.3 数据质量检验

本节将样本数据随机均分成两部分,其中228个样本数据用于探索性因子分析、CITC和内部一致性检验以明确变量的内部结构并进行测量题项的净化和信度分析;229个样本数据用于验证性因子分析,进一步对变量的结构和维度划分进行验证。

1. 探索性因子分析

根据Gorsuch[302]提出的进行因子分析的条件,样本量与测量题项的数量之比应大于5∶1,理想情况为大于10∶1,但一般情况下样本量大于测量题项5倍的就可以达到稳定的结果,且样本数大于100,本书采用228个样本进行探索性因子分析,涉及社会资本、施工人员安全行为和管理者行为三部分内容,其中单一部分最大题项数为28,样本数与题项数比例为8.14∶1,符合因子分析的要求。

在进行探索性因子分析之前,首先应当对样本数据进行KMO值的计算和Bartlett球形度检验,以判断是否适合进行因子分析,利用SPSS软件进行计算,检验结果如表7.6所示。

表7.6 KMO值和Bartlett球形度检验结果

变量内容	KMO值	Bartlett球形度检验		
		近似卡方	自由度	显著性
社会资本	0.960	5160.420	378	0.000
施工人员安全行为	0.938	2919.970	190	0.000
管理者行为	0.944	4311.335	378	0.000

由表7.6可知,社会资本、施工人员安全行为与管理者行为三个方面的KMO值分别为0.960、0.938、0.944,均大于0.5,且Bartlett球形度检验的显著性概率值均小于0.001,因此,说明三个变量均非常适合进行探索性因子分析。

同样利用SPSS软件进行探索性因子分析,采用主成分分析的方法提取各变量特征值大于1的公因子,采用最大方差法进行因子旋转,借鉴廖中举[303]对测量题项删除的标准:因子载荷小于0.5或在对应两个公因子的因子载荷均大于0.5。经计算,可得各变量探索性因子分析的结果。

1) 社会资本的因子分析

社会资本的主成分分析结果如表7.7所示。

表7.7 社会资本因子解释方差和旋转成分矩阵

维度划分	题项	因子		
		1	2	3
结构维度	SCS1	0.340	0.476	0.192
	SCS2	0.468	0.494	0.252
	SCS3	0.483	**0.595**	0.145
	SCS4	-0.045	**0.712**	0.323

(续表)

维度划分	题项	因子		
		1	2	3
结构维度	SCS5	0.486	**0.593**	0.125
	SCS6	0.478	0.496	0.153
	SCS7	0.483	**0.611**	0.200
	SCS8	−0.003	**0.836**	0.255
	SCS9	0.234	**0.792**	0.125
关系维度	SCR1	0.741	0.207	0.774
	SCR2	0.175	0.218	**0.787**
	SCR3	0.262	0.361	**0.707**
	SCR4	0.257	0.133	**0.790**
	SCR5	0.477	0.122	0.382
	SCR6	0.478	0.252	0.227
	SCR7	0.378	0.478	**0.532**
	SCR8	0.396	0.365	**0.539**
	SCR9	0.355	0.170	**0.682**
	SCR10	0.287	0.247	**0.750**
	SCR11	0.346	0.240	**0.689**
认知维度	SCC1	**0.622**	0.172	0.474
	SCC2	**0.635**	0.150	0.379
	SCC3	0.422	0.445	0.437
	SCC4	0.302	0.486	0.466
	SCC5	**0.741**	0.173	0.402
	SCC6	**0.703**	0.175	0.396
	SCC7	**0.664**	0.214	0.495
	SCC8	**0.566**	0.297	0.449
	特征值	8.234	5.135	4.640
	解释累计总方差/%	29.409	47.748	64.321

注：旋转在8次迭代后收敛。

由表7.7可知，社会资本变量经过主成分分析之后提取出三个特征值大于1的主成分，其对整个变量解释累计总方差达到了64.321%，大于50%，根据各个成分中包含题项的内容和意义，结合上文相关文献分析，将三个主成分分别命名为结构维度、关系维度和认知维度。根据题项删除的原则，将各成分中不符合要求的题项进行了删除，结构维度中删除SCS1、SCS2、SCS6；关系维度删除SCR1、SCR5、SCR6；认知维度删除SCC3、SCC4。此外，删除题项在基本含义上与保留题项具有一定的相似性，删除该题项并不影响对该变量的测量。

2) 施工人员安全行为的因子分析

本书将施工人员分为安全遵守行为和安全参与行为，安全参与行为按行为关系主体不同又分为自我参与行为和安全利他行为。施工人员安全行为的因子分析结果如表7.8所示。

表7.8 施工人员安全行为因子解释方差和旋转成分矩阵

维度划分	题项	因子		
		1	2	3
安全遵守行为	SCB1	**0.716**	0.375	0.105
	SCB2	**0.650**	0.350	0.185
	SCB3	**0.714**	0.292	0.230
	SCB4	**0.721**	0.168	0.266
	SCB5	**0.714**	0.241	0.192
	SCB6	**0.617**	0.280	0.270
	SCB7	**0.681**	0.233	0.227
安全参与行为 自我参与行为	SPB1	0.564	0.110	0.607
	SPB2	0.626	0.007	0.541
	SPB3	0.506	−0.003	0.668
	SPB4	0.293	0.450	0.336
	SPB5	0.266	0.377	**0.612**
	SPB6	0.281	0.476	**0.606**
	SPB7	0.309	0.284	**0.643**
	SPB8	0.076	0.324	**0.717**
安全利他行为	SPB9	0.127	**0.708**	0.272
	SPB10	0.347	**0.546**	0.361
	SPB11	0.315	**0.801**	0.138
	SPB12	0.257	**0.789**	−0.008
	SPB13	0.168	**0.615**	0.312
特征值		4.952	3.877	3.540
解释累计总方差/%		24.759	44.142	61.843

注：旋转在7次迭代后收敛。

由表7.8可知，施工人员安全行为变量经过主成分分析之后提取出三个特征值大于1的主成分，其对整个变量解释累计总方差达到了61.843%，大于50%，根据各个成分中包含题项的内容和意义，结合上文相关文献分析，将三个主成分分别命名为安全遵守行为、自我参与行为和安全利他行为。与原假设不同的是安全参与行为进一步细分为自我参与行为和安全利他行为两种，其中自我参与行为是指自己主动积极参与安全相关活动的行为，安全利他行为是指积极参与一些帮助他人的安全行为。根据上文所述题项删除的原则，将各成分中不符合要求的题项进行了删除，主要为自我参与行为中的题项SPB1~SPB4。删除题项在基本含义上与保留题项具有一定的相似性，删除该题项并不影响对该变量的测量。

3) 管理者行为的因子分析

管理者行为的因子分析如表7.9所示。

表7.9 管理者行为因子解释方差和旋转成分矩阵

维度划分	题项	因子		
		1	2	3
变革型领导行为	TFLB1	**0.679**	0.199	0.041
	TFLB2	**0.696**	0.374	0.022
	TFLB3	**0.585**	0.363	0.025
	TFLB4	**0.631**	0.354	0.033
	TFLB5	**0.683**	0.140	0.200
	TFLB6	**0.603**	0.457	0.076
	TFLB7	**0.648**	0.354	0.116
	TFLB8	**0.624**	0.457	0.049
	TFLB9	**0.606**	0.477	0.131
	TFLB10	**0.709**	0.186	0.163
	TFLB11	**0.552**	0.455	−0.004
交易型领导行为	TSLM1	0.462	0.364	0.088
	TSLM2	0.098	0.445	**0.538**
	TSLM3	0.499	0.335	0.202
	TSLM4	0.408	0.386	0.374
	TSLM5	0.429	0.497	0.143
	TSLM6	0.118	0.074	**0.850**
	TSLM7	0.125	0.063	**0.899**
	TSLM8	0.057	0.134	**0.892**
管理行为	MB1	0.504	**0.509**	0.228
	MB2	0.349	**0.637**	0.195
	MB3	0.397	**0.551**	0.187
	MB4	0.319	**0.726**	0.125
	MB5	0.314	**0.744**	−0.008
	MB6	0.278	**0.750**	0.085
	MB7	0.386	**0.697**	−0.097
	MB8	0.294	**0.815**	0.097
	MB9	0.287	**0.618**	0.313
特征值		7.082	6.477	2.919
解释累计总方差/%		25.293	48.425	58.848

注：旋转在5次迭代后收敛。

由表7.9可知，施工人员安全行为变量经过主成分分析之后提取出三个特征值大于1的主成分，其对整个变量解释累计总方差达到了58.848%，大于50%，根据各个成分中包含题项的内容和意义，结合上文相关文献分析，将三个主成分分别命名为变革型领导行为、交易型领导行为和管理行为。根据上文所述题项删除的原则，将各成分中不符合要求的题项进行了删除,主要为交易型领导行为中的题项TSLM1、TSLM3、TSLM4和TSLM5。删除题项在基本含义上与保留题项具有一定的相似性,删除该题项并不影响对该变量的测量。

2. CITC分析和内部一致性信度检验

为进一步剔除与对应变量不相关的题项,并要求在剔除不相关题项后能够提高变量的信度值,本调研采用CITC分析和内部一致性信度检验的方法进一步分析样本数据,将0.5作为剔除变量题项的CITC值临界点,同样利用SPSS软件对228份样本数据进行计算,结果如表7.10所示。

表7.10 各变量的CITC值和内部一致性信度检验结果

变量	题项	CITC值	剔除该题项后的α系数	α系数	
结构维度	SCS3	0.639	0.845	0.864	0.974
	SCS4	0.592	0.852		
	SCS5	0.624	0.848		
	SCS7	0.686	0.838		
	SCS8	0.718	0.837		
	SCS9	0.757	0.822		
关系维度	SCR2	0.684	0.895	0.906	
	SCR3	0.747	0.890		
	SCR4	0.674	0.897		
	SCR7	0.705	0.894		
	SCR8	0.723	0.893		
	SCR9	0.711	0.893		
	SCR10	0.686	0.895		
	SCR11	0.678	0.896		
认知维度	SCC1	0.751	0.903	0.916	
	SCC2	0.703	0.910		
	SCC5	0.837	0.891		
	SCC6	0.781	0.899		
	SCC7	0.809	0.895		
	SCC8	0.708	0.909		
安全遵守行为	SCB1	0.729	0.873	0.893	
	SCB2	0.700	0.876		
	SCB3	0.734	0.872		
	SCB4	0.686	0.878		
	SCB5	0.684	0.878		
	SCB6	0.658	0.881		
	SCB7	0.650	0.882		

(续表)

变量	题项	CITC值	剔除该题项后的α系数	α系数	
自我参与行为	SPB5	0.664	0.787	0.832	
	SPB6	0.704	0.770		
	SPB7	0.679	0.779		
	SPB8	0.608	0.816		
安全利他行为	SPB9	0.602	0.829	0.847	
	SPB10	0.612	0.827		
	SPB11	0.803	0.773		
	SPB12	0.656	0.815		
	SPB13	0.603	0.829		
变革型领导行为	TFLB1	0.629	0.911	0.916	0.974
	TFLB2	0.744	0.904		
	TFLB3	0.670	0.908		
	TFLB4	0.655	0.909		
	TFLB5	0.596	0.912		
	TFLB6	0.704	0.906		
	TFLB7	0.682	0.908		
	TFLB8	0.728	0.905		
	TFLB9	0.723	0.906		
	TFLB10	0.642	0.909		
	TFLB11	0.647	0.909		
交易型领导行为	TSLM2	0.214	0.899	0.799	
	TSLM6	0.744	0.679		
	TSLM7	0.780	0.654		
	TSLM8	0.743	0.676		
管理行为	MB1	0.678	0.909	0.916	
	MB2	0.706	0.907		
	MB3	0.654	0.910		
	MB4	0.733	0.905		
	MB5	0.719	0.906		
	MB6	0.711	0.907		
	MB7	0.698	0.907		
	MB8	0.811	0.899		
	MB9	0.647	0.911		

由表7.10可知，除测量题项TSLM2的CITC值小于0.5以外，其他题项的CITC值均大于0.5，且各维度和所有题项整体的α系数均大于0.6，由此表明，在经过探索性因

子分析之后，变量各维度的结构和一致性信度均比较好，满足实证分析的要求。

3. 验证性因子分析

通过探索性因子分析明确了各变量的结构和维度划分，为进一步验证变量结构和维度划分的有效性，需要利用验证性因子对各变量进行效度检验，以检验测量题项与所要反映的各变量之间的关系，具体可以分为对相关测量模型的收敛效度、区别效度和组合信度的检验等。该部分检验利用Amos软件进行。以另外229个样本数据为基础进行计算，由于样本近似服从正态分布，因此参数估计方法选取常用的极大似然法进行计算。

1) 收敛效度检验

收敛效度是指测量相同潜在特质的题项落在同一个因素构面(即潜在变量)上，且测量之间高度相关。在Amos操作中，收敛效度主要体现为对各单个潜在变量测量模型适配度的检验[316]。下面以社会资本结构维度变量为例进行变量的收敛效度检验。利用Amos17.0软件进行模型的绘制并计算，初始模型计算结果如图7.2所示。

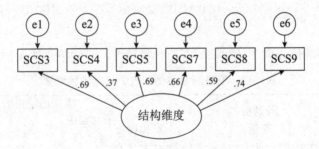

图7.2 结构维度初始模型收敛效度检验

由图7.2所示，在结构维度测量模型的初始模型中，假设所有误差项相互独立，模型计算结果显示，这6个测量题项因素负荷量的T值>1.96，说明其各参数均达到了0.05的显著水平。初始模型拟合结果如表7.11所示，可知，整体模型的自由度为9，卡方自由度比值为5.377>3.000，RMSEA为0.139>0.080，AGFI为0.842<0.900，GFI为0.932>0.900，只有GFI值达到模型的适配标准，说明假设误差项独立的初始测量模型无法获得支持。因此，需要根据修正指标，逐一增列测量指标误差项间的共变关系。经两步修正之后，建立误差项e2和e5、e4和e6之间的共变关系，模型计算结果如图7.3所示。

表7.11 初始模型拟合结果

拟合指标	χ^2/df	RMSEA	AGFI	GFI
标准值	<3.000	<0.080	>0.900	>0.900
指标值	5.377	0.139	0.842	0.932

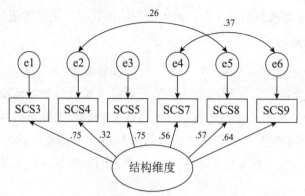

图7.3 结构维度修正模型收敛效度检验

模型检验结果显示,这6个测量题项因素负荷量的C.R.>1.96,说明其各参数均达到了0.05的显著水平,除SCS4题项的因素负荷量小于0.50外,其他均大于0.5。就模型拟合度而言,整体模型的自由度为7,卡方自由度比值为1.914,小于3.000,RMSEA为0.063,小于0.080,AGFI为0.941,大于0.900,GFI为0.980,大于0.900,均达到模型适配标准,说明修正后的结构维度测量模型与样本数据可以契合,其具有较好的收敛效度。

同理计算出其他几个变量测量模型的收敛效度,检验结果如表7.12所示。

表7.12 变量测量模型的收敛效度检验结果

变量	题项	因素负荷量	C.R.	模型适配指标				
				自由度	卡方自由度比值	RMSEA	AGFI	GFI
结构维度	SCS3	0.754	—	7	1.914	0.063	0.941	0.980
	SCS4	0.322	4.250					
	SCS5	0.748	9.206					
	SCS7	0.563	7.267					
	SCS8	0.569	7.461					
	SCS9	0.643	8.256					
关系维度	SCR2	0.817	—	15	1.768	0.058	0.930	0.971
	SCR3	0.810	13.022					
	SCR4	0.710	10.946					
	SCR7	0.460	6.078					
	SCR8	0.572	8.139					
	SCR9	0.663	9.378					
	SCR10	0.666	9.717					
	SCR11	0.700	10.210					
认知维度	SCC1	0.610	—	7	1.501	0.047	0.954	0.985
	SCC2	0.379	5.423					
	SCC5	0.536	6.576					
	SCC6	0.803	8.753					
	SCC7	0.808	8.918					
	SCC8	0.679	7.654					

(续表)

变量	题项	因素负荷量	C.R.	模型适配指标				
				自由度	卡方自由度比值	RMSEA	AGFI	GFI
安全遵守行为	SCB1	0.726	—	12	1.110	0.022	0.961	0.983
	SCB2	0.667	8.418					
	SCB3	0.674	8.278					
	SCB4	0.724	8.100					
	SCB5	0.581	7.761					
	SCB6	0.548	7.283					
	SCB7	0.418	5.752					
自我参与行为	SPB5	0.765	—	2	2.260	0.073	0.952	0.990
	SPB6	0.796	11.163					
	SPB7	0.770	11.172					
	SPB8	0.683	9.423					
安全利他行为	SPB9	0.445	—	4	1.783	0.059	0.953	0.987
	SPB10	0.628	5.262					
	SPB11	0.745	5.501					
	SPB12	0.515	4.492					
	SPB13	0.588	5.364					
变革型领导行为	TFLB1	0.510	—	44	1.346	0.039	0.929	0.953
	TFLB2	0.563	6.409					
	TFLB3	0.487	5.324					
	TFLB4	0.635	6.215					
	TFLB5	0.611	6.209					
	TFLB6	0.612	6.391					
	TFLB7	0.641	6.325					
	TFLB8	0.649	6.445					
	TFLB9	0.708	6.639					
	TFLB10	0.555	5.927					
	TFLB11	0.453	5.139					
交易型领导行为	TSLM2	0.238	—	1	0.775	0.000	0.983	0.998
	TSLM6	0.908	3.359					
	TSLM7	0.918	3.426					
	TSLM8	0.846	3.443					
管理行为	MB1	0.650	—	27	1.374	0.041	0.939	0.964
	MB2	0.606	7.855					
	MB3	0.640	8.154					
	MB4	0.599	7.079					
	MB5	0.669	7.471					
	MB6	0.694	8.351					
	MB7	0.489	5.957					
	MB8	0.681	8.214					
	MB9	0.573	7.184					

由表7.12可知，各变量测量题项因素负荷量的C.R.值均大于1.96，说明其各参数

均达到了0.05的显著水平，除个别测量题项的因素负荷量小于0.5外，其他测量题项的因素负荷量均大于0.5。并且，各测量模型的拟合度指标均表现良好，均达到模型适配标准，这说明各变量的测量模型与样本数据可以契合，均具有较好的收敛效度。

2) 区别效度检验

区别效度是指构面所代表的潜在特质与其他构面所代表的潜在特质低度相关或有显著的差异存在。在Amos操作中，区别效度主要体现为两个潜在变量测量模型是否具有较高相关性的分析[316]。参照吴明隆关于区别效度的判别方法，详见5.3.2节区别效度的判别方法。利用Amos17.0软件进行模型的绘制并计算，以结构维度测量模型和关系维度测量模型之间的区别效度检验为例，结构维度与关系维度变量区别效度的假设检验模型如图7.4所示，两个潜在变量间的共变参数名称设为C。

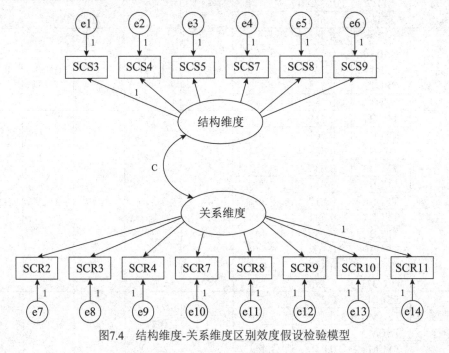

图7.4 结构维度-关系维度区别效度假设检验模型

经过计算，未限制模型和限制模型均可收敛辨识，其标准化估计结果分别如图7.5和图7.6所示。

根据模型计算结果显示，结构维度-关系维度潜在变量模型的未限制模型的自由度为76，卡方值为201.980，P值为0.000，小于0.005，限制模型的自由度为77，卡方值为384.594，P值为0.000，小于0.005，比较两个模型的自由度差异为1(77-76)，卡方值差异量为182.614，卡方值差异量显著性检验的概率值P为0.000，小于0.05，达到0.05的显著性水平。表示未限制模型与限制模型两个测量模型有显著不同，与限制模型相比，未限制模型的卡方值较小，表示结构维度与关系维度两个潜在变量间的区别效度较好。

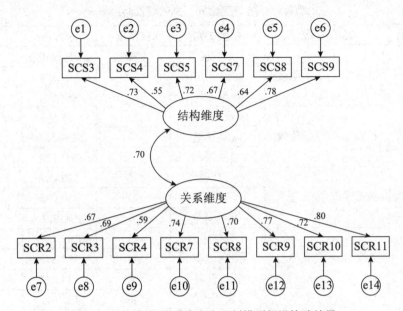

图7.5 结构维度-关系维度未限制模型假设检验结果

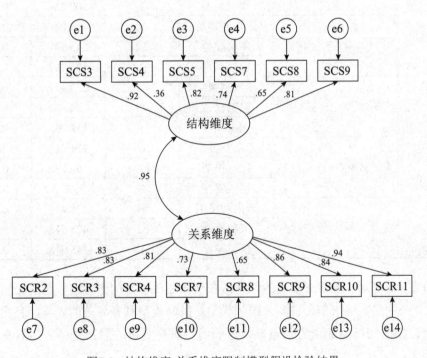

图7.6 结构维度-关系维度限制模型假设检验结果

采用5.3.1节的方法,计算出其他潜在变量两两之间的区别效度,总的结果如表7.13所示。

表7.13 各潜变量间区别效度检验结果

研究变量	潜在变量	模型类别	自由度	卡方值	P值
社会资本	结构维度-关系维度	未限制模型	76	201.980	0.000
		限制模型	77	384.594	0.000
		模型差异	1	182.614	0.000
	结构维度-认知维度	未限制模型	53	151.693	0.000
		限制模型	54	454.217	0.000
		模型差异	1	302.524	0.000
	关系维度-认知维度	未限制模型	76	329.457	0.000
		限制模型	77	410.946	0.000
		模型差异	1	81.489	0.000
施工人员安全行为	安全遵守-自我参与	未限制模型	43	189.425	0.000
		限制模型	44	314.347	0.000
		模型差异	1	124.922	0.000
	安全遵守-安全利他	未限制模型	53	135.611	0.000
		限制模型	54	244.945	0.000
		模型差异	1	109.334	0.000
	自我参与-安全利他	未限制模型	26	113.049	0.000
		限制模型	27	243.541	0.000
		模型差异	1	130.492	0.000
管理者行为	变革型领导-交易型领导	未限制模型	89	227.417	0.000
		限制模型	90	344.422	0.000
		模型差异	1	117.005	0.000
	变革型领导-管理行为	未限制模型	169	321.017	0.000
		限制模型	170	396.230	0.000
		模型差异	1	75.213	0.000
	交易型领导-管理行为	未限制模型	64	178.498	0.000
		限制模型	65	423.513	0.000
		模型差异	1	245.015	0.000

由表7.13可知，各研究变量的两两潜在变量测量模型的卡方差异量均比较大，且达到了0.05的显著性水平，证明未限制模型与限制模型具有显著的差异，且与限制模型相比，未限制模型的卡方值较小，这表明各研究变量的潜在变量之间具有较好的区别效度。

3) 组合信度检验

组合信度主要用来检验模型潜在变量的信度，同样用来验证探索性因子分析中明确的变量结构是否有效，主要通过潜在变量测量模型各题项的指标负荷与误差变异量来进行估算[316]。组合信度检验的指标主要是组合信度系数，组合信度系数是模型内在质量的判别准则之一，一般取值大于0.6时表示模型具有较好的内在质量，该指标不能直接通过Amos软件得出，主要通过公式(6.1)计算得出。

下面以社会资本变量为例，对其三个潜在变量各自的组合信度进行计算，以检验其组合信度。

利用Amos软件构建三个潜在变量的概念模型并进行计算，结果如图7.7所示。

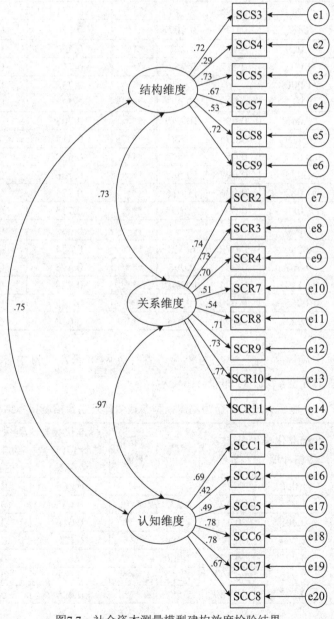

图7.7 社会资本测量模型建构效度检验结果

相关参数的计算结果如表7.14所示。

表7.14 社会资本测量模型参数估计及组合信度指标结果

潜在变量	测量指标	非标准化参数估计值	标准误S.E.	T值	显著性P值	标准化参数估计值(参数负荷量)	测量误差(1-标准化参数估计值^2)	组合信度
结构维度	SCS3	1.000	—	—	—	0.723	0.477	0.788
	SCS4	0.411	0.104	3.957	***	0.285	0.919	
	SCS5	0.945	0.095	9.913	***	0.731	0.466	
	SCS7	0.885	0.096	9.207	***	0.674	0.546	
	SCS8	1.019	0.140	7.297	***	0.530	0.719	
	SCS9	1.093	0.112	9.752	***	0.717	0.486	
关系维度	SCR2	1.000	—	—	—	0.738	0.455	0.885
	SCR3	0.925	0.085	10.921	***	0.727	0.471	
	SCR4	1.045	0.099	10.540	***	0.703	0.506	
	SCR7	0.719	0.095	7.586	***	0.514	0.736	
	SCR8	0.647	0.081	7.962	***	0.539	0.709	
	SCR9	1.023	0.097	10.585	***	0.706	0.502	
	SCR10	1.062	0.096	11.016	***	0.733	0.463	
	SCR11	1.088	0.093	11.695	***	0.775	0.399	
认知维度	SCC1	1.000	—	—	—	0.687	0.528	0.809
	SCC2	0.556	0.092	6.042	***	0.424	0.820	
	SCC5	0.567	0.081	6.996	***	0.493	0.757	
	SCC6	1.119	0.104	10.749	***	0.778	0.395	
	SCC7	0.965	0.090	10.710	***	0.775	0.399	
	SCC8	0.921	0.098	9.366	***	0.670	0.551	

同理，计算出施工人员安全行为和管理者行为两个研究变量中各潜在变量的组合信度系数，结果分别如表7.15和表7.16所示。

表7.15 施工人员安全行为测量模型参数估计及组合信度指标结果

潜在变量	测量指标	非标准化参数估计值	标准误S.E.	T值	显著性P值	标准化参数估计值(参数负荷量)	测量误差(1-标准化参数估计值^2)	组合信度
安全遵守行为	SCB1	1.000	—	—	—	0.668	0.554	0.796
	SCB2	1.034	0.123	8.372	***	0.665	0.558	
	SCB3	0.908	0.116	7.793	***	0.610	0.628	
	SCB4	0.954	0.119	7.984	***	0.628	0.606	
	SCB5	0.997	0.125	7.960	***	0.625	0.609	
	SCB6	0.972	0.135	7.222	***	0.558	0.689	
	SCB7	0.777	0.139	5.585	***	0.420	0.824	

(续表)

潜在变量	测量指标	非标准化参数估计值	标准误S.E.	T值	显著性P值	标准化参数估计值(参数负荷量)	测量误差(1-标准化参数估计值^2)	组合信度
自我参与行为	SPB5	1.000	—	—	—	0.642	0.588	0.688
	SPB6	0.865	0.118	7.340	***	0.601	0.639	
	SPB7	1.192	0.154	7.722	***	0.642	0.588	
	SPB8	1.038	0.166	6.251	***	0.495	0.755	
安全利他行为	SPB9	1.000	—	—	—	0.495	0.755	0.700
	SPB10	1.451	0.228	6.359	***	0.674	0.546	
	SPB11	1.491	0.231	6.452	***	0.696	0.516	
	SPB12	1.187	0.205	5.792	***	0.562	0.684	
	SPB13	1.107	0.251	4.415	***	0.375	0.849	

表7.16 管理者行为测量模型参数估计及组合信度指标结果

潜在变量	测量指标	非标准化参数估计值	标准误S.E.	T值	显著性P值	标准化参数估计值(参数负荷量)	测量误差(1-标准化参数估计值^2)	组合信度
变革型领导行为	TFLB1	1.000	—	—	—	0.506	0.744	0.620
	TFLB2	0.896	0.146	6.146	***	0.561	0.685	
	TFLB3	0.742	0.139	5.331	***	0.453	0.795	
	TFLB4	0.948	0.147	6.448	***	0.609	0.629	
	TFLB5	1.091	0.171	6.389	***	0.599	0.641	
	TFLB6	1.029	0.159	6.490	***	0.616	0.621	
	TFLB7	1.052	0.168	6.263	***	0.579	0.665	
	TFLB8	0.900	0.139	6.478	***	0.614	0.623	
	TFLB9	1.117	0.165	6.777	***	0.667	0.555	
	TFLB10	0.823	0.137	5.991	***	0.539	0.709	
	TFLB11	0.620	0.126	4.935	***	0.407	0.834	
交易型领导行为	TSLM2	1.000	—	—	—	0.208	0.957	0.840
	TSLM6	7.239	2.356	3.073	**	0.902	0.186	
	TSLM7	7.804	2.538	3.075	**	0.924	0.146	
	TSLM8	7.456	2.435	3.061	**	0.843	0.289	
管理行为	MB1	1.000	—	—	—	0.605	0.634	0.837
	MB2	0.835	0.119	7.001	***	0.563	0.683	
	MB3	0.985	0.130	7.581	***	0.624	0.611	
	MB4	0.844	0.115	7.327	***	0.597	0.644	
	MB5	0.995	0.128	7.769	***	0.645	0.584	
	MB6	1.061	0.131	8.101	***	0.684	0.532	
	MB7	0.725	0.119	6.119	***	0.477	0.772	
	MB8	1.044	0.132	7.883	***	0.659	0.566	
	MB9	1.108	0.159	6.950	***	0.558	0.689	

由表7.15~表7.16可知,各潜在变量的组合信度系数均大于0.6,说明各模型的内在质量较好,模型具有较好的组合效度,可以进行接下来的实证分析。

综上所述,本章通过探索性因子分析、CITC分析和内在一致性检验以及验证性因子分析三个方面对数据的质量和变量结构进行了检验和分析,得出了有效的变量结构,从而为接下来的实证分析奠定了数据基础。

7.4 假设检验

7.4.1 管理者行为与施工人员安全行为假设关系检验

1. 结构方程模型构建

根据上文提出的假设和相关理论分析,本章利用Amos软件首先构建了管理者行为与施工人员安全行为影响关系的结构方程模型,结果如图7.8所示。

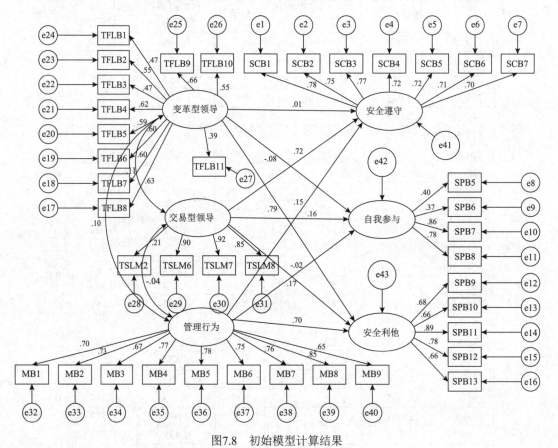

图7.8 初始模型计算结果

初始模型拟合度指标结果如表7.17所示。

表7.17 初始模型拟合结果

拟合指标	χ^2/df	RMR	RMSEA	GFI	CFI	PGFI	IFI
标准值	<3	<0.05	<0.08	>0.90	>0.90	>0.50	>0.90
指标值	1.906	0.50	0.063	0.762	0.858	0.677	0.859

由表7.17可知，除χ^2/df、RMSEA、PGFI三个指标符合拟合标准外，其他4个指标均不符合模型拟合的标准，因此初始模型不能和数据匹配，应当进一步修正。

2. 模型修正与结果分析

根据结构方程模型修正的原则，主要通过限制或释放原始模型的相关变量的路径进行模型修正，较常使用的是根据Amos软件输出结果中的修正指标值(Modification Indices，MI)进行修正，即依次对MI值较大的误差项之间建立共变关系，进而达到提高模型拟合度的目的。对此，本书通过检查误差项之间的MI值，对MI值较大的误差项e8和e9、e14和e15、e32和e34等误差项建立了共变关系。计算后，模型的拟合程度如表7.18所示。

表7.18 修正后模型拟合结果

拟合指标	χ^2/df	RMR	RMSEA	GFI	CFI	PGFI	IFI
标准值	<3	<0.05	<0.08	>0.90	>0.90	>0.50	>0.90
指标值	1.633	0.047	0.053	0.802	0.901	0.706	0.903

由表7.18可知，除GFI指标达到要求外，其余6个指标均达到了良好的模型拟合要求，因此，可以认为该理论模型与实际数据具有较好的匹配程度。进一步分析各潜变量之间的路径系数及显著性，结果如表7.19所示。

表7.19 管理者行为对施工人员安全行为影响结果

变量间关系	标准化路径系数	T值	P值	显著性
变革型领导→安全遵守	0.008	0.151	0.880	不显著
变革型领导→自我参与	0.716	4.698	***	非常显著
变革型领导→安全利他	0.136	2.466	0.014*	一般显著
交易型领导→安全遵守	-0.084	-1.626	0.104	不显著
交易型领导→自我参与	0.150	2.313	0.021*	一般显著
交易型领导→安全利他	-0.028	-0.551	0.582	不显著
管理行为→安全遵守	0.787	8.815	***	非常显著
管理行为→自我参与	0.171	2.538	0.011*	一般显著
管理行为→安全利他	0.782	8.126	***	非常显著

由表7.19可知，不同维度的管理者行为对施工人员安全行为影响关系表现不一，

一方面，表现在相关路径系数的显著性上，其中变革型领导行为对安全遵守行为、交易型领导行为对安全遵守行为、交易型领导行为对安全利他行为三对变量之间的关系表现不显著，其他变量之间均表现不同程度的显著影响；另一方面，对影响关系显著的变量之间路径系数大小也有所区别。下面针对上文所提假设，根据计算结果对各变量间的影响关系进行详细阐述，从而明晰管理者行为对施工人员安全行为的影响关系。

1) 管理者领导行为对施工人员安全遵守行为的影响关系

根据上文分析，本书将管理者领导行为分为管理者变革型领导行为和管理者交易型领导行为，结构方程分析结果显示，管理者变革型领导行为和交易型领导行为对施工人员安全遵守行为均不具有显著的影响关系(P值均大于0.05)。这与以往学者研究结果不太一致，主要原因可能是目前大多数施工项目管理者在强调施工人员遵守安全行为方面大多没有充当领导者角色，没有发挥领导行为的作用，不是从精神、愿景、责任等方面激励或要求施工人员遵守安全规范和规定，而仍然是以命令或指令式要求施工人员进行安全遵守。因此，假设H1没有得到支持。

2) 管理者领导行为对施工人员安全参与行为的影响关系

根据上文分析结果，本书将施工人员安全参与行为按行为关系主体不同又分为自我参与行为和安全利他行为。变革型领导行为对自我参与行为和安全利他行为均表现出显著的正相关关系，这与以往研究结果一致，影响的路径系数分别为0.716(P<0.001)和0.136(P=0.014<0.05)，这说明变革型领导行为对施工人员自我参与行为的影响大于安全利他行为。这是因为变革型领导行为主要表现为管理者对集体目标、共同愿景、社会责任的强调，管理者的这类行为容易使施工人员形成为项目和他人着想的心理，使施工人员更能认识和体会到自身的责任和主人翁的感觉，从而在积极参与改善项目安全和帮助他人等方面表现良好。

交易型领导行为对自我参与行为表现出显著的正相关关系，影响路径系数为0.150(P=0.021<0.05)，对安全利他行为的影响关系不显著(P=0.582>0.05)，主要是因为交易型领导行为主要表现为管理者与施工人员表现出一定的交换关系，管理者对施工人员在安全工作方面的行为具有明确的期望和惩罚，施工人员在管理者明确的期望下更倾向做出积极的自我响应，但在帮助他人方面表现不足。因此，假设H2得到部分支持。

3) 管理者管理行为对施工人员安全遵守行为的影响关系

管理行为主要是指管理者针对安全施工做出安全机构设置、人员配备、安全计划、安全制度和安全指令等具体管理活动。结构方程分析结果显示，管理者管理行为对施工人员安全遵守行为具有显著的正相关关系，影响路径系数为0.787(P<0.001)，这与以往研究结果一致。管理者做出的具体管理活动主要针对施工人员对施工安全规

范和安全制度的遵守,一般情况下,上述管理行为的加强有助于提高施工人员的安全遵守行为。因此,假设H3得到支持。

4) 管理者管理行为对施工人员安全参与行为的影响关系

根据结构方程分析结果,管理者管理行为对施工人员自我参与行为和安全利他行为均具有显著的正相关关系,影响路径系数分别为0.171(P=0.011<0.05)和0.782(P<0.001)。管理行为虽是针对施工人员遵守安全规范做出的具体活动,但具体活动的执行会让施工人员参与安全活动,帮助他人提供条件,如安全会议的召开、安全奖励和惩罚制度的制定会激励施工人员自我参与和帮助他人避免不安全行为等。因此,假设H4得到支持。

综上所述,根据上述具有显著影响关系的相关变量,可以构建施工项目管理者行为对施工人员安全行为的影响关系模型(M1),如图7.9所示。

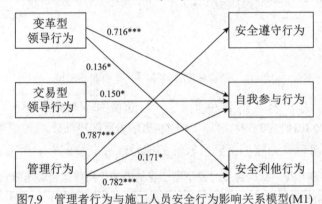

图7.9 管理者行为与施工人员安全行为影响关系模型(M1)

7.4.2 社会资本调节作用假设检验

为检验社会资本对管理者行为与施工人员安全行为互动关系的调节作用,在上述M1模型的基础上依次检验社会资本三个维度(结构维度、关系维度和认知维度)的调节作用。

1. 社会资本结构维度的调节作用

根据Marsh等[317]的配对原则,分别建立结构维度与变革型领导、交易型领导和管理行为的乘积项指标,在模型M1的基础上,构建结构维度的调节作用模型。鉴于模型包含的变量较多,本书分别构建三个模型,依次检验结构维度在变革型领导行为与施工人员安全行为、交易型领导行为与施工人员安全行为、管理行为与施工人员安全行为之间的调节作用。下面以结构维度在变革型领导行为与施工人员安全行为之间关系的调节作用为例,详细阐述假设检验的过程。

根据以上所述的原理与方法,构建结构维度的调节作用模型,经计算和修正,模型达到了较好的拟合,结果如图7.10所示。

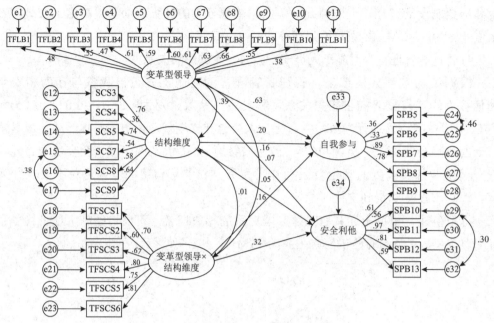

图7.10　结构维度对变革型领导的调节作用

模型的拟合指标结果如下：χ^2/df值为1.795，RMR值为0.047，RMSEA值为0.059，CFI值为0.870，PGFI值为0.694，除CFI指标没有达到0.90以外，其他指标均达到了拟合要求，因此，可以认为模型得到了较好的拟合。各变量间影响关系如表7.20所示。

表7.20　结构维度对变革型领导的调节作用模型检验结果

变量间关系	标准化路径系数	T值	P值	显著性
变革型领导→自我参与	0.627	4.000	***	非常显著
变革型领导→安全利他	0.164	2.002	*	一般显著
结构维度→自我参与	0.204	2.538	*	一般显著
结构维度→安全利他	0.050	0.628	0.530	不显著
变革型领导×结构维度→自我参与	0.163	2.444	*	一般显著
变革型领导×结构维度→安全利他	0.322	4.244	***	非常显著

由图7.10和表7.20可知，变革型领导行为与结构维度的乘积项对自我参与行为具有显著的正向影响(r=0.163，P<0.05)，同时，变革型领导行为对自我参与行为具有显著的正向影响(r=0.627，P<0.001)。由此表明，随着结构维度水平的提高，变革型领导行为对自我参与行为的正向影响得到增强。

变革型领导行为与结构维度的乘积项对安全利他行为具有显著的正向影响(r=0.322，P<0.001)，同时，变革型领导行为对安全利他行为具有显著的正向影响(r=0.164，P<0.05)。由此表明，随着结构维度水平的提高，变革型领导行为对安全利他行为的正向影响得到增强。

同理，构建结构维度对交易型领导行为和管理行为的调节作用模型，经计算和修正后,模型同样达到了较好的拟合,其模型拟合结果和假设检验结果如表7.21、表7.22所示。

表7.21 结构维度对交易型领导的调节作用模型检验结果

变量间关系	标准化路径系数	T值	P值	显著性	模型拟合结果
交易型领导→自我参与	0.279	2.379	*	一般显著	$\chi^2/df=2.281$,RMR=0.082,RMSEA=0.075,CFI=0.902,PGFI=0.642,IFI=0.904
结构维度→自我参与	0.289	2.640	**	比较显著	
交易型领导×结构维度→自我参与	0.160	1.969	*	一般显著	

由表7.21可知,交易型领导与结构维度的乘积项对自我参与行为具有显著的正向影响(r=0.160,P<0.05),同时,交易型领导对自我参与行为具有显著的正向影响(r=0.279,P<0.05)。由此表明,随着结构维度水平的提高,交易型领导对自我参与行为的正向影响得到增强。

表7.22 结构维度对管理行为的调节作用模型检验结果

变量间关系	标准化路径系数	T值	P值	显著性	模型拟合结果
管理行为→安全遵守	0.675	6.832	***	非常显著	$\chi^2/df=1.672$,RMR=0.045,RMSEA=0.054,CFI=0.906,PGFI=0.705,IFI=0.907
管理行为→自我参与	0.218	1.831	0.067	不显著	
管理行为→安全利他	0.931	7.475	***	非常显著	
结构维度→安全遵守	0.052	0.987	0.324	不显著	
结构维度→自我参与	0.375	3.402	***	非常显著	
结构维度→安全利他	0.062	1.079	0.280	不显著	
管理行为×结构维度→安全遵守	0.167	1.994	*	一般显著	
管理行为×结构维度→自我参与	-0.010	-0.091	0.927	不显著	
管理行为×结构维度→安全利他	-0.157	-1.682	0.093	不显著	

由表7.22可知,管理行为与结构维度的乘积项对安全遵守行为具有显著的正向影响(r=0.167,P<0.05),同时,管理行为对安全遵守行为具有显著的正向影响(r=0.675,P<0.001)。由此表明,随着结构维度水平的提高,管理行为对安全遵守行为的正向影响得到增强。

管理行为与结构维度的乘积项对自我参与行为和安全利他行为不具有显著的影响关系,说明结构维度在管理行为对自我参与行为和安全利他行为的影响关系不具有调节效应。

综上所述,结构维度在管理者行为对施工人员安全行为影响关系之间起到了不同程度的调节作用,主要包括以下4点。

(1) 结构维度在变革型领导行为对施工人员自我参与行为的影响关系中起到正向调节作用(r=0.163,P<0.05)。

(2) 结构维度在变革型领导行为对施工人员安全利他行为的影响关系中起到正向调节作用(r=0.322,P<0.001)。

(3) 结构维度在交易型领导行为对施工人员自我参与行为的影响关系中起到正向调节作用($r=0.160$，$P<0.05$)。

(4) 结构维度在管理行为对施工人员安全遵守行为的影响关系中起到正向调节作用($r=0.167$，$P<0.05$)。

2. 社会资本关系维度的调节作用

同理根据Marsh等[317]的配对原则，分别建立关系维度与变革型领导、交易型领导和管理行为的乘积项指标，在模型M1的基础上，构建关系维度的调节作用模型。同结构维度调节作用检验方法，本书分别构建三个模型，依次检验关系维度在变革型领导行为与施工人员安全行为、交易型领导行为与施工人员安全行为、管理行为与施工人员安全行为之间的调节作用。三个模型的拟合结果和假设检验结果如表7.23所示。

由表7.23可知，三个模型除某一个指标没有达到拟合要求外，其他所有拟合指标均满足拟合的标准，因此可以认为上述模型均达到了较好的拟合。就关系维度的调节效应而言，变革型领导行为与关系维度的乘积项对自我参与行为具有显著的正向影响($r=0.153$，$P<0.05$)，同时，变革型领导行为对自我参与行为具有显著的正向影响($r=0.692$，$P<0.001$)。由此表明，随着关系维度水平的提高，变革型领导行为对自我参与行为的正向影响得到增强。

变革型领导行为与关系维度的乘积项对安全利他行为具有显著的正向影响($r=0.646$，$P<0.001$)，同时，变革型领导行为对安全利他行为具有显著的正向影响($r=0.222$，$P<0.01$)。由此表明，随着关系维度水平的提高，变革型领导行为对安全利他行为的正向影响得到增强。

交易型领导行为与关系维度的乘积项对自我参与行为具有显著的正向影响($r=0.174$，$P<0.05$)，同时，交易型领导行为对自我参与行为具有显著的正向影响($r=0.344$，$P<0.05$)。由此表明，随着关系维度水平的提高，交易型领导行为对自我参与行为的正向影响得到增强。

管理行为与关系维度的乘积项对安全遵守行为具有显著的正向影响($r=0.624$，$P<0.001$)，同时，管理行为对安全遵守行为具有显著的正向影响($r=0.280$，$P<0.01$)。由此表明，随着关系维度水平的提高，管理行为对安全遵守行为的正向影响得到增强。

管理行为与关系维度的乘积项对自我参与行为和安全利他行为不具有显著的影响关系，说明关系维度在管理行为对自我参与行为和安全利他行为的影响关系不具有调节效应。

综上所述，关系维度在管理者行为对施工人员安全行为影响关系之间也起到了不同程度的调节作用，主要包括以下4点。

(1) 关系维度在变革型领导行为对施工人员自我参与行为的影响关系中起到正向调节作用($r=0.153$，$P<0.05$)。

表7.23 关系维度调节作用模型检验结果

模型名称	变量间关系	标准化路径系数	T值	P值	显著性	模型拟合结果
关系维度在变革型领导对安全行为影响关系的调节作用模型	变革型领导→自我参与	0.692	4.006	***	非常显著	χ^2/df=1.791, RMR=0.043, RMSEA=0.059, CFI=0.886, PGFI=0.691, IFI=0.887
	变革型领导→安全利他	0.222	2.953	**	比较显著	
	关系维度→自我参与	0.089	1.215	0.224	不显著	
	关系维度→安全利他	0.034	0.488	0.626	不显著	
	变革型领导×关系维度→自我参与	0.153	2.390	*	一般显著	
	变革型领导×关系维度→安全利他	0.646	7.189	***	非常显著	
关系维度在交易型领导对安全行为影响关系的调节作用模型	交易型领导→自我参与	0.344	2.488	*	一般显著	χ^2/df=2.369, RMR =0.075, RMSEA=0.078, CFI=0.902, PGFI =0.650, IFI =0.903
	关系维度→自我参与	0.304	2.890	**	比较显著	
	交易型领导×关系维度→自我参与	0.174	2.178	*	非常显著	
关系维度在管理行为对安全行为影响关系的调节作用模型	管理行为→安全遵守	0.280	3.243	**	比较显著	χ^2/df=1.717, RMR=0.042, RMSEA=0.056, CFI=0.904, PGFI=0.689, IFI=0.905
	管理行为→自我参与	0.139	1.114	0.265	不显著	
	管理行为→安全利他	0.712	5.951	***	非常显著	
	关系维度→安全遵守	0.090	2.008	*	一般显著	
	关系维度→自我参与	0.361	3.386	***	非常显著	
	关系维度→安全利他	0.077	1.389	0.165	不显著	
	管理行为×关系维度→安全遵守	0.624	6.307	***	非常显著	
	管理行为×关系维度→自我参与	0.004	0.036	0.971	不显著	
	管理行为×关系维度→安全利他	0.105	1.014	0.311	不显著	

(2) 关系维度在变革型领导行为对施工人员安全利他行为的影响关系中起到正向调节作用(r=0.646，P<0.001)。

(3) 关系维度在交易型领导行为对施工人员自我参与行为的影响关系中起到正向调节作用(r=0.174，P<0.05)。

(4) 关系维度在管理行为对施工人员安全遵守行为的影响关系中起到正向调节作用(r=0.624，P<0.001)。

3. 社会资本认知维度的调节作用

同样，根据Marsh等[317]的配对原则，分别建立认知维度与变革型领导、交易型领导和管理行为的乘积项指标，在模型M1的基础上，构建认知维度的调节作用模型。与结构维度调节作用检验方法一样，本书分别构建三个模型，依次检验认知维度在变革型领导行为与施工人员安全行为、交易型领导行为与施工人员安全行为和管理行为与施工人员安全行为之间的调节作用。三个模型的拟合结果和假设检验结果如表7.24所示。

由表7.24可知，三个模型各个拟合指标均达到了拟合要求，因此可以认为上述模型均达到了较好的拟合。就认知维度的调节效应而言，变革型领导行为与认知维度的乘积项对安全参与行为不具有显著的影响关系，说明认知维度在变革型领导行为与安全参与行为之间不具有调节作用。

变革型领导行为与认知维度的乘积项对安全利他行为具有显著的正向影响(r=0.217，P<0.01)，同时，变革型领导行为对安全利他行为具有显著的正向影响(r=0.896，P<0.001)。由此表明，随着认知维度水平的提高，变革型领导行为对安全利他行为的正向影响得到增强。

交易型领导行为与认知行为的乘积项对自我参与行为具有显著的正向影响(r=0.216，P<0.05)，同时，交易型领导行为对自我参与行为具有显著的正向影响(r=0.270，P<0.05)。由此表明，随着认知维度水平的提高，交易型领导行为对自我参与行为的正向影响得到增强。

管理行为与认知维度的乘积项对安全遵守行为具有显著的正向影响(r=0.530，P<0.001)，同时，管理行为对安全遵守行为具有显著的正向影响(r=0.353，P<0.001)。由此表明，随着认知维度水平的提高，管理行为对安全遵守行为的正向影响得到增强。

管理行为与认知维度的乘积项对自我参与行为和安全利他行为不具有显著的影响关系，说明认知维度在管理行为对自我参与行为和安全利他行为的影响关系不具有调节效应。

表7.24 认知维度调节作用模型检验结果

模型名称	变量间关系	标准化路径系数	T值	P值	显著性	模型拟合结果
认知维度在变革型领导对安全行为影响关系的调节作用模型	变革型领导→自我参与	0.954	5.786	***	非常显著	χ^2/df=1.661, RMR =0.045, RMSEA =0.054, CFI =0.901, PGFI =0.697, IFI =0.903
	变革型领导→安全利他	0.896	5.741	***	非常显著	
	认知维度→自我参与	0.218	2.472	*	一般显著	
	认知维度→安全利他	0.305	3.514	***	非常显著	
	变革型领导×认知维度→自我参与	0.091	1.337	0.181	不显著	
	变革型领导×认知维度→安全利他	0.217	3.252	**	比较显著	
认知维度在交易型领导对安全行为影响关系的调节作用模型	交易型领导→自我参与	0.270	2.437	*	一般显著	χ^2/df=2.327, RMR =0.072, RMSEA =0.076, CFI =0.910, PGFI =0.640, IFI =0.912
	认知维度→自我参与	0.118	1.567	0.117	不显著	
	交易型领导×认知维度→自我参与	0.216	2.484	*	一般显著	
	管理行为→安全遵守	0.353	3.846	***	非常显著	
	管理行为→自我参与	0.255	2.685	**	比较显著	
认知维度在管理行为对安全行为影响关系的调节作用模型	管理行为→安全利他	0.659	5.504	***	非常显著	χ^2/df=1.686, RMR =0.045, RMSEA =0.055, CFI =0.912, PGFI =0.703, IFI =0.913
	认知维度→安全遵守	0.084	1.728	0.084	不显著	
	认知维度→自我参与	0.018	0.151	0.880	不显著	
	认知维度→安全利他	0.064	1.130	0.258	不显著	
	管理行为×认知维度→安全遵守	0.530	5.638	***	非常显著	
	管理行为×认知维度→自我参与	0.150	1.210	0.226	不显著	
	管理行为×认知维度→安全利他	0.173	1.690	0.091	不显著	

综上所述，认知维度在管理者行为对施工人员安全行为影响关系之间也起到了不同程度的调节作用，主要包括以下三点。

(1) 认知维度在变革型领导行为对施工人员安全利他行为的影响关系中起到正向调节作用(r=0.217，P<0.01)。

(2) 认知维度在交易型领导行为对施工人员自我参与行为的影响关系中起到正向调节作用(r=0.216，P<0.05)。

(3) 认知维度在管理行为对施工人员安全遵守行为的影响关系中起到正向调节作用(r=0.530，P<0.001)。

综上所述，社会资本各维度在管理者行为对施工人员安全行为影响关系的调节作用可如图7.11所示。

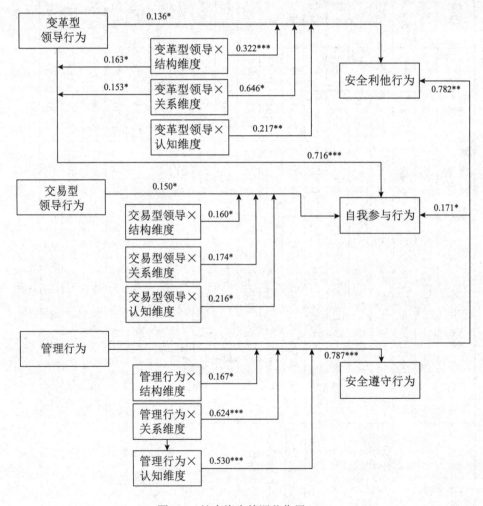

图7.11 社会资本的调节作用(M2)

4. 结果讨论

根据上文所提假设和实证分析结果，社会资本在管理者行为对施工人员安全行为影响关系之间的调节作用可以分为以下4点进行分析。

1) 社会资本在领导行为对安全遵守行为影响关系之间的调节作用

根据上文分析结果，社会资本在领导行为对安全遵守行为影响关系之间不存在调节作用，主要在于在分析管理者行为对施工人员安全行为影响关系时管理者的领导行为对施工人员的安全遵守行为不具有显著的影响关系，即管理者在强调施工人员遵守安全行为时没有充分发挥领导角色的作用，没有从目标、愿景、价值观等方面促使施工人员遵守安全行为，因而，管理者与施工人员之间存在的社会资本在此二者之间也不具有显著的调节作用。因此，假设H5没有得到支持。

2) 社会资本在领导行为对安全参与行为影响关系之间的调节作用

根据上文分析结果，社会资本在领导行为对安全参与行为影响关系之间的调节作用可以分为以下4点。

(1) 社会资本(包括结构维度和关系维度)在变革型领导行为对自我参与行为影响关系之间存在显著的正向调节作用；社会资本认知维度在变革型领导行为对自我参与行为影响关系之间不存在显著的正向调节作用。

社会资本结构维度和关系维度即指管理者和施工人员的联系频繁程度、关系密切程度和信任程度等。这些因素的加强会促进施工人员进一步理解和认识管理者的领导风格和办事目的，从而自觉地加入改善安全环境的活动。因此，这些因素能够影响变革型的领导行为对施工人员积极参与安全活动。社会资本认知维度是指管理者和施工人员之间形成的共同语言和共同价值观。认知维度对变革型领导行为对自我参与行为影响关系的调节作用并不显著，一方面可能是因为，在企业的共同愿景和目标方面管理者和施工人员并没有形成较高水平的一致的认知；另一方面可能是因为，即使存在一定水平的认知维度，但并没有对其积极参与安全活动产生影响，如缺乏具体的指引或缺乏有效的激励。

(2) 社会资本(包括结构维度、关系维度和认知维度)在变革型领导行为对安全利他行为影响关系之间存在显著的正向调节作用。

社会资本三个维度在变革型领导行为对安全利他行为影响关系之间存在显著的正向调节作用，主要原因是管理者和施工人员之间的关系、联系、信任和共同语言等要素能够促进施工人员追求管理者个人提出的目标和愿景，加深对集体目标、个人责任的认识，更容易、更有倾向做出一些有益集体和他人的行为，从而在安全利他行为方面有进一步的改善。

(3) 社会资本(包括结构维度、关系维度和认知维度)在交易型领导行为对自我参与行为影响关系之间存在显著的正向调节作用。

社会资本三个维度在交易型领导行为对自我参与行为影响关系之间存在显著的正向调节作用，主要原因是交易型领导行为往往体现出对施工人员明确的期望、惩罚和奖励。管理者和施工人员之间社会资本的提高有助于施工人员认识和信任管理者，积极响应管理者的领导行为，从而积极参与相关安全活动，进一步提高自我参与行为水平。

(4) 社会资本(包括结构维度、关系维度和认知维度)在交易型领导行为对安全利他行为影响关系之间不存在显著的调节作用

社会资本三个维度在交易型领导行为对安全利他行为影响关系之间不存在显著的正向调节作用，主要原因是交易型领导行为对安全利他行为影响关系并不显著，因此，即使社会资本水平得到提高也不会对两者之间的影响关系起到显著的调节作用。

综上所述，假设H6得到部分支持。

3) 社会资本在管理行为对安全遵守行为影响关系之间的调节作用

根据上文分析结果，社会资本(包括结构维度、关系维度和认知维度)在管理行为对安全遵守行为影响关系之间存在显著的正向调节作用。管理行为对安全遵守行为的影响往往通过强制的指令、命令和制度等方式，而社会资本水平的提高表示管理者和施工人员之间的联系、关系、沟通、信任以及共同认知等方面均有着不同程度的提高，因此施工人员更容易接受管理者发出的指令和命令，而不会存在逆反心理。可见，随着社会资本水平的提高，管理行为对安全遵守行为的影响关系得到加强，假设H7得到支持。

4) 社会资本在管理行为对安全参与行为影响关系之间的调节作用

根据上文分析结果，社会资本(包括结构维度、关系维度和认知维度)在管理行为对自我参与和安全利他行为影响关系之间不存在显著的正向调节作用，主要原因是管理行为往往通过安全规范、制度和管理者的指令传达给施工人员，而施工人员的自我参与和安全利他行为主要基于自身的安全意识以及其与同事的关系，与管理者之间的社会资本无关，因此，管理者与施工人员之间的社会资本对施工人员在积极参与安全活动、帮助他人等方面并没有显著的影响，假设H8没有得到支持。

第8章
建筑施工主体社会资本与其安全行为动态演化机理

8.1 概述

社会资本如同其他资本一样，也会通过主体的行为产生积累。建筑业劳动用工方面具有流动、分散、短期、阶段、交叉流水作业、多工种配合等特点，因此社会资本与安全行为是处在动态的变化过程之中。施工项目涉及的内外部、主客观因素的变化随时影响着施工主体安全行为的决策过程。本章分别从个体和组织层面分析施工主体社会资本与其安全行为间的动态演化规律。首先是个体方面，本章通过文献归纳，沿袭经典的社会资本维度划分框架，构建了社会资本三个维度与安全能力、安全行为的概念模型；然后利用课题组从全国范围内调研获得的建筑工人社会资本与安全行为控制变量的测量数据信息，辨识各变量的影响规律，构建了建筑工人安全行为的系统动力学模型；继而通过动态仿真模拟，探讨社会资本的积累和安全行为的发展，以及两者之间的关联机制，解释了建筑工人的安全行为。其次是组织层面，本章以建筑施工企业项目部管理层和员工层为研究对象，在分析组织社会资本、安全能力和安全行为之间影响关系的基础上，确定各要素间影响作用的因果关系图和系统流图，建立系统动力学模型，进行计算机仿真模拟和模型调控变量的灵敏度分析，主要对以下三个问题进行分析讨论：第一，组织社会资本、安全能力和安全行为之间相互影响的内在作用机理以及动态演化规律；第二，社会资本与安全行为动态演化模型中的关键影响因素；第三，针对演化规律和关键影响因素提出有效对策，为提高建筑施工企业整体安全水平提供系统性解决方案。

8.2 施工人员社会资本与其安全行为的动态演化机理分析

8.2.1 施工人员社会资本与安全行为演化概念模型

1. 社会资本各维度之间理论关系建构

建筑工人进入一个工程项目施工团队，即成为该团队网络结构中的一个节点，继而可与其他网络节点产生联系。个体间的联系对于促进个体间的信任具有重要作用，随着联系强度增大，信任会逐渐加强[318]。建立一个规范的、彼此间存在信任的网络可以改善团队的社会资本，对网络结构中的个体形成约束。这在社会学领域也有应用，例如"熟人社会"转变为"陌生人社会"而社会资本下降，是造成地区治安形势严峻的一个深层次原因[319]。个体间的连接有助于加强彼此信任，依据社会交换理论，在交换中，因为回报不及时，所以双方必须对对方有善意的期待；当期待落实，则信任感会增加；多次的社会交换成功后，信任关系自然建立[30]。因此建筑工人的结构嵌入、网络构建是其社会资本形成的第一步，之后进一步通过交谈、合作、交换意见、相互学习，促进结构维度向关系维度转化，即结构维度对关系维度具有促进作用。

建筑工人社会资本的关系维度表现如下：建筑工人之间在施工过程中与他人相互信任，认为他人分享的知识是可信的；在组织中具有归属感，认为管理者能公平对待员工；相信上级管理者的能力与其岗位匹配。相关研究表明，信任会直接或间接地作用于人们对知识的共享[320]，信任的重要性甚至比正式合作的重要性还要大[321]。只有当个体相信对方不会产生机会主义，不会错误使用知识，他才会表现出共享意愿，才愿意分享所拥有的知识。员工之间良好的交流需要信任这一前提，只有信任彼此，人们才会心甘情愿地与对方分享自己的内在特质，才能够促进彼此能力的提高。群体之所以能够在复杂、动态、模糊的情境中有效运作，一个很重要的原因就是成员对于怎样应对情境有共同的理解，这种理解表现出的外在形式即为成员共同的价值观和共同的认知方式[322]。但个体并非主动吸收组织的价值观和认知方式，他们必须通过长期的互动，逐步将组织的共同信息、价值观与自身的认知结构相融合[323]。这些效应对建筑工人之间的信任、期望等关系维度发生改变，形成成员之间共同的语言和代码、共同愿景、共享目标。可见，关系维度对认知维度有促进作用。

2. 社会资本与安全行为之间的理论建构

员工之间的有效交流和知识互换形成共同的语言、共享愿景后，有助于提升彼此能力，而员工安全能力对其安全行为具有明显的促进作用[160, 324]。因此，在社会资本对安全行为的演化规律研究中，引入安全能力变量。

员工安全能力潜能、安全行为与安全结果可以被综合认定为安全绩效，这种观点修正了以往仅从安全事故等历史数据结果来反映绩效的做法，而是更关注员工素质和未来发展[325]。Koh等研究发现，在建筑安全管理实践中，认知维度直接影响安全绩效，结构维度和关系维度对安全绩效的影响则通过适应与合作的调节作用来实现[215]，且结构维度对安全绩效的影响不显著。

在员工个体安全能力培养的过程中，员工的安全经验占据着主导作用，他们之间的有效交流是基础[152]。组织成员间相互认可，并具有共同愿景有助于增加他们分享知识的意愿与热情，尤其是隐性知识的交流与共享[240]，从而尽可能地避免曲解信息，同时自身安全能力得以提升。员工更愿意与那些与自己拥有共同价值观、共同目标的人分享自己所拥有的知识。据此提出认知维度对安全能力产生正向影响。

员工的安全能力对其安全参与行为和安全遵守行为皆表现出了较好的正向作用关系[192]。员工安全能力的欠缺是导致不安全行为的发生的主要原因，不安全行为又是引起安全事故发生的直接因素[154]。因此，管理者可以通过提高工人的安全能力来减少其不安全行为，提升安全行为水平。同时，拥有较高安全能力的工人会严格地按照企业制定的安全操作规程来工作，真正参与到安全事务中，并表现出较高的安全行为水平。可见，安全能力对安全行为具有促进作用。

根据上述研究基础，建立图8.1所示概念模型。社会资本对安全能力产生影响，从而影响工人安全行为选择，进而影响安全行为结果(安全绩效)，安全行为结果又反馈作用于社会资本。

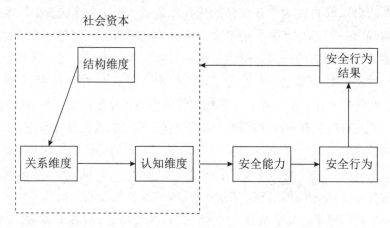

图8.1 建筑工人社会资本与安全行为演化概念模型

8.2.2 建立系统动力学动态演化模型

根据图8.1提出的概念模型，本章建立了反映建筑工人安全行为适应过程的系统动力学(SD)模型(见图8.2)，力求通过建筑工人社会资本结构维度、关系维度、认知维度的变化，调整自身安全行为的规律。其中，变量分布规律及变量关系来源于课题组对部分省市调研获得的调查问卷数据的分析，例如关系维度与结构维度的关系。

在建筑工程项目中，作为施工作业主体的建筑工人，与施工作业客体(即建筑工程项目)以及施工组织(即建筑施工项目部)相互作用。图8.2中，绝大多数参数描述建筑工人的社会资本、安全能力、安全行为，如安全行为不便性用于描述施工对象本身的特点；安全交底周期、安全培训周期、安全培训效用、安全检查周期、管理者安全行为等参数代表了施工企业的安全管理制度；等等。这些参数描述构成了不同的问题情境，我们通过变换参数取值，描述他们之间的相互关系，能够洞察出三个主客体对安全行为影响的特征和演化规律。

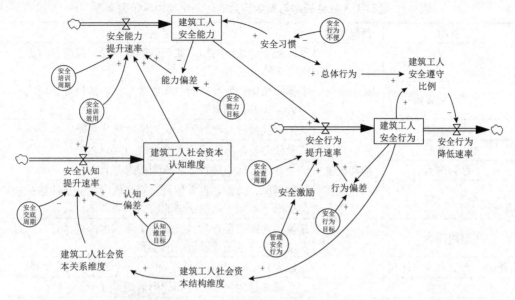

图8.2 建筑工人社会资本与安全行为演化系统动力学模型

系统动力学模型包括三个负反馈循环结构，即安全认知、安全能力、安全行为三个参数局部模型。负反馈系统包含负反馈回路，因其力图缩小系统状态相对于目标状态(或某平衡状态)的偏离，也称为稳定回路、平衡回路或自校正回路[326]。负反馈系统的特点是能够自动寻求给定的目标，并对未达到(或者未趋近)的目标不断做出响应。

在安全行为的影响因素中，设置了安全习惯和安全行为不便性两个参数。建筑工人的安全习惯会影响他们的态度和安全行为[327]。一个新习惯的建立需要相当长的时间，当建筑工人被要求执行不同于他们习惯的安全行为时，旧习惯和安全行为的不便性便会显现，工人需要克服一定困难来改变态度和执行新的安全行为。同时，由于模仿和从众心理的作用，建筑工人的安全行为会受总体行为和建筑工人安全遵守比例的影响[328]。

8.2.3 问卷调查与统计分析

1. 问卷设计与调查

本节问卷设计与数据来源同5.2节。

2. 变量之间的方程式

建筑工人社会资本与安全行为演化系统动学模型的各个参数如表8.1所示。

表8.1 建筑工人社会资本与安全行为演化系统动力学模型参数

参数	参数类别	定义
社会资本结构维度	辅助变量	整体网络的联结结构,如联结数量、联结强度、节点在网络中的位置等
社会资本关系维度		主体间长期频繁互动而形成的关系,包括信任、规范与约束、义务与期望等
认知偏差		认知维度目标与建筑工人认知维度得分之差
能力偏差		安全能力目标与建筑工人安全能力得分之差
行为偏差		安全行为目标与建筑工人安全行为得分之差
安全习惯		长期自愿、自发、自觉地遵守安全规定,甚至能够在紧急状况下本能地做出正确的应急举动[249]
总体行为		建筑工人在安全行为执行过程中表现出的群体行为,是态度、执行意图、表现等的总和
建筑工人安全遵守比例		在建筑工人安全执行总体行为中,安全遵守行为的比例
安全激励		安全管理行为执行力度和作用效果得分
社会资本认知维度	积累变量(即状态变量或水平变量)	促使个体对外表现一致性的资源,体现为成员共同的语言和代码、共同愿景、共享目标等
安全能力		个人利用与整合所拥有的知识、技能、个人价值等内在特质,在完成某项工作或达成某一绩效目标过程中,将可能涉及个体的意外能量控制在可允许的范围内的一种能力
安全行为		员工在进行生产作业时能够按照已有的规范进行而不出现差错的行为
安全认知提升速率	速率变量	积累变量增加或降低的瞬时速度,表现为对积累变量的促进和抑制作用
安全能力提升速率		
安全行为提升速率		
安全行为降低速率		
安全行为不便	常量	由于执行不同于安全习惯的安全行为而表现出的困难
管理安全行为		建筑企业和工程项目管理者为达到安全生产的目的进行一系列的活动
认知维度目标		系统动力学负反馈系统中的参数,分别为认知维度、安全能力、安全行为的最理想值,即李克特量表的最高分值——5分
安全能力目标		
安全行为目标		

1) 常量

建筑工人社会资本与安全行为演化系统动力学模型含有安全交底周期、安全培训周期、安全培训效用、管理安全行为、安全检查周期、安全行为不便等常量。这些常量采用10以内的整数表示。

认知维度目标、安全能力目标、安全行为目标给定为李克特量表的最高分——5。

2) 积累变量

建筑工人社会资本与安全行为演化系统动力学模型含有建筑工人社会资本认知维度、建筑工人安全能力、建筑工人安全行为为3个积累变量，用积分函数表示。此处这3个变量简写为认知维度、安全能力和安全行为，其公式为

$$认知维度(t) = 认知维度(t_0) + \int_{t_0}^{t} 认知维度提升速率 \, dt$$

$$安全能力(t) = 安全能力(t_0) + \int_{t_0}^{t} 安全能力提升速率 \, dt$$

$$安全行为(t) = 安全行为(t_0) + \int_{t_0}^{t} (安全行为提升速率 - 安全行为降低速率) \, dt$$

3) 速率变量

建筑工人社会资本与安全行为演化系统动力学模型含有4个速率变量，其公式为

安全能力提升速率=能力偏差×安全培训效用×建筑工人安全社会资本认知维度/安全培训周期

安全认知提升速率=exp(2.16-3.147/建筑工人安全社会资本关系维度)/安全交底周期×认知偏差×安全培训效用

安全行为提升速率=行为偏差×安全激励×建筑工人安全能力/安全检查周期

安全行为降低速率=建筑工人安全遵守比例

4) 辅助变量

建筑工人社会资本与安全行为演化系统动力学模型含有9个辅助变量，其公式为

建筑工人社会资本结构维度=RANDOM NORMAL(2.25，5，10)×建筑工人安全行为/5

建筑工人社会资本关系维度=[exp (1.932-2.038/建筑工人安全社会资本结构维度)]

认知偏差=认知维度目标-建筑工人安全社会资本认知维度

能力偏差=能力目标-建筑工人安全能力

行为偏差=行为目标-建筑工人安全行为

安全习惯=1/安全行为不便×建筑工人安全能力

总体行为=安全习惯

建筑工人安全遵守比例=建筑工人安全行为×总体行为/5

安全激励= exp (2.308×3.582/管理安全行为)

8.2.4　模拟仿真和结果分析

1. 社会资本、安全能力、安全行为随时间演化的规律

社会资本结构、关系、认知三个维度随时间演化规律如图8.3所示。受建筑工人的流动性等特点影响，建筑工人安全社会资本结构维度表现出了随机变化和反复过

程，关系维度呈现波动与恢复过程。认知维度具有明显的积累效应，呈现指数式的寻的行为模式，收敛值为设定的目标值，即调研数据李克特量表的最大值，同时也是安全培训所应达到的安全操作标准水平。

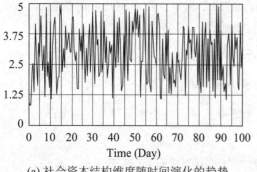
(a) 社会资本结构维度随时间演化的趋势

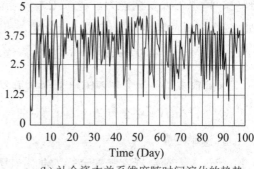
(b) 社会资本关系维度随时间演化的趋势

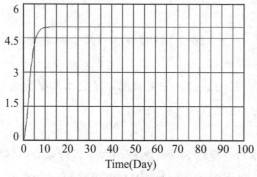
(c) 社会资本认知维度随时间演化的趋势

图8.3　建筑工人社会资本随时间演化趋势

建筑工人安全能力、安全行为随时间演化趋势如图8.4所示。建筑工人安全能力和安全行为随时间的演化趋势，均为典型的寻的行为模式，收敛值为设定的目标值。安全能力在达到最大值之后呈现稳定的特点，而安全行为却由于安全行为不便性、安全氛围等原因出现波动。当前安全管理制度下，熟练建筑工人的安全行为围绕较高的指标水平上下波动。

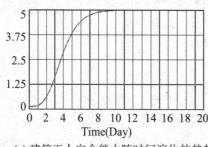
(a) 建筑工人安全能力随时间演化的趋势

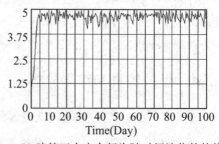
(b) 建筑工人安全行为随时间演化的趋势

图8.4　建筑工人安全能力、安全行为随时间演化趋势

2. 社会资本、安全能力对安全行为的影响

建筑业劳动用工的流动性、分散性被认为是安全行为管理措施失效的原因之一。图8.5给出了社会资本三个维度和安全能力对安全行为的影响规律。由图8.5(a)、图8.5(b)图可知,结构维度、关系维度的随机性特点使安全行为的提升出现波动,但是在现有安全管理制度的约束下,安全行为呈现震荡往复上升规律;由图8.5(c)、图8.5(d)图可知,安全认知和安全能力对安全行为的影响是完全正相关的。

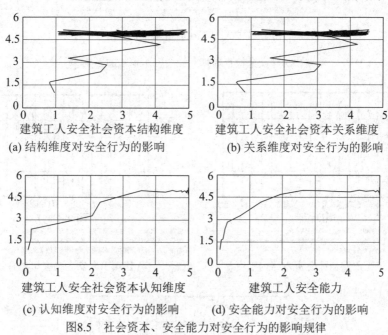

(a) 结构维度对安全行为的影响　　(b) 关系维度对安全行为的影响

(c) 认知维度对安全行为的影响　　(d) 安全能力对安全行为的影响

图8.5　社会资本、安全能力对安全行为的影响规律

3. 安全管理制度对社会资本积累的影响规律

图8.6、图8.7给出了两个安全管理参数(安全检查周期、安全行为不便性)对社会资本积累的影响规律。由图8.6可知,安全检查周期对社会资本的影响显著,安全检查周期越短,社会资本三个维度的累积越快;而安全行为不便性对社会资本积累的影响较小。

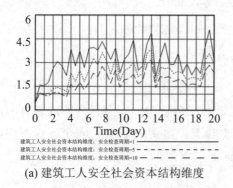

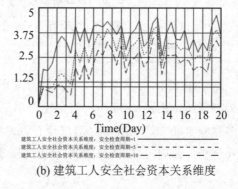

(a) 建筑工人安全社会资本结构维度　　(b) 建筑工人安全社会资本关系维度

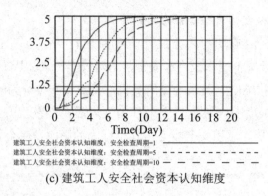

(c) 建筑工人安全社会资本认知维度

图8.6 安全检查周期对社会资本积累的影响

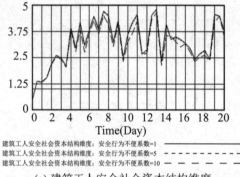

(a) 建筑工人安全社会资本结构维度

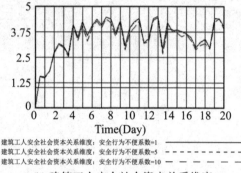

(b) 建筑工人安全社会资本关系维度

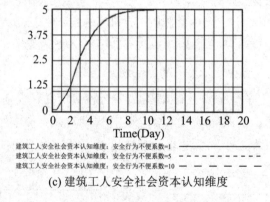

(c) 建筑工人安全社会资本认知维度

图8.7 安全行为不便性对社会资本积累的影响

4. 安全管理制度对安全能力、安全行为的影响

图8.8和图8.9分别给出了安全检查周期、安全行为不便性对安全能力、安全行为的影响规律。由图8.8可知,安全检查周期短,对安全能力、安全行为的改善有利,其中对安全能力影响较小,对安全行为影响更显著。由图8.9可知,安全行为不便性对安全能力影响较小,但是对安全行为影响显著。

第8章 | 建筑施工主体社会资本与其安全行为动态演化机理

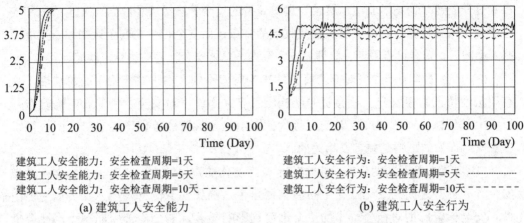

(a) 建筑工人安全能力　　　　　　　　(b) 建筑工人安全行为

图8.8　安全检查周期对安全能力、安全行为的影响

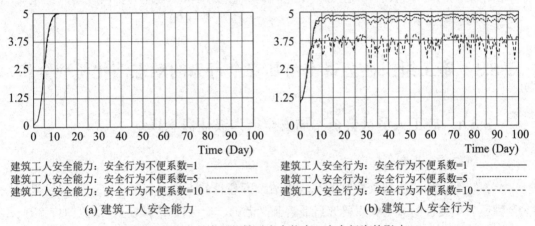

(a) 建筑工人安全能力　　　　　　　　(b) 建筑工人安全行为

图8.9　安全行为不便性对安全能力、安全行为的影响

综上，本章借助在部分省市内调研获得的建筑工人社会资本与安全行为的数据资料和访谈信息，利用系统动力学的理论与方法，探讨动态情况下社会资本积累与安全行为提升之间的演化规律，以及两者之间的关联机制，分析施工主体安全行为变化的动因、发展的过程与产生的结果，研究结果有以下几点。

(1) 社会资本的积累效应明显，但是不同维度之间表现出不同的积累过程，由于结构维度的随机变化和反复过程，关系维度表现出退化与恢复过程，并呈现震荡型上升规律，同时认知维度也震荡上升至理想值并保持稳定。因建筑工人社会资本专有属性，建筑施工项目的人员流动性较大，社会资本结构维度在施工团队形成的初期阶段随机性特点显著，此时规范的管理制度作用效应显著。基于此，建筑工人之间的活动行为会使团队成员发生联系、建立信任，对团队环境和团队状态产生新的认识，形成一致的团队目标，同时在安全施工方面形成共同愿景和价值观。

(2) 安全能力、安全行为的演化规律与社会资本认知维度相似，均呈现指数式的寻的行为模式，收敛值为设定的目标值，系统达到平衡状态，即随着时间的推移，三个参数提升的速率均逐渐放缓，这也与调研获得的安全管理经验相吻合。安全认知和安全能力在达到目标之后，表现出稳定收敛的特点，而安全行为与安全认知和安全能力略有不同，受安全检查周期、管理者安全行为、总体安全行为的影响出现波动。

(3) 社会资本不同维度对安全行为的影响规律不同。由于建筑用工的流动性，具有随机性特征的建筑安全社会资本结构维度和关系维度对安全行为的影响均呈震荡反复上升规律，而认知维度对安全行为的影响呈现显著的单调递增趋势，即认知维度对安全行为的影响是完全正相关的。

(4) 规范的管理制度是施工主体安全行为变化的直接动力，并在社会资本积累与安全行为提升之间的演化规律中扮演重要角色，例如安全检查周期、安全行为不便性。安全检查周期对社会资本的三个维度均影响显著，安全检查周期越短，社会资本三个维度的累积越快；安全行为不便性对社会资本和安全能力影响较小，但是对安全行为影响显著。

8.3 施工组织社会资本与其安全行为的动态演化机理分析

8.3.1 施工人员社会资本与安全行为演化概念模型

1. 组织安全行为

相较于更加关注结果控制的基于事故致因理论的不安全行为研究，重视日常安全管理效率提升的安全行为研究日益得到学者的广泛关注[329]。安全行为一般有两层含义，一是与不安全行为相对的狭义安全行为；二是与生产行为等相对的、为保证安全而实行的一系列行为，即广义的安全行为[188]。

安全行为基于主体的不同分为个体安全行为和组织安全行为。组织安全行为作为组织内人员的安全行为和物质的安全状态的重要影响因素，直接影响着企业的安全水平，在事故致因中发挥着重要基础性作用。本书认为，在组织层面上，安全行为是指以组织为主体，为实现其安全目标而做出的现实反应，是为保障组织活动的正常开展，更好地实现组织目标而将一定资源投放到安全领域的一系列行为活动。

对于组织安全行为的维度划分，刘素霞等将组织安全行为分为安全培训行为、安全管理行为和安全预防行为三个维度[145]。李书全等将组织的安全行为分为组织安全管理和安全投入两个方面[330]。借鉴上述学者对组织安全行为维度的划分，结合组织行为学对组织行为的分类，本书将组织安全行为分为安全组织行为、安全计划行为、安全预防行为和安全执行行为4个维度。其中，安全组织行为包括项目部安全管理机构的组建、安全管理制度的制定和安全责任体系的构建等方面行为；安全计划行为包括施工方案的编制和施工计划的制订等方面行为；安全预防行为包括安全防护用品配备、安全预防教育和安全应急演练等方面行为；安全执行行为则包括安全计划的组织落实、施工过程安全控制和召开安全会议等方面行为。

2. 组织社会资本

社会资本根据其行为主体的不同可分为个人社会资本和组织社会资本。美国社会学家Mark Granovetter首次提出企业社会资本理论，他指出，嵌入在社会网络之中的社会资本对经济行动产生着主要的影响甚至是决定性的作用[331]。组织社会资本形成于群体内部的关系，被视为一种"公共物品"，其功能在于提升群体的集体行动水平[332]。本书认为，组织内社会资本是指存在于组织内部的，有利于促进组织成员和部门之间的信任、沟通和合作的，从而增加组织内部凝聚力和执行力的人际关系网络和嵌入其中网络资源的总和。本书借鉴Nahapiet和Ghoshal对社会资本的维度划分方法，把社会资本分为三个维度：结构维度、认知维度、关系维度[48]。其中，结构维度包括组织中网络的连接强度；中心性和联系强度，认知维度包括组织内的共同语言、符号共享、价值观的异同；关系维度包括组织成员相互之间的信任、规范和感情等。

3. 组织安全能力

目前，国内外学者对企业能力和企业安全能力的研究论述较多，认为企业从本质上讲永远是一个能力系统[333]。企业能力的定义一般包括三种流派，即"资源学派""核心能力学派""动态能力学派"。资源学派把企业能力视为一种资源[334]；核心能力学派认为组织中的积累性学识构成了企业的核心能力[335]；动态能力学派认为，动态能力的形成过程是通过知识资源的动态整合和获取过程来实现的[336]。除此之外，有学者提出了企业安全管理能力的概念框架，把企业安全管理能力界定为对安全系统进行协调控制的过程中积累起来的一组知识与技能的集合[337]。

通过对以上企业能力和企业安全能力的归纳总结，本书认为，组织安全能力是一个能力系统，是企业在特定环境下，运用各种安全知识和资源，通过合理的组织、协调和控制，从而产生一定的安全效益，达到安全目标的能力。同时，组织安全能力是一个开放式系统，受到外界因素的作用和影响。借鉴国内外学者对企业安全行为的理论研究，结合文章对组织安全能力的定义，本书将组织安全能力分为安全投入能力和安全组织能力两个维度。其中，安全投入能力包括组织投入意愿、投入决策的科学性和合理性等因素；安全组织能力包括组织安全管理中的组织和协调等方面能力。

4. 组织安全文化和安全氛围

本书论述的安全文化和安全氛围两个方面，因两者概念存在一定近似性，在此统一论述。安全文化是存在于单位和个人中的各种特性和态度的总和[338]。安全文化的关键元素包括安全投入、安全法规、安全培训和安全会议等[339]，这说明组织安全行为对组织安全文化有着重要的影响作用。安全氛围是人们进入企业的各个场所接收到的安全感受。这种感受一般来自两个方面：一是静态方面，如来自规章规定、安全文件和宣传标语的感受；二是动态方面如来自人的精神面貌、意识行为和言谈举止的感受[87]。安全文化更多地反映了组织和员工的安全特性，而安全氛围则反映了企业即时的安全状态，并较好地体现了受评个体的当时心情。安全氛围的关键因素包括安全专门机构、安全专业人员、培训教育机构等[340]，这说明组织安全行为对组织安全氛围也有着重要的影响作用。

5. 研究框架的构建

李书全等通过对社会资本、安全认知与施工人员安全行为之间关系的研究，论证了社会资本与安全行为之间的显著正相关关系[283]；王爽英等对企业安全能力系统的构建和安全能力和安全行为之间的关系进行了论述[341]；众多学者也对安全文化和安全氛围的关键影响因素进行了广泛而深入的研究[342]，指出组织安全行为对安全文化和氛围的影响作用；还有学者对社会资本的影响因素进行了论述，说明了环境氛围等因素对社会资本的影响关系[343]。

借鉴上述学者对组织社会资本、安全能力、安全行为、安全文化和氛围之间关系的研究成果，本节提出研究假设和概念模型(见图8.10)：通过组织安全能力的中介作用，社会资本对安全行为产生影响，同时通过安全文化和氛围的中介作用，安全行为对社会资本存在反向调节作用，组织社会资本与安全行为是处在动态的变化过程之中，相互动态演化。

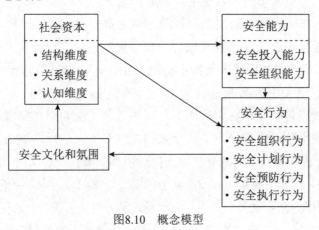

图8.10　概念模型

8.3.2　建立系统动力学动态演化模型

1. 因果关系分析

在社会资本和安全行为的影响过程中，社会资本主要通过安全能力的中介作用，从而对安全行为产生影响；而组织的安全行为水平通过影响组织的安全氛围和文化,从而对社会资本产生反馈作用。这种影响作用主要存在正反两个方面,这两种作用在组织运行的全过程中同时存在,只不过在不同阶段他们的影响强弱产生变化,从而形成组织运行中社会资本和安全行为的动态演化过程(见图8.11)。

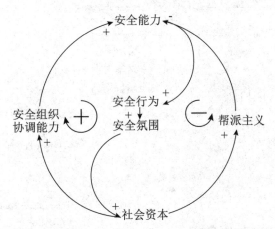

图8.11 社会资本和安全行为的动态演化因果关系

在社会资本和安全行为的组织运行中,一方面,社会资本的增加促进了组织安全能力的提高,而组织安全能力的提高进又会对安全行为水平产生影响,从而提升了组织的安全氛围,同时组织安全氛围的提升促进了组织社会资本的增加;另一方面,组织社会资本的增加促进了员工关系的密切,但造成了员工群体中产生的小团体现象,这种现象对组织安全能力的产生负向反馈作用;社会资本的不断增加也会产生边际递减效应,社会资本对安全能力的影响力减弱,这两种原因造成了组织安全能力的下降,而组织安全能力的下降又会对安全行为水平产生影响,从而降低了组织的安全氛围,同时组织安全氛围的降低造成了组织社会资本的减少。

2. 系统动力学流图

本章利用系统动力学仿真软件Vensim,构建组织社会资本和安全行为动态反馈的系统流程图(见图8.12)。系统流程图中的组织社会资本、安全能力和安全行为是水平变量,是仿真模型主要的研究对象,表示仿真时间范围内项目部内的社会资本、安全能力和安全行为水平和影响关系,并且随着时间的变化而产生积累效应;组织社会资本增加率、安全能力增加率和安全能力向安全行为的迁移速率则为速率变量,反映了水平变量的变化速度;组织关系程度、安全投入意愿、安全组织行为和安全计划行为等则是辅助变量,其变化将带来系统的动态发展。

3. 模型参数确定

本部分内容主要是确定系统流程图中影响因素与被影响因素之间的模型方程,基本思路是根据系统流程图中影响因素与被影响因素构造输入输出的线性和非线性关系，利用调查问卷中影响因素与被影响因素的数据，通过SPSS软件确定各影响因素对被影响因素的影响程度大小，从而建立影响因素与被影响因素之间的模拟方程。

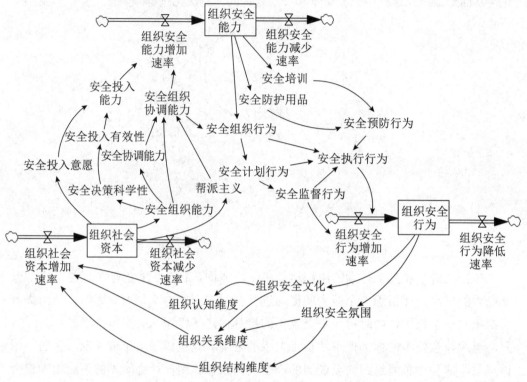

图8.12 社会资本和安全行为的系统动力学流程图

通过对数据进行整理，我们将调查问卷填写时间减去项目开工时间，得到项目运行时间，将项目运行时间(以季度为单位)作为自变量，项目部社会资本量值为因变量，通过SPSS软件进行回归分析，得到社会资本和项目运行时间的相互关系，结果如表8.10所示。

表8.10 社会资本方程拟合系数

项目运行时间	非标准化系数		标准化系数	T值	显著性
	B	标准错误	Beta		
季度	0.019	0.005	0.095	-4.032	0.000
季度**2	0.062	0.001	3.234	56.867	0.000
季度**3	0.004	0.000	-2.238	-62.738	0.000
常数	3.251	0.005	—	607.731	0.000

则

$$y = 3.251 - 0.0187t + 0.0617t^2 - 0.00447t^3$$

式中，y 为社会资本量值，t 为项目运行时间。

对公式进行求导，可得

$$y' = 0.0187 + 0.1234t - 0.01341t^2$$

则在不同项目运行时间点，社会资本增加速率v_t的计算公式为

$$v_t = \frac{y(t+\Delta t)-y}{y} = \frac{(y+y'\times\Delta t)-y}{y}$$

$$= \frac{(-0.0787t+0.1234t-0.01341t^2)\times\Delta t}{3.251-0.0187t+0.0617t^2-0.00447t^3}$$

将所得社会资本增加速率数据返还统计数据相应条项，以社会资本中的结构维度、关系维度和认知维度为自变量，社会资本增长系数为因变量，通过SPSS软件进行数据拟合，采用多元非线性回归分析，参照社会资本相对时间的导数公式输入模型表达式和参数约束，进行参数迭代，最后得到社会资本增加速率相对各个维度的公式为

社会资本增加速率=-0.0041×结构维度×结构维度-0.0063×关系维度×关系维度+0.0232×结构维度+0.0416×关系维度+0.0178×认知维度-0.1569

同理可得安全能力和安全行为的水平变量方程式，其他辅助变量通过SPSS线性拟合也可得出。限于篇幅限制，本书在此只给出社会资本增加速率等部分变量的系统动力学方程：

社会资本增加速率=-0.0041×结构维度×结构维度-0.0063×关系维度×关系维度+0.0232×结构维度+0.0416×关系维度+0.0178×认知维度-0.1569

安全能力增加速率=-0.069×投入能力×投入能力-0.035×组织协调能力×组织协调能力+0.557×投入能力+0.3215×组织协调能力-0.1548

安全行为增加速率=-0.072×执行行为×执行行为-0.033×监督行为×监督行为+0.0607×执行行为+0.0219×监督行为-0.1613

水平变量系统动力学方程：

组织社会资本= INTEG(组织社会资本增加速率，初始值：3.253)

8.3.3 问卷调查与统计分析

1. 数据采集

本书对98个建筑工程项目的社会资本和安全行为关系影响因素进行了问卷调查。本次调查共发放问卷483份，调研建设项目98个，回收421份，通过对回收问卷中数据的一致性和逻辑性进行判断，排除32份问卷，筛选出389份有效问卷作为最终研究的数据样本，问卷回收率为87.16%，有效率为80.54%。

2. 信效度检验

本书对回收的调查问卷进行了信度和效度检验。利用SPSS软件对问卷进行信度检验，采用克隆巴赫系数作为量表信度检验标准，结果显示：社会资本、安全能力

和安全行为的克隆巴赫系数分别为0.912、0.926和0.887，量表整体信度为0.976，均高于0.8，表明问卷具有较好的稳定性和可靠性。

在效度检验方面，则用度量方法测出变量的准确程度，即对准确性或正确性的检验。本调查问卷对问题的设置和筛选经过了大量文献研究和项目现场实地调研，保证了调查问卷具有一定的表面效度及内容效度，并利用SPSS软件对问卷进行结构效度检验，采用KMO和Bartlett球形度系数作为量表效度检验标准。结果显示：社会资本、安全能力和安全行为的KMO系数分别为0.825、0.832和0.817，Bartlett球形度系数达到0.000，表示问卷结果显著；量表整体KMO系数为0.96，结果表明调查问卷具有很好的准确性，效度良好。

8.3.4 模拟仿真和结果分析

根据现场访谈调研结果，大多数建筑企业项目建设时间为一两年，而社会资本和安全行为的变化水平实际需要3个月左右才能体现出来，因此本模型的仿真周期选择为1季度(图中的横坐标)，时间长度为10个季度(2.5年)，系统动力学运行曲线如图8.13所示。

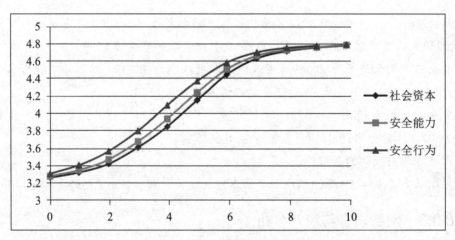

图8.13 系统动力学模型运行曲线

1. 系统动力学模型运行结果

通过对系统动力学运行曲线的分析可知，在项目部运行初期(一般为前两个季度)，社会资本增长缓慢；当进入中期时，增长速度迅速提高，进入快速成长期；而到项目后期时，社会资本增长速度再次下降，直至增长速度趋近于零，社会资本量值基本稳定。安全能力和安全行为的运行曲线也呈现此规律，研究结果表明，社会资本、安全能力和安全行为在系统运行中呈现S形曲线增长方式。

社会资本在项目前期增长缓慢，项目此时应该处于初步磨合期，项目部成员处在慢慢熟悉之中，社会资本因而也处在缓慢增长过程中；其后进入一个快速增长期，在此阶段，经过初期磨合期后，施工企业项目部进入稳步运行阶段，各方面情况都在快速成熟，项目部也处在社会资本快速增加的阶段；而后在社会资本增长到一定程度后，社会资本增长速度减缓，在社会资本发展到一定程度后，由于员工之间熟悉度的增加，拉帮结派等小团体现象接而出现，同时由于社会资本增长的边际递减效应，组织内的社会资本增长速度进而降低，最终在项目运行的中后期进入社会资本的稳定状态。

2. 系统动力学模型变量影响关系

表8.11为本次调研的系统动力学模型运行数据，通过对图8.14中社会资本、安全能力和安全行为运行结果的分析，我们发现社会资本与安全能力和安全行为水平间存在显著正相关关系，而安全行为水平也对社会资本有着明显的促进作用。研究结果表明，社会资本对安全能力和安全行为存在促进作用，同时安全行为对社会资本存在反馈调节作用，三者之间相互促进。

表8.11 系统动力学模型运行数据

变量季度	0	1	2	3	4	5	6	7	8	9	10
社会资本	3.253	3.312	3.413	3.605	3.847	4.154	4.453	4.628	4.725	4.767	4.790
安全能力	3.269	3.339	3.464	3.673	3.936	4.245	4.515	4.671	4.739	4.772	4.795
安全行为	3.298	3.398	3.561	3.797	4.094	4.377	4.592	4.711	4.762	4.786	4.804

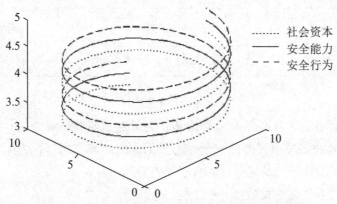

图8.14 社会资本、安全能力和安全行为运行螺旋图

在系统运行的每个周期内，社会资本、安全能力和安全行为的增长存在显著正相关关系，而在各个周期之间，单个变量数值也随着时间的增长稳步增长。这种横向上社会资本、安全能力和安全行为三者之间的依次增长与纵向上单个变量在时间维度上的增长，构成了系统运行中社会资本、安全能力和安全行为的螺旋式上升规律。

3. 系统动力学模型灵敏度分析

1) 组织安全行为各维度的灵敏度分析

为探究系统中水平变量的各个维度对其影响程度的大小，本书选取社会资本的结构维度、关系维度和认知维度，安全能力的投入能力维度和组织协调能力维度，安全行为的执行行为维度、监督行为维度、组织行为维度和预防行为维度，分别对其初始值进行20%的偏差变化，以进行各个因素在系统中的敏感度测试。

通过对安全行为影响因素灵敏度运行图像(见图8.15)的对比分析，对于同等幅度的初始值变化，执行行为的变化对社会安全行为资本的影响最为显著，其次是监督行为和预防行为变化对安全行为的影响，而组织行为维度变化对安全行为的影响最小。通过前文的理论分析可知，在安全行为的4个维度中，预防行为、组织行为和监督行为均对安全执行行为存在影响。

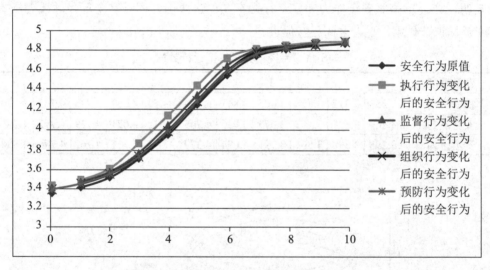

图8.15 安全行为灵敏度运行对比曲线

在项目运行过程中，各项安全政策和计划最终都要通过安全执行行为来落实，其执行效果直接决定着项目部的安全行为水平，因此安全执行行为作为项目部安全管理运行中的重要环节，是安全行为水平的关键影响因素。

2) 安全能力各维度的灵敏度分析

在安全能力对安全执行行为灵敏度运行曲线(见图8.16)中，对于同等幅度的初始值变化，投入能力变化对安全执行行为的影响最为显著，组织能力变化对安全执行行为的影响相对较小。

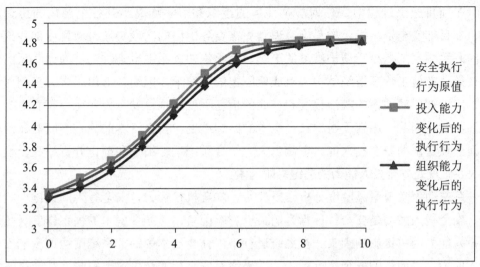

图8.16 安全能力对安全执行行为灵敏度运行对比曲线

在项目施工过程中,施工企业项目部各种人力和物质资源的投入,均涉及项目部的安全投入能力,各种资源投入的有效性和合理性对项目部的安全行为水平有着直接的影响。相较于安全组织能力,安全投入能力对项目部的安全执行行为有着更为重要的影响,由此可知,安全投入能力是安全执行行为的关键影响因素。

3) 社会资本各维度的灵敏度分析

在社会资本对安全投入能力灵敏度运行对比曲线(见图8.17)中,对社会资本的结构维度、关系维度和认知维度进行20%幅度的初始值变化,社会资本关系维度的变化对安全投入能力影响最为显著,其次为结构维度的变化对安全投入能力的影响,而认知维度变化对安全投入能力的影响最小。

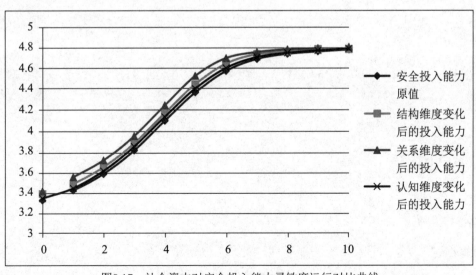

图8.17 社会资本对安全投入能力灵敏度运行对比曲线

在项目施工过程中，任何一项任务的组织和落实均离不开各个部门的协调配合，项目部安全资源投入的科学合理则更需要各部门的沟通协调。项目内部各部门之间联系频率的多少受结构维度的影响，而组织的关系维度则决定着沟通联系的实际效果。在施工管理组织结构相对成熟固定的情况下，因为各部门职责分工相对明确，所以部门间关系的融洽程度和彼此的信任程度对项目安全投入能力有着更为重要的影响。因此，相较于组织社会资本的结构维度，社会资本的关系维度对在组织层面上项目部的安全投入能力影响更大。结合系统运行结果和理论分析，社会资本的关系维度是安全投入能力的关键影响因素。

系统动力学模型灵敏度分析结果表明，安全执行行为是安全行为的关键影响因素，安全投入能力是安全执行行为的关键影响因素，而社会资本的关系维度又是安全投入能力的关键影响因素。在系统运行中，社会资本中的关系维度通过影响安全投入能力，进而影响安全执行行为，并最终对安全行为产生重要影响；社会资本的关系维度、安全能力的投入能力和安全行为的执行行为是系统运行中的关键影响因素，它们构成了系统的关键影响关系路径。

第9章

基于社会资本的建筑施工安全行为决策模型与应用

9.1 概述

通过基于组织安全行为的贝叶斯网络模型，施工项目组织可以发现建筑施工过程中存在的问题，明确提高组织安全行为水平的方向，但是施工项目组织更需要可行的改进方案。由于组织安全行为和社会资本影响因素对组织安全行为水平的影响程度不同，同时在组织的目标如工期、成本、质量等方面的影响下，施工项目组织需要根据不同的组织目标选择不同的决策方案，再针对决策方案选取适用的决策方法。

本书第2章已对决策理论和决策方法进行了阐述，而本章选择了适合组织安全行为决策的技术，即影响图方法，介绍了影响图的构成、基本概念、节点特征以及组织安全行为的影响图表示形式，采用BCD(收益、成本、损失)模型分析管理者的行为后果，整合组织安全行为影响因素，同时考虑与企业目标相关的安全、时间、质量和成本，应用影响图理论建立了组织安全行为决策模型。

9.2 影响图研究介绍

9.2.1 决策分析工具比较

目前，用于不确定性推理和决策分析的工具包括决策树、博弈模型、贝叶斯网络和影响图模型等。相比较，决策树是可以简单直观运用概率分析来表述决策问题的一种图解方法，但其模型的规模会随着相关因素的增加呈指数级增长，因此决策树适用于讨论规模较小的决策问题；博弈模型，用于分析个体或群体在相同的条件制约下，使自己的利益得到满足从而实施相应策略的方法，因此博弈模型适用于竞争条件下的决策分析；贝叶斯网络是一种可视化的图形化网络，它直观而清晰地表征了变量间依赖关系和条件独立性，以解决不确定性推理和不完整性问题，但其不擅长进行决策分析；影响图是由Howard和Matheson提出的[344]，它更直观，更易于理解，既可以作为表示和求解不确定性问题的工具，也可以作为有效的决策分析工具，近些年被广泛应用于决策分析、不确定性建模和人工智能等各个领域[345]。因此本书采用影响图方法作为组织安全行为决策分析工具。

9.2.2 影响图方法概述

1. 影响图基本描述

贝叶斯网络是以概率的形式,通过观察和收集的数据,用来确定新的信念,它只包含机会节点,而影响图是贝叶斯网络的一种扩展,它通过变量对决策场景进行描述,每一个变量都有一定的取值空间,也可以将一些变量设置为随机变量。影响图包括定性和定量两个层次,描述关系是对影响图的定性描述,使用有向无环图表示变量之间的关系,包括机会节点、决策节点和效用节点三类。定量描述包括表述函数和表述数量,表述函数被用于处理节点间的不确定关系;表述数量是指在处理的问题中随机节点的概率分布可以由其所有父节点条件概率,通过不确定性推理或概率推理求得。影响图不仅可以说明各个影响因素之间的关系,还可以根据观测变量的值计算后验概率,并获得每个可能决策的效用值。它能够对复杂系统存在的问题进行估计,识别系统中的缺陷。目前,影响图被广泛用于解决各种问题,如诊断[346]、分类[347]、自然资源管理[348]、攻击预测[349]以及风险分析[350]等。

2. 影响图的构成

影响图包含三类节点,四类有向弧,它以图形描述变量之间的相互关系,目标是找到一组决策函数,使得效用目标最大化,是解决不确定性问题的建模工具。

1) 节点类型

(1) 机会节点(或随机节点),表示概率型随机变量,用条件概率分布表示其不确定性。如果机会节点与其父节点具有函数关系,则称为确定型节点。机会节点用椭圆形或圆角矩形表示。

(2) 决策节点代表决策者控制下的变量或选择,是当网络被求解时,为优化期望效用的节点找到一个决策规则。决策节点用矩形表示。

(3) 效用节点也称为值节点,其期望值为每个决策节点搜索最佳决策规则,用菱形表示。

表9.1 影响图节点类型

节点类型	图形表示
机会节点	○
决策节点	□
效用节点	◇

2) 有向弧类型

图9.1为影响图示例。节点之间的有向弧表示了决策者对决策问题的理解,能够

指出哪些节点独立于其他节点。如果没有从一个节点到另外一个节点的有向弧，那么它们的相应变量是条件独立的给定值。箭头指向的节点是子节点，箭头发出的节点是父节点，有向弧两端子节点和父节点的类型确定了有向弧的分类，包含关系有向弧、影响有向弧、信息有向弧和莫忘有向弧。

(1) 关系有向弧是机会节点指向机会节点或效用节点的有向弧，它表示两个节点之间的概率关系，子节点的概率是由父节点的条件概率计算得到的。

(2) 影响有向弧是由决策节点指向机会节点或效用节点的有向弧，它表示箭头指向的机会节点和效用节点的取值受决策节点的影响。

(3) 信息有向弧是机会节点指向决策节点的有向弧，它指出决策者在做出决策时将知道的父节点值。

(4) 莫忘有向弧是指一个决策节点指向另一个决策节点的有向弧，它表示决策者原来知道的所有信息。

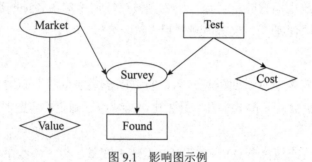

图9.1　影响图示例

3. 影响图模型示例

图9.2是一个关于决定出门是否需要带雨伞的影响图模型。模型中有两个机会节点：一个机会节点表示早上的"天气预报"节点(包含晴天、多云或下雨)；另一个机会节点表示白天是否真的下雨(包含下雨或不下雨)。模型中还有一个是否带雨伞的决策节点和一个衡量决策者满意度的效用节点。天气到天气预报之间具有相关性的联系，天气变化会影响天气预报的结果。在天气预报和决策是否带雨伞之间有一个连接，这个连接表示决策者在做出决策之前将知道天气预报的结果，对是否带伞有直接影响。在天气预报、带伞的决策以及满意度之间都有一个连接，可以获得这样的信息，首先是晴天时不带伞最满意(效用=100)，其次是下雨时带伞(效用=70)，然后是晴天时带伞满意度较差(效用=20)，最后是下雨时没带伞满意度最低(效用=0)。

通过图9.2所示结果，在没有掌握任何信息之前，决定带伞的期望值是35，而将伞留在家中的期望值为70，因此，通过这个结果分析最佳选择是将伞留在家里。决策者在掌握天气预报信息后，每个决策对应的效用值会发生变化，其结果如表9.2所示。如果天气预报是晴天，最好的决策是将伞留在家中，其预期的效用值已经增加到91.59，此信息表明不需要带伞；如果天气预报是多云，其决策结果也是将伞留在家中，但是效用值已经降低到65.12；如果天气预报是下雨，那么最好的决定变为带伞，这个决策的预期效用值为56。

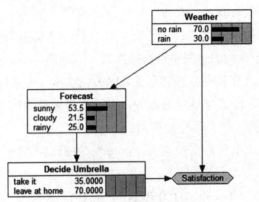

图9.2　雨伞决策影响图模型

表 9.2　每个决策对应的效用值

决策	天气预报		
	晴天	多云	下雨
不带伞	91.588 7	65.116 2	56
带伞	24.205 6	37.441 8	28

9.2.3　BCD模型

1. BCD模型简介

BCD模型是Polet等人研究开发的，该模型主要根据Benefit(收益B)、Cost(成本C)和Deficit(潜在损失D)三个参数评估偏离系统规范要求的人类行为的积极与消极后果[351]。该模型研究了人的违规行为，并解释了人类为何会消除一些安全保障措施的行为。这里面的安全保障措施是指为了提高系统性能(例如减少系统工作负荷、提高安全性、提高生产率等)，避免不良事件的发生，保护整个系统免受不良事件影响的技术或程序手段。例如，运输信号系统是基于预防的保障手段，而安全气囊和安全带是基于保护的保障手段。对于一些操作人员可能选择移除安全系统中的安全保障措施的行为，Carpignano[352]将与系统规范要求的规定行为的偏离行为称为违规行为。BCD模型可以评估操作者违规行为的积极或消极的影响，通常采用以下3个指标进行定量和定性的评估。

(1) Benefit，代表由于操作人员所执行的行为而产生的预期的收益。

(2) Cost，代表操作人员为了实现预期收益能够接受的成本，这些成本可以是认知方面的(例如控制潜在的隐患或危险),也可以是物理的(例如修改保障措施的操作规程等)。

(3) Deficit,操作人员所执行的行为失败后,不可接受的损失。

操作人员将规定行为的保障措施移除,视为一种特殊的决策行为。当动作A被执行,结果可能是成功或失败。"成功"是执行正确的一种情况,行为的结果用BS(A)表示,它是操作人员期望的结果;"失败"是执行不正确时发生的情况,行为的结果用BF(A)表示,这个行为的结果不符合操作人员的预期。

当操作人员决定遵守或移除规定行为的保障措施时,应该评估两个规定行为和偏离行为。规定行为,即遵守规定的行为,这个动作被称为P;偏离行为,即移除规定行为保障措施的行为,这个动作被称为D。

为了确定收益、成本和潜在的损失,Polet[353]等提出了将规定行为的结果与偏离行为的结果进行比较,比较方法如下:

如果$BS_i(D) - BS_i(P) > 0$,那么$B_i(D) = BS_i(D) - BS_i(P)$,并且$C_i(D) = 0$,

否则$C_i(D) = BS_i(P) - BS_i(D)$,并且$B_i(D) = 0$;

如果$BF_i(D) - BF_i(P) > 0$,那么$D_i(D) = BF_i(D) - BF_i(P)$,否则$D_i(D) = 0$。

式中,$BS_i(P)$和$BS_i(D)$分别代表相对于每一个标准i的规定行为的结果和偏差行为的结果;$B_i(D)$、$C_i(D)$和$D_i(D)$分别代表对于每一标准i的规定行为的偏差的收益、成本和损失。

2. BCD模型示例

本节通过Savage的煎蛋卷实例来介绍BCD模型的概念。在这个例子中,厨师有一个杯子、一个加入了5个鸡蛋的煎蛋卷和一个鸡蛋。厨师需要决定在鸡蛋有可能腐烂的前提下是否要将这个鸡蛋加入已经包含5个鸡蛋的煎蛋卷中。假设问题发生的背景在一个餐厅,餐厅设定有一些目标,包括满足顾客需求、减少顾客等待时间以及完成一个合格的煎蛋卷。由于鸡蛋的好坏是不确定的,所以这家餐厅的处理方法是让厨师先将鸡蛋打入杯中,再将好的鸡蛋放进煎蛋卷中(坏的不放),并将这个遵守操作规程的行为记作(bo);将鸡蛋直接放入煎蛋卷的行为记作(bc);将鸡蛋直接扔掉这个行为记作(te),这两个动作被认为是异常的行为。这三个行为造成的结果如表9.3所示。

表9.4给出了用利益、成本和损失描述的每一个决策的结果。通过分析这个煎蛋卷问题,我们可知,当规定行为执行成功时,可以得到一个包含6个鸡蛋的煎蛋卷(即BS_Production=6 eggs),并且需要10分钟的时间制作煎蛋卷(BS_Time=10min);当规定行为失败时(如鸡蛋腐烂的情况下),可以得到一个含有5个鸡蛋的煎蛋卷(即BF_Production=5 eggs),并且同样需要10分钟的时间制作煎蛋卷(即BF_Time=10min)(这里假设煎蛋卷不能重做)。这意味着,遵守规定的行为bo(即将鸡蛋打入杯中,以验证它的好坏)可得到两种结果(鸡蛋是好的或是坏的),结果都是收益=0,成本=0,损

失=0。对于异常行为bc,如果鸡蛋是好的,可以节省2分钟的制作时间即时间收益是2分钟;如果鸡蛋是坏的,在制作过程中会产生损失(即浪费一个煎蛋卷,损失=-5 eggs)。对于异常行为te,如果鸡蛋是好的,由于鸡蛋被直接扔掉,其结果是产生一个鸡蛋的生产成本(即一个好鸡蛋被浪费),并且会在时间上有2分钟的收益;如果鸡蛋是坏的,可以得到一个含有5个鸡蛋的煎蛋卷。

通过上述分析可以看到,如果偏离行为的结果优于规定行为的结果,那么这个偏离行为是有收益的,例如在煎蛋卷的问题中,如果制作时间少于10分钟,并且能制作出大于等于6个鸡蛋的煎蛋卷就代表有收益;如果偏离行为的负面影响大于规定行为的结果,那么这个偏离行为是有风险的或有损失的,例如在这个问题里,损失是指制作煎蛋卷的时间大于10分钟,并且制作了小于等于5个鸡蛋的煎蛋卷。

表9.3 煎蛋卷问题示例

行为	鸡蛋的情况	
	鸡蛋是好的	鸡蛋是坏的
bo	6个鸡蛋的煎蛋卷和一个需要清洗的杯子	5个鸡蛋的煎蛋卷和一个需要清洗的杯子
bc	6个鸡蛋的煎蛋卷	浪费一个煎蛋卷
te	5个鸡蛋的煎蛋卷,浪费一个鸡蛋	5个鸡蛋的煎蛋卷

表9.4 煎蛋卷问题应用BCD模型的分析结果

行为	鸡蛋的情况	
	鸡蛋是好的(BS)	鸡蛋是坏的(BF)
bo	BS_Production=6 eggs BS_Time=10min Benefit=0 Cost=0 Deficit=0	BF_Production=5 eggs Benefit=0 Cost=0 Deficit=0
bc	BS_Production=6 eggs BS_Time=8min Time Benefit=2min	BF_Production=-5 eggs Production Deficit=5 eggs
te	BS_Production=5 eggs BS_Time=8min Production Cost =1 eggs Time Benefit=2min	BF_Production=5 eggs

9.3 基于社会资本的组织安全行为影响图决策模型构建

第6章分析了不同影响因素下社会资本和组织安全行为影响因素对组织安全行为水平的影响结果,本章将BCD模型引入社会资本与组织安全行为影响模型中,对模型进行扩充，为考虑不同组织目标对组织安全行为的影响，评估每个行为的后果，本节采用影响图的方法，从安全、时间、质量和成本4个标准对决策进行分析和评估。

9.3.1 理论模型构建

为掌握施工企业项目部的安全投入情况，对建筑施工单位的项目经理、副经理、监理、质量安全负责人员进行了现场调研和访谈，参考《建筑施工安全检查标准》[354]，听取从事建筑管理工作多年的安全管理人员以及建委主管安全工作的专家意见，本章分别从个人劳动保护、安全教育、文明施工、现场安全措施4个方面对施工企业项目部的安全投入工作进行分析。在这4项安全投入中，建筑施工项目组织对个人劳动保护和安全教育的投入普遍较低，仅占总安全投入的4.2%和2.6%，而文明施工和现场安全措施所占比例较高，因此项目部将重点工作放在安全教育和个人劳动保护这两项安全投入上[355]。

首先是劳动教育方面。在我国，农民工是建筑施工企业的主要劳动力，他们普遍文化水平偏低，缺乏基本的劳动保护意识和安全知识，而建筑施工企业安全教育投入和劳动保护投入较低是普遍存在的现象，企业为了节省成本或由于工期压力等因素通常减少工人培训的时间和劳动保护投入。根据《建筑企业职工安全培训教育暂行规定》要求，建筑施工企业职工每年接受安全培训的时间不得少于15学时，但很多企业对一线工人的培训往往不能达到规定标准。其次是个人劳动保护方面。劳动保护用品包括安全帽、安全带、手套、口罩、护目镜等物品。在访谈调研中我们了解到，国内大多数施工企业只给工人配备安全帽和安全带，而且安全帽的质量参差不齐，安全带并不是全员配备，手套、口罩和护目镜配备不足，甚至没有配备。全国房屋市政工程生产安全事故情况通报显示，2018年因缺少防护而引起的高处坠落事故383起，占事故总数的52.2%，比例非常高。因此，本书将安全教育培训和劳动保护投入作为决策的选项。

基于社会资本的组织安全行为决策模型构建，需要从定性和定量两个层次进行：一是定性层次，由其定义问题的不同变量和这些变量之间的关系组成的图结构；二是定量组件，包括了模型中变量相关的概率表或效用。基于BCD模型的社会资本与组织安全行为理论模型如图9.3所示，它包含的变量定义如下所述。

(1) 社会资本表示社会资本的各维度。
(2) 组织安全行为表示组织安全行为的各维度。
(3) 组织安全行为水平表示施工项目组织整体安全行为水平结果。
(4) 重要性标准代表不同标准的变量(安全、时间、质量、成本)。每一个标准都有一个权重，表示该标准对于组织的重要性。

(5) BCD值表示组织行为决策产生的收益、成本和损失。

实线箭头表示变量之间的影响方向，虚线箭头表示决策变量的效用中得到的结果(与每个决策的效用有关的结果)应用在组织行为决策中。

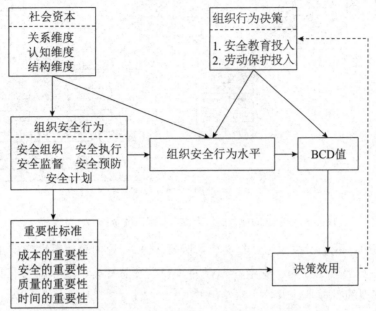

图9.3 基于BCD模型的社会资本与组织安全行为理论模型

9.3.2 决策模型构建

鉴于目前施工企业存在的问题，本节将组织决策行为分为以下4种情况。

第1种情况：A1_A2，指严格按照规定进行安全教育投入和劳动保护投入的决策。

第2种情况：NA1_A2(偏差1)，指组织违反安全教育投入规定但是遵守劳动保护投入规定的决策。

第3种情况：A1_NA2(偏差2)，指组织遵守安全教育投入规定但是违反劳动保护投入规定的决策。

第4种情况：NA1_NA2(偏差3)，指组织既违反安全教育投入规定又违反劳动保护投入规定的决策。

本书提出施工企业社会资本与组织安全行为的决策模型，考虑了社会资本对组织安全行为的影响，以安全、质量、工期、成本作为组织目标，从收益(B)、成本(C)和损失(D)三个方面分析对组织安全教育投入行为和劳动保护投入行为决策的影响。在组织决策时，管理者如果选择偏差3，当这一决策成功实现时，对工期、成本有较大的收益，但是对安全和质量没有好处；当这一决策失败时，安全和质量标准会出现赤字。基于BCD模型的社会资本与组织安全行为决策模型如图9.4所示。

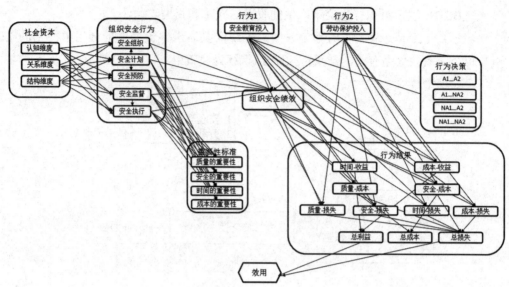

图9.4 基于BCD模型的社会资本与组织安全行为决策模型

在模型中,我们考虑了三个社会资本因素(认知、结构和关系维度),将组织安全行为划分为安全组织行为、安全计划行为、安全预防行为、安全监督行为和安全执行行为。模型的目标是计算每个决策(A1_A2、NA1_A2、A1_NA2、NA1_NA2)的效用,以确定哪个行为更有利、哪个行为更容易导致损失。时间收益(即Time_B)的值为问卷中建筑施工企业每年对工人进行安全培训的学时,根据《建筑企业职工安全培训教育暂行规定》要求,建筑施工企业职工每年接受安全培训的时间不得少于15学时,15学时减去实际培训时间的时间收益,例如,Time_B<0为无时间收益,Time_B取值为Null;Time_B在[0,5]为Low;Time_B在[5,10]为Medium;Time_B在[10,15]为High。Netica软件可以按照取值范围对B_i、C_i、D_i的值可以进行离散化处理,将离散后的结果转换为条件概率表(CPT)。

施工企业管理者的安全投入决策会受到很多因素影响,这些因素与管理者的目标相关。通过访谈了解到管理者通常会在安全、时间、质量和成本4个目标中进行权衡:安全标准涉及工人身体是否受到应有的保护,这会导致危险状况数量的增加或减少;时间标准即是否存在工期的压力;质量标准是施工企业对项目质量的要求;成本标准涉及建筑项目资金的使用情况。管理者会根据企业目标调整这4个标准在不同项目中的权重,以期获取最大的收益。例如,管理者认为在工期压力比较大的时候,需要减少工人安全培训时间,这样可以获得更多的劳动时间,在这种情况下,如果施工企业顺利完成项目,且不出现安全事故,那么施工企业可以获得更多的收益;一旦出现安全事故,则会造成更大的赤字。

决策模型具体计算过程如下所述。

(1) 计算影响图中无前序节点的机会节点的概率分布。

记作：$P(X=x_i)=p_i$

其中，X表示无前序节点的机会节点，X的取值范围$E=\{x_1, x_2, \cdots, x_n\}$。

(2) 计算以机会节点X为直接前序节点的机会节点。

设以机会节点为直接前序节点的机会节点为Y，即Y的前序节点为X，则Y的条件分布表达式为

$$P\{Y=y_j \mid X=x_i\}=p_{y_j|x_i}$$

其边缘分布为

$$P(Y=y_j)=\sum_i P(Y=y_j \mid X=x_i) \cdot P(X=x_i)$$

(3) 计算以决策节点为直接前序节点的机会节点。

设决策节点为K，其范围$D=\{d_1, d_2, \cdots, d_n\}$，$d_j$表示第$j$种决策，以决策节点为直接前序节点的机会节点记作$Z$，其条件分布表达式为

$$P(Z=z_i \mid K=d_j)=p_{z_i|d_j} d_j \in D$$

(4) 计算价值(效用)节点。

以$U(j)=B(j)-C(j)-D(j)$表达效用，以Y为直接前序节点的价值节点U，在决策节点K的影响下，其价值(效用)的期望为

$$EU=\sum_j U_{K=d}(j) \cdot P(Y=y_j)$$

其中$U_{K=d}(j) \cdot P(Y=y_j)$表示受决策节点取值$d_j$影响的效用在条件$Y=y_j$时的效用函数值。

9.4 数据获取与决策结果分析

9.4.1 数据获取

为进一步分析在一定的社会资本和组织安全行为水平下，施工项目组织安全投入的决策行为，本章另行设计了组织安全投入决策的相关题项，具体如表9.5所示。

表9.5 施工项目组织安全决策相关题项

内容	题项	结果
安全投入决策行为	1. 项目部对施工人员每年进行安全培训的时间(小时数)	( )
	2. 项目部对施工人员配备安全帽的情况	( )
	3. 项目部对施工人员配备安全带、手套、护目镜的情况	( )
项目安全目标	4. 项目部在建项目中对建筑质量的要求	( )
	5. 项目部在建项目中对工期的要求	( )
	6. 项目部在建项目中对成本控制的要求	( )
	7. 项目部在建项目中对施工人员安全操作的要求	( )

(续表)

内容	题项	结果
安全结果	8. 项目部近三年内发生的非严重工伤事故起数	( )
	9. 项目部近三年内发生的严重工伤事故起数	( )
目标权重	10. 用数字0、1、2、3分别对安全、工期、质量、成本在项目中的重要性进行排序，"0"表示最低，"3"表示最高(数字可重复使用)	安全( ) 工期( ) 质量( ) 成本( )
备注	(1) 1、8、9三题填写具体数字 (2) 2、3题填写配备情况，"1"表示不配备；"2"表示部分配备；"3"表示全员配备 (3) 4~7题填写要求的高低，"1"表示要求低；"2"表示要求一般；"3"表示要求高	

为增强仿真模型结果的科学性和合理性，本次调查从第6章调查样本中选取了施工项目组织安全行为水平表现为"好""一般"和"差"的项目各20个，共计60个项目，每个项目均由原被调查者进行问卷的填写，共收回有效问卷271份。其中天津、上海、北京、河北、山东等地问卷发放数占总量的75%。本次调查的项目类型包括民用建筑、工业建筑、市政公用项目和其他项目等，所占比例分别为63.1%，16.61%，13.65%，6.64%。调查涵盖的项目类型和员工的分布能够较好反映处于不同组织安全行为水平项目的真实状况。

为构建基于社会资本的组织安全行为决策模型，需要将理论模型中的每一个变量对应影响图中的一个节点。社会资本、组织安全行为、重要性标准、组织安全行为水平和BCD解释结果都是机会节点；组织行为决策是决策节点，它具有遵守或不遵守两种可能状态；效用节点用来量化每个行为的效用值(正值或负值)。当一个行为的效用值为正时，表示这个行为对于至少一个标准是有益的；否则，表示这个行为是有风险的。根据图9.3所示理论模型，设计了相关量表和调查问卷，问卷采用三级李克特量表形式。

1. 模型参数

社会资本包括三种状态(Good，Average，Poor)，当社会资本处于某种状态时它会对组织安全行为各维度产生影响，例如社会资本的认知维度处于良好状态时会对安全计划行为、安全预防行为、安全监督行为、安全组织行为以及安全执行行为产生不同的影响。组织安全行为直接影响组织安全行为水平，它们也包括(Good，Average，Poor)三种状态，如组织安全预防行为较好时会对组织安全行为水平有正向影响。BCD的重要性(Imp$i$)分别用Low，Medium，High表示，如表9.6所示。组织行为决策有两种可能，即存在Y、不存在N，例如员工的安全培训可能由于不同原因而减少培训时间,能够遵守安全培训规定为Y、不能遵守为N。收益(Bi)、成本(Ci)、损失(Di)这三个变量的取值评估如表9.7所示,每个变量具有4种状态。

表9.6　标准的重要性取值

取值	标准的重要性(Imp_i)
0～1	Low
1～2	Medium
2～3	High

表9.7　收益(B_i)、成本(C_i)、损失(D_i)取值(评估标准)

取值	BCD结果
<0	Null
0～1	Low
1～2	Medium
2～3	High

对于收益、成本、损失的总和以及效用的计算如下所述。

(1) 收益总和(B_g)。此变量表示带有权重的收益的总和。Imp_i是每个标准i的权重,n是一系列标准的集合,B_i是每个标准的收益。收益总和的计算公式为

$$B_g = \sum_{i=1,\ldots,n}(Imp_i \times B_i) \tag{9.1}$$

(2) 成本总和(C_g)。此变量表示带有权重的成本的总和。Imp_i是每个标准i的权重,n是一系列标准的集合,C_i是每个标准的收益。成本总和的计算公式为

$$C_g = \sum_{i=1,\ldots,n}(Imp_i \times C_i) \tag{9.2}$$

(3) 损失总和(D_g)。此变量表示带有权重的损失的总和。Imp_i是每个标准i的权重,n是一系列标准的集合,D_i是每个标准的收益。损失总和的计算公式为

$$D_g = \sum_{i=1,\ldots,n}(Imp_i \times D_i) \tag{9.3}$$

(4) 效用(U)。这个变量代表行为的风险(成本或损失)或收益。如果U值为负,代表有风险;否则,行为是有益的,即通过执行一个行为所带来的收益大于成本和损失。对于不同问题(如时间、安全、成本、质量等),B_i、C_i、D_i能够用不同的单位来评估(例如时间的评估标准可以用小时计算,成本的评估可以用人民币计算等)。效用的计算公式为

$$U = B_g - C_g - D_g \tag{9.4}$$

2. 信度检验

本书采用克隆巴赫α系数作为问卷数据的信度检验,对问卷中社会资本和组织安

全行为相关调研数据的内部一致性进行检验。经检验组织安全行为整体的克隆巴赫α系数值为0.912，社会资本整体的克隆巴赫系数值为0.916。表9.8和表9.9中显示了组织安全行为和社会资本各维度信度检验结果均大于0.7，这表明量表具有较高的信度。

表9.8 组织安全行为克隆巴赫系数

组织安全行为	α系数
安全计划行为	0.772
安全组织行为	0.730
安全监督行为	0.769
安全预防行为	0.862
安全执行行为	0.800

表9.9 社会资本克隆巴赫系数

社会资本	α系数
结构维度	0.743
关系维度	0.852
认知维度	0.807

9.4.2 决策结果分析

根据上述分析构建基于BCD模型的社会资本与组织安全行为的影响图决策模型如图9.5所示，基于其决策结果如表9.10所示。在当前组织的社会资本状态和组织安全行为作用结果下，观察4种决策(A1_A2，A1_NA2，NA1_A2，NA1_NA2)，这些决策每一个效用值都是负的，这意味着在当前状态下每个行为的后果都是有风险的。在这4个决策中NA1_NA2的值为-13.027，这一结果表明组织不遵守两个规定的行为风险是最大的。由图9.5可知，不遵守劳动保护投入规定的施工项目组织发生风险的概率要大于不遵守安全教育投入规定的风险发生概率，我国住房和城乡建设部也发布了施工企业重大安全事故的47.83%是高空坠落事故，因此重视安全防护投入有利于施工企业降低故事发生率。我们还观察到，严格遵守两个规定的行为仍然存在一定的风险，这是因为，即使企业遵守安全教育投入和劳动保护投入规定，仍然存在一些不可控的因素，出现一些意外事故，但是这些施工企业事故的发生率会明显低于不遵守安全规定的企业，是符合现实结果的。

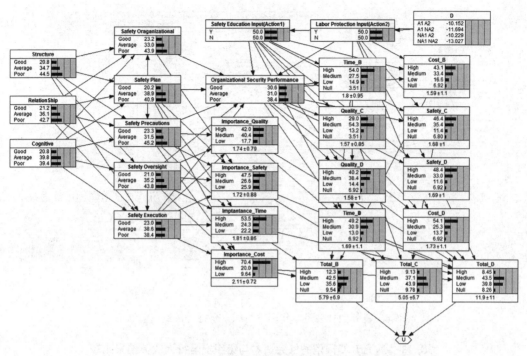

图9.5 基于BCD模型的组织安全行为决策模型结果

表9.10 基于BCD模型的社会资本与组织安全行为决策结果

决策结果	A1_A2	NA1_A2	A1_NA2	NA1_NA2
效用值	−10.152	−10.229	−11.694	−13.027
风险排序	1	2	3	4

1. 基于社会资本因素决策分析

在问题研究中考虑组织社会资本因素的观察结果(即当结构维度=Good，关系维度=Good，认知维度=Good)，如图9.6所示。这就意味着组织社会资本处于一个理想状态，在模型中应用概率推理可以使变量的概率得到更新，并重新计算每组行为的效用值，如表9.11所示。观察发现，当社会资本处于Good状态时，4种行为组合策略的效用值均出现不同程度的减少，也就是说社会资本的提升可以减少各种策略的实施的风险。在这4种行为组合策略中社会资本对NA1_A2策略的影响效果最明显，效用从−10.229减少到−9.9172，变化了0.3118，从而知道社会资本的提高，使得不遵守安全教育投入规定但遵守劳动保护投入规定的风险明显降低。

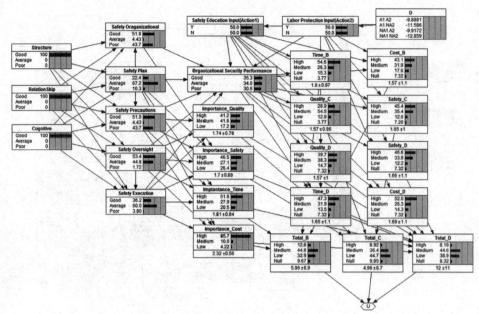

图9.6 良好的社会资本作用下组织安全行为决策模型结果

表9.11 基于BCD模型的社会资本与组织安全行为决策结果比较

决策结果	A1_A2	NA1_A2	A1_NA2	NA1_NA2
社会资本=Good	-9.8891	-9.9172	-11.586	-12.859
组织的初始状态	-10.152	-10.229	-11.694	-13.027
差	0.2629	0.3118	0.108	0.276

2. 改善组织安全行为决策分析

当组织安全行为各维度改善时，组织安全行为水平的变化结果见表9.12。由表9.12可知，良好的安全执行行为对降低4种安全决策的风险较为有效，即在施工过程中有效的安全控制，对安全问题进行整改，遵守安全行为准则，安全责任落实规范，将施工企业的安全方针、安全战略转化为相应的安全执行流程，施工企业出现工期或成本与安全落实相冲突的情况下，尽可能提高安全执行的结果，可以有效降低安全风险。

表9.12 组织安全行为良好时行为决策效用表

组织安全行为	A1_A2	A1_NA2	NA1_A2	NA1_NA2
安全组织行为	-9.5117	-11.156	-9.7117	-12.386
安全计划行为	-9.5140	-11.092	-9.7564	-12.327
安全预防行为	-9.4326	-11.010	-9.6442	-12.219
安全监督行为	-9.3781	-10.937	-9.5816	-12.142
安全执行行为	-9.3322	-10.880	-9.5800	-12.058

3. 基于安全行为水平的决策分析

对于NA1_NA2决策，当施工企业安全绩效为Poor的情况下，它的效用降低到-14.248，这说明安全风险增加，结果如图9.7所示。由图9.7还可知，成本收益由High变为Meidum，安全成本变为High，同时安全损失的值达到86%。采用既不遵守安全教育投入规定又不遵守劳动保护投入规定时，虽然时间收益仍为High，但是发生事故的概率升高并且一旦发生事故会造成安全、工期、成本和质量的高度赤字。

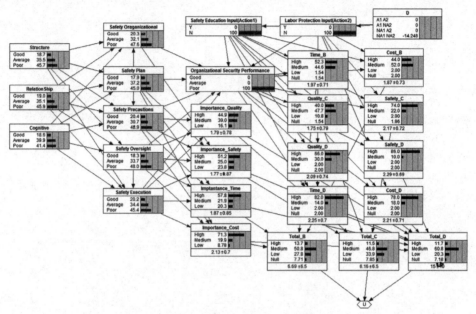

图9.7 安全绩效较差时采取NA1_NA2决策时BCD的变化情况

9.4.3 模型检验

根据上述4种决策方案，从样本中随机抽取各30份问卷，4种决策方案共抽取问卷120份，对其组织安全绩效数据进行统计，将所得结果与决策模型计算结果进行比较，结果见表9.13。

表9.13 组织安全绩效问卷统计结果

决策方案	A1_A2	A1_NA2	NA1_A2	NA1_NA2
组织安全绩效	2.567	2.267	2.033	1.667
结果排序	1	2	3	4

通过对比分析表9.10与表9.13可知，在采取不同安全行为决策方案时，模型决策结果的风险排序与实际调查问卷中显示的组织安全行为绩效结果的排序一致性较强，说明本决策模型具有一定的有效性和实用性。同理，可以采用本决策模型进行其他安全行为决策的应用和分析。

第10章
结论与展望

10.1 研究结论

本书以社会资本理论为基础,以建筑施工组织和人员为研究对象,对社会网络、社会资本与施工主体间的作用机理进行了深入研究,通过运用文献分析法、问卷调查法、实证分析和仿真分析的方法,对不同变量间的因果关系、决策机制进行了详细阐述,主要研究结论如下所述。

1. 不安全行为间的影响关系分析

不安全行为间具有显著的影响关系,关键不安全行为节点可构成行为连锁反应链,并由桥节点连接成不安全行为网络,该网络整体密度大,风险性高。其中,关键不安全行为包括两类,共7种,第一类是具有较大影响力的不安全行为,如安全生产管理机构设置不合理、安全检查监督体系设计不合理等;第二类是极易受影响的不安全行为,如作业处于不安全位置、工具设备使用不当等。关键不安全行为连锁反应链为"安全生产管理机构设置不合理导致施工现场指挥监督失误,进而引起作业处于不安全位置"等。在不安全行为网络中有5种起重要中介作用的桥节点,如安全生产管理机构设置不合理、工具设备使用不当等。

2. 施工主体社会网络结构特征对其安全行为的影响关系分析

施工主体正式网络中的度数中心性、接近中心性和中间中心性对安全参与行为均具有显著的正向影响,接近中心性对安全遵守行为具有正向影响;非正式网络中度数中心性对安全遵守和安全参与行为均具有正向影响,其他节点中心性不具有显著作用。施工组织社会网络特征中网络密度、出度中心势、聚类系数对组织安全行为有正向影响,平均路径长度、中间中心势对组织安全行为有负向影响。

3. 施工工人间社会资本对其安全行为的影响关系分析

首先,工人间社会资本结构维度对安全遵守和安全参与均具有显著的直接影响,对安全能力的影响作用也达到了显著水平。同时,结构维度通过安全能力的部分中介作用对安全行为两个维度分别产生间接影响。其次,工人社会资本关系维度对安全遵守和安全参与仅表现为显著的直接影响作用,对安全能力的影响则不显著,安全能力在关系维度与安全行为两个维度之间不产生中介作用。最后,工人社会资本认知维度显著影响安全能力,同时通过安全能力的完全中介作用分别对安全遵守和安全参与产生间接影响;安全能力对安全遵守和安全参与的影响作用比较均衡。

4. 施工工人与管理者间社会资本对其安全行为的影响关系分析

管理者与工人间社会资本认知维度对安全行为产生积极影响,而结构维度对安全行为产生了显著的负面影响,关系维度对安全行为没有直接或间接的影响。此外,认知维度通过安全能力的中介作用对安全行为有间接的积极影响,结构维度和关系维度对安全行为没有间接影响。

5. 施工组织社会资本对组织安全行为的影响关系分析

组织社会资本对安全组织行为具有显著的正向影响;社会资本对组织安全计划行为具有显著正向影响;社会资本的结构维度和认知维度对安全预防行为具有显著正向影响;社会资本对组织安全监督行为具有显著正向影响;社会资本的关系维度和认知维度对组织安全执行行为具有显著正向影响关系。其中,结构维度对安全监督行为和安全预防行为具有较大的影响;关系维度对安全监督行为和安全执行行为影响较大;认知维度对安全计划行为和安全执行行为有较大的影响。

6. 社会资本对管理者行为与施工人员安全行为影响关系的调节作用分析

管理者变革型领导行为对施工人员安全利他行为具有显著的积极影响,社会资本(结构维度、关系维度和认知维度)对管理者行为和施工人员安全行为具有正向的促进作用;管理者变革型领导行为对施工人员自我参与行为具有显著的积极影响,社会资本(结构维度和关系维度)对管理者行为和施工人员安全行为具有正向的促进作用;管理者交易型领导行为对施工人员自我参与行为具有显著的积极影响,社会资本(结构维度、关系维度和认知维度)对管理者行为和施工人员安全行为具有正向的促进作用;管理者管理行为对施工人员安全利他行为和自我参与行为具有显著的积极影响;管理者管理行为对施工人员安全遵守行为具有显著的积极影响,社会资本(结构维度、关系维度和认知维度)对管理者行为和施工人员安全行为具有正向的促进作用。

7. 施工人员社会资本与其安全行为的动态演化规律分析

建筑工人社会资本的积累效应明显,但是不同维度之间表现出不同的积累过程。由于建筑工人社会资本结构维度具有随机变化特点,关系维度表现出退化与恢复过程,认知维度震荡上升至理想值并保持稳定。社会资本不同维度对安全行为的影响规律不同,结构维度和关系维度对安全行为的影响呈现出具有随机特点的振荡上升规律,而认知维度对安全行为的影响完全正相关。安全管理行为对社会资本积累、安全能力提升、安全行为保持具有重要支撑作用。

8. 施工组织社会资本与其安全行为的动态演化规律分析

组织社会资本对安全行为影响作用显著,同时安全行为对社会资本存在动态反馈调节作用;社会资本、安全能力和安全行为在项目运行中总体上呈现螺旋式上升规律，个体上呈现S形曲线增长方式；同时社会资本的关系维度、安全能力的投入能力和安全行为的执行行为是系统运行中的关键影响因素，它们构成了系统的关键影响关系路径。

9. 基于社会资本的建筑施工安全行为决策模型仿真分析

在4种决策中按照风险从大到小的排序如下：既不遵守安全培训规定又不遵守安全投入规定的风险最大，其次遵守安全培训规定但不遵守安全投入规定，再次不遵守安全培训规定但遵守安全投入规定，最后既遵守安全培训规定又遵守安全投入规定风险最小。施工企业项目组织内较好的社会资本水平可以替代一部分安全培训的行为，使得不遵守安全培训规定但遵守安全投入规定的决策所引起的风险降低，提高安全执行行为对降低安全事故发生的风险较为有效。

10.2 不足与展望

1. 不足之处

(1) 在实证分析过程中没有对被调查人员职位、年龄段、文化程度、所在单位的性质、从事建筑物的性质等进行区分研究。这些因素对于研究的结果可能会造成一定的偏差，比如不同特征的被调查者的社会资本有可能会存在一定的差异，进而对安全能力及安全行为的影响可能会出现一定的偏差。因此，后续研究可以对被调查者再次进行分类，进行对比研究，使研究结果更具有实践意义。

(2) 由于数据收集存在一定的难度，本书只针对国内建筑行业发达的主要省市进行问卷发放和回收，问卷的普遍适用性可能会比较欠缺。后续研究可以增加问卷发放的数量，扩大发放地区的范围，从而尽可能保证数据真实反映我国建筑行业的实际情况，使研究结果更加具有普遍适用性。

(3) 施工主体社会网络、社会资本、安全行为的动态变化有待研究。受时间和各种条件的局限，本书在实证研究中只选取了施工组织某一特定阶段，所采用的样本数据均为截面数据，但是实际上施工组织的社会网络、社会资本和安全行为是随着时间动态变化的，使用截面数据不能很好地研究各变量的动态演化过程，因此后续研究需要针对施工组织的不同阶段来进行。

2. 未来研究方向

(1) 社会资本的形成机理。社会资本对管理者行为与施工人员安全行为的影响关系已经得到验证，然而如何提高管理者和施工人员之间的社会资本仍有待进一步研究，因此对管理者与施工人员之间社会资本形成机理的研究是后续研究方向，即管理者与施工人员之间社会资本的形成原因和条件是什么，社会资本的形成过程是什么，以及社会资本在形成过程中受到哪些因素的影响。对社会资本形成机理的研究可以为提高施工企业管理者和施工人员之间的社会资本提供理论依据和建议。

(2) 研究施工组织网络和组织安全行为的协同演化过程。通过施工组织生命周期中不同阶段的问卷调查，我们可以获取时间序列观测数据，构建不同阶段的施工组织社会网络，分析施工组织网络的动态演化过程，探索导致网络结构变化的主要影响因素，进而研究施工组织网络和组织安全行为的协同演化过程，有利于进一步提高施工企业的安全管理水平。

(3) 社会资本与制度资本在安全管理中的角色定位。社会资本的形成基础包括人与人之间的关系、感情和非正式规范等。与社会资本不同，影响管理者和施工人员行为的因素还包括正式的规范和管理制度，此类因素可以称为制度资本，而在安全管理过程中，仅依靠制度资本并不能起到较好的效果，但也不能没有制度资本，因此分析社会资本和制度资本在安全管理中的不同作用和互补关系有利于进一步提高施工企业的安全管理水平。

参考文献

[1] Heinrich H W. Industrial accident prevention: a scientific approach[M]. New York: McGraw-Hill Book Company, 1941.

[2] Adams J G U. Risk and freedom: the record of road safety regulation[M]. Cardiff: Transport Publishing Projects, 1985.

[3] 金龙哲, 宋存义. 安全科学原理[M]. 北京: 化学工业出版社, 2004.

[4] Fangd, Cheny, Wongl. Safety climate in construction Industry: a case study in Hong Kong[J]. Journal of Construction Engineering & Management, 2006, 132(6), 573-584.

[5] Nagler M G. Does social capital promote safety on the roads [J]. Economic Inquiry, 2013, 51(2), 1218-1231.

[6] Tang J, Leka S, Hunt N, et al. An exploration of workplace social capital as an antecedent of occupational safety and heal thclimate and outcomes in the Chinese education sector[J]. International Archives of Occupational and Environmental Health, 2013, 87(5): 515-526.

[7] Mohnen S M, Völker, B, Flap H, et al. Health-related behavior as a mechanism behind the relationship between neighborhood social capital and individual healtha multilevelanalysis[J]. BMC public health, 2012, 12(1): 116-127.

[8] WU X Y, CHONG H, WANG G, et al. The influence of social capitalism on construction safety behaviors: an exploratory megaproject case study[J]. Sustainability, 2018(10): 3098.

[9] 齐美尔, 荣远. 社会学: 关于社会化形式的研究[M]. 北京: 华夏出版社, 2002.

[10] Durkheim E. The division of labor in society[M]. New York: Simon and Schuster, 2014.

[11] Moreno J L. Who shall survive: a new approach to the problem of human interrelations[J]. Journal of the American Medical Association, 1934, 80(6): 231-234.

[12] Lewin K. Field theory in social science[J]. American Catholic Sociological Review, 1976, 12(2): 103.

[13] White H C, Boorman S A, Breiger R L. Social structure from multiple networks. I. Blockmodels of roles and positions[J]. American Journal of Sociology, 1976, 81(4): 730-780.

[14] Granovetter M. Getting a job: a study of contacts and careers[M]. New York: Harvard University Press, 1974.

[15] Granovetter M. Threshold models of collective behavior[J]. American Journal of Sociology, 1978, 83(6): 1420-1443.

[16] Bonacich P. Technique for analyzing overlapping memberships[J]. Sociological Methodology, 1972, 4: 176-185.

[17] Bonacich P. Power and centrality: a family of measures[J]. American Journal of Sociology, 1987, 92(5): 1170-1182.

[18] Boorman S A, White H C. Social structure from multiple networks. II. Role structures[J].

American journal of sociology, 1976, 81(6): 1384-1446.

[19] Breiger R L. The duality of persons and groups[J]. Social Forces, 1974, 53(2): 181-190.

[20] Barnes J A. Class and committees in a Norwegian island parish[J]. Human Relations, 1954, 7(1): 39-58.

[21] Boissevain J. Friends of friends: networks, manipulators and coalitions[J]. Man, 1974, 12(2): 347.

[22] Mitchell J C. The concept and use of social networks[J]. Social Networks in Urban Situations, 1969.

[23] Kleinberg J M. Hubs, authorities, and communities[J]. ACM Computing Surveys (CSUR), 1999, 31(4es): 5.

[24] Leskovec J, Singh A, Kleinberg J. Patterns of influence in a recommendation network[J]. Lecture Notes in Computer Science, 2006(3918): 380-389.

[25] Jackson M O. Social and economic networks[M]. Prince ton: Princeton University Press, 2010.

[26] Christakis N A, Fowler J H. The spread of obesity in a large social network over 32 years[J]. New England Journal of Medicine, 2007, 357(4): 370-379.

[27] Bonacich P. The invasion of the physicists[J]. Social Networks, 2004, 26(3): 285-288.

[28] 刘军. 整体网分析[M]. 2版. 上海: 格致出版社, 2014.

[29] 刘军. 整体网分析讲义: UCINET软件实用指南[M]. 上海: 上海人民出版社, 2007.

[30] Loury G C. A dynamic theory of racial income differences [M]. Evanston: Northwestern University, 1976.

[31] Bourdieu P. The forms of capital[M]. New York: Greenwood Press, 1986.

[32] Lin N. Social capital: a theory of social structure and action [M]. Cambridge: Cambridge University Press, 2001.

[33] Coleman J S. Foundations of social theory[M]. Cambridge: Harvard University Press, 1994.

[34] Fukuyama F. Trust: the social virtues and the creation of prosperity [M]. New York: Free Press, 1995.

[35] Putnam R. D. Tuning in, tuning out: the Strange disappearance of social capital in america[J]. Political Science and Politics, 1995, 28(4): 664-683.

[36] Dmlauf S, Fafchamps M. Empirical studies of social capital: a critical survey[M]. Mimeo: University of Wisconsin, 2003.

[37] Turner J T. Social capital: measurement, dimensional interactions, and performance implications[D]. Clemson: Clemson University, 2011.

[38] Jeong S. W. Impacts of social capital on motivation, institutional environment, and consumer loyalty toward a rural retailer[D]. Ohio State: The Ohio State University, 2011.

[39] Coleman J S. Social capital in the creation of human capital[J]. American Journal of Sociology, 1988, 94: S95-S120.

[40] Williams D. On and off the net: scales for social capital in an online Era [J]. Journal of Computer-Mediated Communication, 2006, 11(2): 593-628.

[41] Ellison N B, Steinfield C, Lampe C. The benefits of facebook "friends": social capital and college sudents' use of online social network sites[J]. Journal of Computer-Mediated Communication, 2007, 12(4): 1143-1168.

[42] 边燕杰. 城市居民社会资本的来源及作用: 网络观点与调查发现[J]. 中国社会科学, 2004, (3): 136-146, 208.

[43] 王春超, 周先波. 社会资本能影响农民工收入吗: 基于有序响应收入模型的估计和检验[J]. 管理世界, 2013(9): 55-68, 101, 187.

[44] 刘婧，占邵文. 文化创意企业知识产权创造能力的影响因素研究：来自 126 家上市企业的经验证据[J]. 研究与发展管理，2017(4)：42-53.

[45] 边燕杰，丘海雄. 企业的社会资本及其功效[J]. 中国社会科学，2000(2)：87-99+207.

[46] 桂勇，黄荣贵. 社区社会资本测量：一项基于经验数据的研究[J]. 社会学研究，2008(3)：122-142.

[47] 赵延东，罗家德. 如何测量社会资本：一个经验研究综述[J]. 国外社会科学，2005(2)：18-24.

[48] Nahapiet J，Ghoshal S. Social capital，intellectual capital，and the organizational advantage[J]. Academy of Management Review，1998，23(2)：242-266.

[49] Granovetter，M. S. Problems of explanation in economic sociology[J]. Networks and Organizations：Structure，Form and Action，1992：25-26.

[50] 罗纳德·伯特. 结构洞—竞争的社会结构[M]. 任敏，李璐，林虹译. 上海：格致出版社，2011.

[51] 徐萍，消费心理学教程[M]. 上海：上海财经大学出版社，2005.

[52] Herbert L，Petri John M. Govern. 动机心理学[M]. 郭本禹，等译. 西安：陕西师范大学出版社，2005，10：206-209.

[53] Lewin，K A. Dynamic Theory of Personality[M]. McGraw-Hill Book Co，1935：242.

[54] 亚伯拉罕·马斯洛. 动机与人格[M]. 许金声，等译. 北京：中国人民大学出版社，2009：68.

[55] Deci E L，Ryan R M. Cognitive evaluation theory[M]//Intrinsic motivation and self-determination in human behavior. Boston：Springer，1985：43-85.

[56] Ryan R M，Deci E L. Intrinsic and extrinsic motivations：classic definitions and new directions[J]. Contemporary Educational Psychology，2000，(25)：54-67.

[57] 韦克难. 组织行为学[M]. 重庆：四川人民出版社，2003：317.

[58] 刘素霞. 基于安全生产绩效提升的中小企业安全生产行为研究[D]. 镇江：江苏大学，2012.

[59] Komaki J，Barwick K D，Scott L R. A behavioral approach to occupational safety：pinpointing and reinforcing safe performance in a food manufacturing plant[J]. Journal of applied Psychology，1978，63(4)：434.

[60] 潘成林，杨振宏，何小访. 基于杜邦 STOP 系统及行为安全理论的非煤矿山不安全行为研究[J]. 中国安全生产科学技术，2014，10(5)：174-179.

[61] 张亚静. 煤矿行为安全管理与预警系统的研究与实现[D]. 邯郸：河北工程大学，2016.

[62] Krause T R，Seymour K J，Sloat K C M. Long-term evaluation of a behavior-based method for improving safety performance：a meta-analysis of 73 interrupted time-series replications[J]. Safety Science，1999，32(1)：1-18.

[63] Smith T A. What's wrong with behavior-based safety[J]. Professional Safety，1999，44(9)：37-40.

[64] DePasquale J P，Geller E S. Critical success factors for behavior-based safety：a study of twenty industry-wide applications[J]. Journal of Safety Research，2000，30(4)：237-249.

[65] Zhang M，Fang D. A continuous Behavior-Based Safety strategy for persistent safety improvement in construction industry[J]. Automation in Construction，2013(34)：101-107.

[66] Geller E S，Perdue S R，French A. Behavior-based safety coaching：10 guidelines for successful application[J]. Professional Safety，2004，49(7)：42.

[67] 斯蒂芬·P·罗宾斯. 管理学[M]. 7版. 北京：中国人民大学出版社，2004.

[68] Von Neumann J，Mogensterin O. The theory of games and economic behavior[M]. Princeton：Princeton University Press，1944.

[69] Tversky A，Kabneman D. Judgement under uncertainty：heuristics and biases[J]. Science，1974，185(4157)：1124-1131.

[70] Simon H. Administrative behavior[M]. Glencoe: Free Press, 1945.

[71] Allais M. Le comportment de I'homme rationnel devant le risque: critique des postulats et axiomes de I' école Américaine[J]. Econometrica, 1953, 21(4): 503-546.

[72] Ellsberg D. Risk, ambiguity, and the Savage axioms[J]. Quarterly Journal of Economics, 1961, 75(4): 643-699.

[73] Edwards W. Behavioral decision theory[J]. Annual Review of Psychology, 1961, 12(2): 473-498.

[74] Kahnerman D, Tversky A. ProsPect theory: An analysis of decision under risk[J]. Econometrica, 1979, 47(2): 263-291.

[75] 李纾, 谢晓非. 行为决策理论之父: 纪念Edwards教授两周年忌辰[J]. 应用心理学, 2007, 13(2): 99-107.

[76] 薛求知, 黄佩燕, 鲁直, 等. 行为经济学: 理论与应用[M]. 上海: 复旦大学出版社, 2003.

[77] 黄成. 行为决策理论及决策行为实证研究方法探讨[J]. 经济经纬, 2006(5): 102-105.

[78] 邵希娟, 杨建梅. 行为决策及其理论研究的发展过程[J]. 科技管理研究, 2006(5): 203-205.

[79] Howard R A, Matheon J E. Influence diagram, In readings on the principles and applications of decision analysis[J]. Strategic Decisions Group, 1984, Vol(2): 719-762.

[80] Goh Y M, Binte Sa'adon N F. Cognitive factors influencing safety behavior at height: a multimethod exploratory study[J]. Journal of Construction Engineering and Management, 2015, 141(6).

[81] Fang D, Zhao C, Zhang M. A cognitive model of construction workers' unsafe behaviors[J]. Journal of Construction Engineering and Management, 2016, 142(9).

[82] Wang D, Wang X, Xia N. How safety-related stress affects workers' safety behavior: the moderating role of psychological capital[J]. Safety Science, 2018(103): 247-259.

[83] Kark R, Katz-Navon T, Delegach M. The dual effects of leading for safety: the mediating role of employee regulatory focus[J]. Journal of Applied Psychology, 2015, 100(5): 1332.

[84] He C, Jia G, McCabe B, et al. Relationship between leader-member exchange and construction worker safety behavior: the mediating role of communication competence[J]. International Journal of Occupational Safety and Ergonomics, 2019 (just-accepted): 1-25.

[85] 斯蒂芬·P·罗宾斯, 蒂莫西·A·贾奇. 组织行为学[M]. 14版. 孙健敏, 李原, 黄小勇, 译. 北京: 中国人民大学出版社, 2014.

[86] Krause T R. Moving to the second generation in behavior-based safety[C]//ASSE Professional Development Conference and Exposition. American Society of Safety Engineers, 2000.

[87] 孙峻, 颜森, 杜春艳. 建筑企业安全氛围对员工安全行为的影响及实证[J]. 安全与环境学报, 2014(02): 60-64.

[88] 叶新凤, 李新春, 王智宁. 安全氛围对员工安全行为的影响: 心理资本中介作用的实证研究[J]. 软科学, 2014, 28(01): 86-90.

[89] Fugas C S, Silva S A, Meliá J L. Another look at safety climate and safety behavior: deepening the cognitive and social mediator mechanisms[J]. Accident Analysis & Prevention, 2012(45): 468-477.

[90] Marchand A, Simard M, Carpentier-Roy M C, et al. From a unidimensional to a bidimensional concept and measurement of workers' safety behavior[J]. Scandinavian Journal of Work, Environment &Health, 1998: 293-299.

[91] Andriessen J. Safe behaviour and safety motivation[J]. Journal of Occupational Accidents, 1978, 1(4): 363-376.

[92] Simard M, Marchand A. The behaviour of first-line supervisors in accident prevention and effectiveness in occupational safety[J]. Safety Science, 1994, 17(3): 169-185.

[93] 牛莉霞, 李乃文, 姜群山. 安全领导、安全动机与安全行为的结构方程模型[J]. 中国安全科学学报, 2015, 25(4): 23-29.

[94] 周全, 方东平. 建筑业安全氛围对安全行为影响机理的实证研究[J]. 土木工程学报, 2009, 42(11): 129-132.

[95] Aryee S, Hsiung H H. Regulatory focus and safety outcomes: an examination of the mediating influence of safety behavior[J]. Safety Science, 2016(86): 27-35.

[96] Griffin M A, Neal A. Perceptions of safety at work: a framework for linking safety climate to safety performance, knowledge, and motivation[J]. Journal of Occupational Health Psychology, 2000, 5(3): 347.

[97] Motowidlo S J, Van Scotter J R. Evidence that task performance should be distinguished from contextual performance.[J]. Journal of Applied psychology, 1994, 79(4): 475.

[98] 张静, 徐进. 建筑施工企业安全氛围与建筑工人安全行为的关系探讨[J]. 安全与环境工程, 2013, 20(3): 86-90.

[99] 吴建金, 耿修林, 傅贵. 基于中介效应法的安全氛围对员工安全行为的影响研究[J]. 中国安全生产科学技术, 2013, 9(3): 80-86.

[100] 张洪潮, 王杰, 卢迪. 自我效能感对安全行为的影响及上司支持感的调节作用[J]. 煤矿安全, 2018, 49(7): 253-256.

[101] 袁朋伟, 宋守信, 董晓庆. 地铁检修人员安全行为与风险知觉、安全态度的关系研究[J]. 中国安全科学学报, 2014, 24(5): 144-149.

[102] 吴秀宇. 管理者行为与施工人员安全行为关系研究: 社会资本的调节作用[D]. 天津: 天津财经大学, 2017.

[103] Brown K A, Willis P G, Prussia G E. Predicting safe employee behavior in the steel industry: Development and test of a sociotechnical model[J]. Journal of Operations Management, 2000, 18(4): 445-465.

[104] Choi B, Ahn S, Lee S H. Role of social norms and social identifications in safety behavior of construction workers. I: Theoretical model of safety behavior under social influence[J]. Journal of Construction Engineering and Management, 2016, 143(5): 04016124.

[105] 李启明, 王盼盼, 邓小鹏, 等. 地铁盾构坍塌事故中施工人员安全能力分析[J]. 灾害学, 2010(04): 73-77.

[106] Mohammadfam I, Ghasemi F, Kalatpour O, et al. Constructing a Bayesian network model for improving safety behavior of employees at workplaces[J]. Applied Ergonomics, 2017(58): 35-47.

[107] Adane M M, Gelaye K A, Beyera G K, et al. Occupational injuries among building construction workers in Gondar City, Ethiopia[J]. Occupational Medicine & Health Affairs, 2013(7): 116-121.

[108] Powell R, Copping A. Sleep deprivation and its consequences in construction workers[J]. Journal of Construction Engineering and Management, 2010, 136(10): 1086-1092.

[109] Kao K Y, Spitzmueller C, Cigularov K, et al. Linking insomnia to workplace injuries: A moderated mediation model of supervisor safety priority and safety behavior[J]. Journal of Occupational Health Psychology, 2016, 21(1): 91.

[110] Hald K S. Social influence and safe behavior in manufacturing[J]. Safety Science, 2018(109): 1-11.

[111] Petitta L, Probst T M, Barbaranelli C, et al. Disentangling the roles of safety climate and

safety culture: Multi-level effects on the relationship between supervisor enforcement and safety compliance[J]. Accident Analysis & Prevention, 2017(99): 77-89.

[112] Zhou Q, Fang D, Wang X. A method to identify strategies for the improvement of human safety behavior by considering safety climate and personal experience[J]. Safety Science, 2008, 46(10): 1406-1419.

[113] Fang D, Wu C, Wu H. Impact of the supervisor on worker safety behavior in construction projects[J]. Journal of Management in Engineering, 2015, 31(6): 04015001.

[114] Zhang P, Li N, Fang D, et al. Supervisor-focused behavior-based safety method for the construction industry: Case study in Hong Kong[J]. Journal of Construction Engineering and Management, 2017, 143(7): 05017009.

[115] Skeepers N C, Mbohwa C. A study on the leadership behaviour, safety leadership and safety performance in the construction industry in South Africa[J]. Procedia Manufacturing, 2015(4): 10-16.

[116] Mohamed S, Ali T H, Tam W Y V. National culture and safe work behaviour of construction workers in Pakistan[J]. Safety Science, 2009, 47(1): 29-35.

[117] 韩豫, 梅强, 刘素霞等. 建筑工人不安全行为的模仿与学习的调查与分析[J]. 中国安全生产科学技术, 2015, 11(6): 182-188.

[118] Schwatka N V, Rosecrance J C. Safety climate and safety behaviors in the construction industry: The importance of co-workers commitment to safety[J]. Work, 2016, 54(2): 401-413.

[119] Arcury T A, Summers P, Carrillo L, et al. Occupational safety beliefs among Latino residential roofing workers[J]. American Journal of Industrial Medicine, 2014, 57(6): 718-725.

[120] Neitzel R L, Stover B, Seixas N S. Longitudinal assessment of noise exposure in a cohort of construction workers[J]. Annals of Occupational Hygiene, 2011, 55(8): 906-916.

[121] Choi B, Lee S H. An empirically based agent-based model of the sociocognitive process of construction workers' safety behavior[J]. Journal of Construction Engineering and Management, 2017, 144(2): 04017102.

[122] 刘素霞, 梅强, 张赞赞. 中小企业员工安全遵守行为演化路径[J]. 系统管理学报, 2012, 21(2): 275-282.

[123] Liao P C, Liu B, Wang Y, et al. Work paradigm as a moderator between cognitive factors and behaviors–A comparison of mechanical and rebar workers[J]. KSCE Journal of Civil Engineering, 2017, 21(7): 2514-2525.

[124] 黄芹芹, 祁神军, 张云波, 等. 建筑工人习惯性不安全行为干预策略的SD模型[J]. 中国安全科学学报, 2018, 28(7): 25-31.

[125] 郭红领, 刘文平, 张伟胜. 集成BIM和PT的工人不安全行为预警系统研究[J]. 中国安全科学学报, 2014, 24(04): 104-109.

[126] 张宏, 符洪锋. 结合智能安全帽的建筑工人施工安全行为绩效考核及激励机制[J]. 中国安全生产科学技术, 2019, 15(3): 180-186.

[127] Guo S, Xiong C, Gong P. A real-time control approach based on intelligent video surveillance for violations by construction workers[J]. Journal of Civil Engineering and Management, 2018, 24(1): 67-78.

[128] 曹庆仁, 李凯. 各种煤矿安全管理行为及其相互影响作用研究[J]. 安全与环境学报, 2015, 15(8501): 6-10.

[129] 佟瑞鹏, 陈策, 杜志托. 煤矿组织安全行为结构分析与实证研究[J]. 中国安全科学学报,

2015，25(12)：93-98.

[130] Zhou Q，Fang D，Mohamed S. Safety climate improvement：Case study in a Chinese construction company[J]. Journal of Construction Engineering and Management，2010，137(1)：86-95.

[131] Lu C S，Shang K. An empirical investigation of safety climate in container terminal operators[J]. Journal of Safety Research，2005，36(3)：297-308.

[132] Zhou Q，Fang D，Mohamed S. Safety climate improvement：Case study in a Chinese construction company[J]. Journal of Construction Engineering and Management，2010，137(1)：86-95.

[133] Lin S H，Tang W J，Miao J Y，et al. Safety climate measurement at workplace in China：A validity and reliability assessment[J]. Safety Science，2008，46(7)：1037-1046.

[134] 刘素霞，梅强. 中小企业安全生产环境及其安全绩效分析[J]. 企业经济，2011(10)：36-39.

[135] Jitwasinkul B，Hadikusumo B H W. Identification of important organisational factors influencing safety work behaviours in construction projects[J]. Journal of Civil Engineering and Management，2011，17(4)：520-528.

[136] 张吉广，张伶. 安全氛围对企业安全行为的影响研究[J]. 中国安全生产科学技术，2007(01)：106-110.

[137] 张羽. 高危系统组织安全行为主观博弈研究[D]. 成都：西南交通大学，2013.

[138] Zohar D，Luria G. The use of supervisory practices as leverage to improve safety behavior：A cross-level intervention model[J]. Journal of Safety Research，2003，34(5)：567-577.

[139] Cheng E W L，Li H，Fang D P，et al. Construction safety management：an exploratory study from China[J]. Construction Innovation，2004，4(4)：229-241.

[140] 吴贤国，刘惠涛，张立茂，等. 地铁施工安全组织管理影响因素分析[J]. 土木工程与管理学报，2013，29(4)：79-83.

[141] 税永波，田水承，李华. 企业安全生产组织行为的长效机制探讨[J]. 安全与环境学报，2015，15(4)：163-165.

[142] Zohar D，Luria G. A multilevel model of safety climate：cross-level relationships between organization and group-level climates[J]. Journal of Applied Psychology，2005，90(4)：616.

[143] 傅贵. 安全管理学：事故预防的行为控制方法[M]. 北京：科学出版社，2013.

[144] Zhang S，Shi X，Wu C. Measuring the effects of external factor on leadership safety behavior：case study of mine enterprises in China[J]. Safety Science，2017(93)：241-255.

[145] 刘素霞，梅强，杜建国，等. 企业组织安全行为，员工安全行为与安全绩效：基于中国中小企业的实证研究[J]. 系统管理学报，2014：118-129.

[146] Cheng E W L，Ryan N，Kelly S. Exploring the perceived influence of safety management practices on project performance in the construction industry[J]. Safety Science，2012，50(2)：363-369.

[147] Mearns K，Whitaker S M，Flin R. Safety climate，safety management practice and safety performance in offshore environments[J]. Safety Science，2003，41(8)：641-680.

[148] 佟瑞鹏，陈策. 煤矿组织安全行为对个体不安全行为的作用机理研究[J]. 中国安全生产科学技术，2015，11(12)：40-45.

[149] Goh Y M，Ali M J A. A hybrid simulation approach for integrating safety behavior into construction planning：Anearthmoving case study[J]. Accident Analysis & Prevention，2016(93)：310-318.

[150] Axley L. Competency: A concept analysis[C]//Nursing forum. Malden, USA: Blackwell Publishing Inc, 2008, 43(4): 214-222.

[151] Boyatzis R E. The competent manager: A model for effective performance[M]. New York: John Wiley & Sons, 1982: 308.

[152] 刘祖德, 蒋畅和. 员工个体安全能力增长规划研究[J]. 中国安全生产科学技术, 2013, 9(4): 171-175.

[153] 王盼盼, 李启明, 邓小鹏. 施工人员安全能力模型研究[J]. 中国安全科学学报, 2009, 19(8): 40-45.

[154] 马艳春. 国有煤矿从业人员安全素质与安全能力[J]. 煤矿安全, 2010, 41(9): 157-160.

[155] 汪伟忠, 卢明银, 高艺滋, 等. 机械加工车间操作工安全能力评价[J]. 工业工程, 2013, 16(3): 138-142.

[156] 蒋浩, 石荣, 杨家忠. 基于QAR数据的飞行员安全能力评估模型的构建[J]. 航天医学与医学工程, 2019, 32(3): 208-212.

[157] Mohamed S. Safety climate in construction site environments[J]. Journal of construction engineering and management, 2002, 128(5): 375-384.

[158] 曹庆仁, 李凯, 刘丽娜. 煤矿安全文化对员工行为安全影响作用的实证研究[J]. 中国安全科学学报, 2011, 21(4): 143-149.

[159] 田水承, 李广利, 陈盈, 等. 矿工安全诚信与不安全行为影响关系研究[J]. 中国安全科学学报, 2014, 24(11): 17-22.

[160] 汪伟忠, 卢明银, 周波, 等. 基于集对分析的车间安全管理能力评价[J]. 安全与环境学报, 2013(03): 252-254.

[161] 陈芳, 罗云. 管制员安全能力模型研究[J]. 中国安全科学学报, 2012(01): 17-23.

[162] 王旭峰, 邱坤南, 阳富强, 等. 建筑工人个体安全能力影响因素效用量化研究[J]. 中国安全科学学报, 2015, 25(3): 133-139.

[163] 刘超, 罗云, 仝世渝, 等. 基于层次分析法的电力企业员工安全素质测评指标体系研究[J]. 中国安全科学学报, 2009(09): 132-138.

[164] 邹春明, 郑志千, 刘智勇, 等. 电力二次安全防护技术在工业控制系统中的应用[J]. 电网技术, 2013(11): 3227-3232.

[165] Malisiovas A, Song X. Social network analysis (SNA) for construction projects' team communication structure optimization[C]//Construction Research Congress 2014: Construction in a Global Network, 2014: 2032-2042.

[166] Alsamadani R, Hallowell M, Javernick-Will A N. Measuring and modelling safety communication in small work crews in the US using social network analysis[J]. Construction Management and Economics, 2013, 31(6): 568-579.

[167] Alsamadani R, Hallowell M R, Javernick-Will A, et al. Relationships among language proficiency, communication patterns, and safety performance in small work crews in the United States[J]. Journal of Construction Engineering and Management, 2013, 139(9): 1125-1134.

[168] Zwetsloot G I J M, Kines P, Ruotsala R, et al. The importance of commitment, communication, culture and learning for the implementation of the zero accident vision in 27 companies in europe[J]. Safety Science, 2017(96): 22-32.

[169] Motter A A, Santos M. The importance of communication for the maintenance of health and safety in work operations in ports[J]. Safety Science, 2017(96): 117-120.

[170] 蒋刘芯. 建筑业工长口头沟通对工人不安全行为的影响机理研究[D]. 北京: 清华大学, 2015.

[171] Edirisinghe R, Lingard H. Exploring the potential for the use of video to communicate safety information to construction workers: case studies of organizational use[J]. Construction Management and Economics, 2016, 34(6): 366-376.

[172] Jeschke K C, Kines P, Rasmussen L, et al. Process evaluation of a toolbox-training program for construction foremen in Denmark[J]. Safety Science, 2017(94): 152-160.

[173] Olson R, Varga A, Cannon A, et al. Toolbox talks to prevent construction fatalities: Empirical development and evaluation[J]. Safety Science, 2016(86): 122-131.

[174] 陈冬博,栗继祖,冯国瑞等. 煤矿井下作业人员沟通满意度与不安全行为关系研究[J]. 煤矿安全, 2015, 46(3): 218-221.

[175] Casey T W, Krauss A D. The role of effective error management practices in increasing miners' safety performance[J]. Safety Science, 2013(60): 131-141.

[176] Cigularov K P, Chen P Y, Rosecrance J. The effects of error management climate and safety communication on safety: A multi-level study[J]. Accident Analysis & Prevention, 2010, 42(5): 1498-1506.

[177] 阮国祥. 建筑企业差错管理氛围对员工安全行为影响研究[J]. 中国安全科学学报, 2017, 27(1): 140-145.

[178] 杨高升,杨鹏,李秀云. 建筑工人流动性对施工安全水平的影响分析[J]. 中国安全生产科学技术, 2015(1): 116-120.

[179] 张舒. 矿山企业管理者安全行为实证研究[D]. 长沙:中南大学, 2012.

[180] 王小丽,王茜,栗继祖. 煤矿安全管理与员工安全绩效的关系研究[J]. 中国矿业, 2016, 25(4): 16-20.

[181] 程钧谟,田力军,孔祥西,等. 化工企业管理人员安全意识与安全行为关系的实证研究[J]. 工业安全与环保, 2016 (2): 98-102.

[182] 李红霞,薛建文,张恒,等. 煤矿安全氛围对险兆事件的影响研究[J]. 安全与环境学报, 2015, 15(3): 161-164.

[183] 张舒,史秀志. 安全心理与行为干预的研究[J]. 中国安全科学学报, 2011, 21(1): 23-31.

[184] Jiang Z M, Fang D P, Zhang M C. Understanding the Causation of Construction Workers' Unsafe Behaviors Based on System Dynamics Modeling[J]. Journal of Management in Engineering. 2015, 31(6): 1-14.

[185] Khosravi Y E A. Factors influencing unsafe behaviors and accidents on construction sites: a review[J]. International Journal of Occupational Safety and Ergonomics: JOSE, 2014, 20(1): 111-125.

[186] 王丹,宫晶晶,郭飞. 安全管理者的威权领导对矿工安全行为的影响研究[J]. 中国安全生产科学技术, 2015(01): 121-126.

[187] 周建亮,方东平,房继寒. 工程建设安全生产管理的相关主体行为关系模型分析与政策改进[J]. 土木工程学报, 2014, 47(9): 128-134.

[188] 张孟春,方东平. 建筑工人不安全行为产生的认知原因和管理措施[J]. 土木工程学报, 2012(45): 298-305.

[189] 曹庆仁,李凯,李静林. 管理者行为对矿工不安全行为的影响关系研究[J]. 管理科学, 2011, 24(6): 69-78.

[190] Chua D K H, Goh Y M. Incident causation model for improving feedback of safety knowledge[J]. Journal of Construction Engineering and Management, 2004, 130(4): 542-551.

[191] 陈大伟,赵晨阳,田翰之,等. 建筑安全生产事故统计指标体系创新及应用研究[J]. 中国安

全科学学报，2013(11)：72-78.

[192] Kirwan B. Safety informing design[J]. Safety Science，2007，45(1/2)：155-197.

[193] 宋泽阳，任建伟，程红伟，等. 煤矿安全管理体系缺失和不安全行为研究[J]. 中国安全科学学报，2011(11)：128-135.

[194] Neal A F. Safety climate and safety behavior[J]. Australian Journal of Management，2002(27)：67-75.

[195] 周佩玲，刘双跃，陈丽娜. 矿工不安全行为致因分析及控制[J]. 中国安全生产科学技术，2013，9(1)：158-163.

[196] 田水承，郭彬彬，李树砖. 煤矿井下作业人员的工作压力个体因素与不安全行为的关系[J]. 煤矿安全，2011，42(9)：189-192.

[197] 李永奎，崇丹，何清华，等. 建筑企业社会网络关系及对市场竞争力的影响：基于项目合作视角[J]. 运筹与管理，2013，22(01)：237-243.

[198] 费钟琳，王京安. 社会网络分析：一种管理研究方法和视角[J]. 科技管理研究，2010，30(24)：216-219.

[199] Knost B R. Formal and informal work group relationships with performance：a moderation model using social[D]. Department of the Air Force，Air University，2006.

[200] 蔡萌，杜巍，任义科，等. 企业员工社会网络度中心性对个人绩效的影响：度异质性的调节作用[J]. 当代经济科学，2014，36(1)：108-115.

[201] Siew，Renard Y J. Health and safety communication strategy in a Malaysian construction company：a case study[J]. International Journal of Construction Management，2015，15(4)：1-11.

[202] Chan A P C，Javed A A，Wong F K W，et al. The application of social network analysis in the construction industry of Hong Kong[C]//Abstract Book of 1st International Conference on Emerging Trends in Engineering，Management & Sciences. City University of Science & Information Technology (CUSIT)，2014：31.

[203] Balkundi P，Harrison D A. Ties，leaders，and time in teams：strong inference about network structure's effects on team viability and performance[J]. Academy of Management Journal，2006，49(1)：49-68.

[204] Kaskutas V，Dale A M，Lipscomb H，et al. Fall prevention and safety communication training for foremen：Report of a pilot project designed to improve residential construction safety[J]. Journal of Safety Research，2013(44)：111-118.

[205] Mehra A，Kilduff M，Brass，D J. The social networks of high and low self-monitors：Implications for workplace performance[J]. Administrative science quarterly，2001，46(1)：121-146.

[206] Neal A，Griffin M A，Hart P M. The impact of organizational climate on safety climate and individual behavior[J]. Safety science，2000，34(1)：99-109.

[207] Jiang X. Impact of Informal Network Centrality on Tacit Knowledge Sharing in Organization [J]. Library and Information Service，2011，55(16)，111-115.

[208] Shi Y，Li N. An empirical study on the influence of knowledge exchange network centrality on knowledge diffusion in R&D teams[J]. Information Studies：Theory & Application，2010，33(4)：28-31.

[209] Zhang B，Tan D L，Li Y Q. Research on the influence of employee social network on organizational citizenship behavior[J]. China Soft Science，2011(10)：131-137.

[210] Liu J. Lectures on whole network approach：a practical guide to UCINET[M]. ShangHai：Gezhi Publishing House，2009.

[211] Burt R.S. Structural holes：the social structure of competition[M]. Cambridge，MA：Harvard

University Press，1992．

[212] Baron R M，Kenny D A. The moderator–mediator variable distinction in social psychological research：conceptual，strategic，and statistical considerations[J]. Journal of Personality and Social Psychology，1986，51(6)：1173.

[213] Chinowsky P，Diekmann J，Galotti V. Social network model of construction[J]. Journal of Construction Engineering and Management，2008，134(10)：804-812.

[214] 孙国强，吉迎东，张宝建，等. 网络结构、网络权力与合作行为：基于世界旅游小姐大赛支持网络的微观证据[J]. 南开管理评论，2016，19(1)：43-53.

[215] Koh T，Rowlinson S. Project Team Social Capital，Safety Behaviors，and Performance：A Multi-level Conceptual Framework [J]. Procedia Engineering，2014(85)：311 -318.

[216] Rulke D L，Galaskiewicz J. Distribution of knowledge，group network structure，and group performance[J]. Management Science，2000，46(5)：612-625.

[217] 马永红，王展昭，李欢，等. 网络结构、采纳者偏好与创新扩散：基于采纳者决策过程的创新扩散系统动力学模型仿真分析[J]. 运筹与管理，2016，25(3)：106-116.

[218] 姜鑫. 基于社会网络分析的组织非正式网络内隐性知识共享及其实证研究[J]. 情报理论与实践，2012，35(2)：68-71.

[219] Brass D J，Galaskiewicz J，Greve H R，et al. Taking stock of networks and organizations：A multilevel perspective[J]. Academy of Management Journal，2004，47(6)：795-817.

[220] 黄海艳. 非正式网络对知识共享的影响：组织支持感的调节作用[A]. 第九届(2014)中国管理学年会：组织行为与人力资源管理分会场论文集，2014：9.

[221] 罗家德. 社会网分析讲义[M]. 2版. 北京：社会科学文献出版社，2010.

[222] 温忠麟，张雷，侯杰泰，等. 中介效应检验程序及其应用[J]. 心理学报，2004，36(05)：614-620.

[223] Huang C C，Jiang P C. Exploring the psychological safety of R&D teams：an empirical analysis in Taiwan[J]. Journal of Management & Organization，2012，18(2)：175-192.

[224] Vieno A，Nation M，Perkins D，Pastore M，Santinello M. Social capital，safety concerns，parenting，and early adolescents' antisocial behavior[J]. Journal of Community Psychology，2010，38(3)：314-328.

[225] Shih-Ju W，Heng-Chiang H，Yang C Y S. To say or not to say：the mediating role of psychological safety and self-efficacy on the influence of social capital on users' knowledge sharing behavior in social network sites[J]. Tai Da Guan Li Lun Cong，2016，26(2).

[226] Koh T，Rowlinson S. Relational approach in managing construction project safety：a social capital perspective [J]. Accident Analysis and Prevention，2012(48)：134 -144.

[227] 李书全，宋孟孟，周远. 施工企业内社会资本、情绪智力与安全绩效关系研究[J]. 中国安全生产科学技术，2014，10(9)：67-71.

[228] Creary S J，Caza B B，Roberts L M. Out of the box? How managing a subordinate's multiple identities affects the quality of a manager-subordinate relationship[J]. Academy of Management Review，2015，40(4)：538-562.

[229] Kines P，Andersen L P，Spangenberg S，et al. Improving construction site safety through leader-based verbal safety communication[J]. Journal of Safety Research，2010，41(5)，399-406.

[230] 田水承，薛明月，李广利，等. 基于因子分析法的矿工不安全行为影响因素权重确定[J]. 矿业安全与环保，2013，40(5)：113-116.

[231] 李慧淑，栗继祖. 建筑施工从业人员安全心理测评指标研究[J]. 建筑经济，2014(3)：105-108.

[232] 李乃文，季大奖. 行为安全管理在煤矿行为管理中的应用研究[J]. 中国安全科学学报，

2011(12): 115-121.

[233] 王淑云, 陈博, 唐剑丽. 企业安全管理中的非正式群体功能探析[J]. 中国安全生产科学技术, 2011(06): 145-150.

[234] Wang Y. Investigating dynamic capabilities of family businesses in China: a social capital perspective[J]. Journal of Small Business and Enterprise Development, 2016, 23(4): 1057-1080.

[235] Zhang M, Lettice F, Zhao X. The impact of social capital on mass customisation and product innovation capabilities[J]. International Journal of Production Research, 2015, 53(17): 5251-5264.

[236] 朱福林, 何勤, 王晓芳. 社会资本、吸收能力与企业成长: 基于286家北京中小微科技型企业的经验分析[J]. 华东经济管理, 2018, 32(9): 132-143.

[237] Hansen M T. The search-transfer problem: the role of weak ties in sharing knowledge across organization subunits[J]. Administrative science quarterly, 1999, 44(1): 82-111.

[238] Andrews K M, Delahaye B L. Influences on knowledge processes in organizational learning: the psychosocial filter[J]. Journal of Management studies, 2000, 37(6): 797-810.

[239] Renzl B. Trust in management and knowledge sharing: the mediating effects of fear and knowledge documentation[J]. Omega, 2008, 36(2): 206-220.

[240] Kogut B, Zander U. What firms do? Coordination, identity, and learning[J]. Organization science, 1996, 7(5): 502-518.

[241] 戈锦文, 范明, 肖璐. 社会资本对农民合作社创新绩效的作用机理研究: 吸收能力作为中介变量[J].农业技术经济, 2016(1): 118-127.

[242] 赵公民, 周慧. 社会资本对民办养老机构绩效影响的实证检验: 基于吸收能力的中介作用[J]. 财会月刊, 2016(35): 16-19.

[243] 李振华, 刘迟, 吴文清. 孵化网络结构社会资本、资源整合能力与孵化绩效[J].科研管理, 2019, 40(9): 190-198.

[244] 杨鹏鹏, 许译文, 李星树. 民营企业家社会资本、动态能力影响企业绩效的实证研究[J].山西财经大学学报, 2015, 37(9): 101-112.

[245] Chiu C, Hsu M, Wang E T. Understanding knowledge sharing in virtual communities: an integration of social capital and social cognitive theories[J]. Decision support systems, 2006, 42(3): 1872-1888.

[246] Chen M H, Chang Y C, Hung S C. Social capital and creativity in R&D project teams[J]. R&d Management, 2008, 38(1): 21-34.

[247] Chang S H, Chen D F, Wu T C.Developing a competency model for safety professionals: correlations between competency and safety functions[J]. Journal of Safety Research, 2012, 43(5-6): 339-350.

[248] Neal A, Griffin M A. A study of the lagged relationships among safety climate, safety motivation, safety behavior, and accidents at the individual and group levels[J]. Journal of Applied Psychology, 2006, 91(4): 946-953.

[249] Vinodkumar M N, Bhasi M. Safety management practices and safety behaviour: assessing the mediating role of safety knowledge and motivation[J]. Accident Analysis & Prevention, 2010, 42(6): 2082-2093.

[250] 张桂平. 组织安全气候对安全绩效的作用机制研究[J]. 软科学, 2013, 27(4): 61-64.

[251] 程德俊, 王蓓蓓. 高绩效工作系统、人际信任和组织公民行为的关系: 分配公平的调节作用[J]. 管理学报, 2011, 8(5): 727-733.

[252] 王淑云, 陈博, 唐剑丽. 企业安全管理中的非正式群体功能探析[J]. 中国安全生产科学技

术，2011(06)：145-150.

[253] 李乃文，黄鹏. 变革型领导行为、安全态度、安全绩效的关系——基于煤炭企业的实证研究[J]. 软科学，2012，26(1)：68-71.

[254] Hair J F，Black W C，Babin B J，et al. Multivariate data analysis[M]. Upper Saddle River，NJ：Prentice hall，1998.

[255] Brown R L. Assessing specific mediational effects in complex theoretical models[J]. Structural Equation Modeling：A Multidisciplinary Journal，1997，4(2)：142-156.

[256] Liu J. Lectures on Whole Network Approach：a Practical Guide to UCINET [M]. Shang Hai：Gezhi Publishing House，2009.

[257] Walker G. Network position and cognition in a computer software firm[J]. Administrative Science Quarterly，1985：103-130.

[258] Pillai K G，Hodgkinson G P，Kalyanaram G，et al. The negative effects of social capital in organizations：A review and extension[J]. International Journal of Management Reviews，2017，19(1)：97-124.

[259] Godesiabois J. it's not all good：the negative influence of social capital on new firm performance (summary)[J]. Frontiers of Entrepreneurship Research，2008，28(3)：6.

[260] Chiu C，Hsu M，Wang E T. Understanding knowledge sharing in virtual communities：an integration of social capital and social cognitive theories[J]. Decision support systems，2006，42(3)：1872-1888.

[261] Tsai W，Ghoshal S. Social capital and value creation：The role of intrafirm networks[J]. Academy of management Journal，1998，41(4)：464-476.

[262] Yli‐Renko H，Autio E，Sapienza H J. Social capital，knowledge acquisition, and knowledge exploitation in young technology‐based firms[J]. Strategic management journal，2001，22(6-7)：587-613.

[263] Chen M H，Chang Y C，Hung S C. Social capital and creativity in R&D project teams[J]. R&D Management，2008，38(1)：21-34.

[264] Fitzpatrick R. Competence at Work：Models for Superior Performance[J]. Personnel Psychology，1994，47(2)：448.

[265] Karahanna E，Preston D S. The effect of social capital of the relationship between the CIO and top management team on firm performance[J]. Journal of Management Information Systems，2013，30(1)：15-56.

[266] Biggs H C，Biggs S E. Interlocked projects in safety competency and safety effectiveness indicators in the construction sector[J]. Safety science，2013(52)：37-42.

[267] Blair E H. Critical competencies for SH&E managers-implications for educators[C]//ASSE Professional Development Conference and Exposition. American Society of Safety Engineers，2004.

[268] Okun A H，Guerin R J，Schulte P A. Foundational workplace safety and health competencies for the emerging workforce[J]. Journal of safety research，2016，59：43-51.

[269] Gordon R P E. The contribution of human factors to accidents in the offshore oil industry[J]. Reliability Engineering & System Safety，1998，61(1-2)：95-108.

[270] Seo D C. An explicative model of unsafe work behavior[J]. Safety Science，2005，43(3)：187-211.

[271] 许正权，宋学锋，徐金标. 事故成因理论的4次跨越及其意义[J]. 矿业安全与环保，2008，35(1)：79-82.

[272] Leenders R T A J, Gabbay S M. Corporate social capital and liability[M]. Berlin: Springer Science & Business Media, 2013.
[273] 潘家怡, 张兴强. 论企业安全行为[J]. 中国安全科学学报, 1995(5): 47-49.
[274] 李书全, 董静. 基于贝叶斯网络的社会资本与组织安全行为概率评估[J]. 统计与决策, 2018, 34(17): 185-188.
[275] Lin N. Building a network theory of social capital [J]. Connections, 1999, 22(1): 28-51.
[276] 韩子天, 谢洪明, 王成. 结构和关系维度的内部社会资本对绩效影响的实证研究[J]. 科学学与科学技术管理, 2008, 29(8): 151-155.
[277] Zahra S A, George G. The net-enabled business innovation cycle and the evolution of dynamic capabilities [J]. Information Systems Research, 2002, 13(2): 147-150.
[278] Zohar D. Modifying supervisory practices to improve subunit safety: a leadership-based intervention model[J]. Journal of Applied psychology, 2002, 87(1): 156-163.
[279] Gabbay S M, Zuckerman E W. Social capital and opportunity in corporate R&D: the contingent effect of contact density on mobility expectations [J]. Social Science Research, 1998, 27(2): 189-217.
[280] Tsai W. Social capital, strategic relatedness and the formation of intraorganizational linkages [J]. Strategic Management Journal, 2000: 925-939.
[281] Neal A, Griffin M. Safety climate and safety at work[J]. Hot Topics Legal Issues in Plain Language, 2004, 26(6171): 15-34.
[282] Törner M. The "social-physiology" of safety. An integrative approach to understanding organisational psychological mechanisms behind safety performance[J]. Safety Science, 2011, 49(8): 1262-1269.
[283] 李书全, 吴秀宇, 袁小妹, 等. 基于GA-SVM的施工人员安全行为影响因素及决策模型研究[J]. 中国安全生产科学技术, 2014, 10(12): 185-191.
[284] Krause T R. Employee-Driven systems for safe behavior: integrating behavioral and statistical Methodologies[M]. New York: Van Nostrand Reinhold Company, 1995.
[285] 王宝. 危险化学品企业实施安全评价工作绩效分析[J]. 中国安全生产科学技术, 2007, 3(5): 130-134.
[286] Mackenzie S B, Podsakoff P M, Jarvis C B. The problem of measurement model misspecification in behavioral and organizational research and some recommended solutions[J]. Journal of Applied Psychology, 2005, 90(4): 710-730.
[287] Burt R S. The contingent value of social capital[J]. Administrative Science Quarterly, 1997: 339-365.
[288] Harpham T. Measuring social capital within health surveys: key issues[J]. Health Policy and Planning, 2002, 17(1): 106-111.
[289] 杜建华, 田晓明, 蒋勤峰. 基于动态能力的企业社会资本与创业绩效关系研究[J]. 中国软科学, 2009(2): 115-126.
[290] 韦影. 企业社会资本与技术创新: 基于吸收能力的实证研究[J]. 中国工业经济, 2007(9): 119-127.
[291] 张慧颖, 吴红翠, 戴万亮. 以动态能力为中介变量的社会资本与创新绩效关系研究[J]. 工业工程, 2012, 15(5): 130-136.
[292] 朱宏. 社会资本、自组织机制与商业银行经营转型绩效研究[D]. 合肥: 合肥工业大学, 2016.
[293] Mearns K, Whitaker S M, Flin R. Safety Climate, Safety Management Practice and Safety Performance in offshore environments[J]. Safety Science, 2003, 41(8): 641-680.

[294] Fernández-Muñiz Beatriz, Montes-Peón J M, Vázquez-Ordás C J. Safety management system: development and validation of a multidimensional scale[J]. Journal of Loss Prevention in the Process Industries, 2007, 20(1): 52-68.

[295] Evans B, Glendon A I, Creed P A. Development and initial validation of an Aviation Safety Climate Scale[J]. Journal of Safety Research, 2007, 38(6): 675-682.

[296] Kanten S. A research on the effect of organizational safety climate upon the safe behaviors[J]. Ege Academic Review, 2009, 9(3): 923-932.

[297] Edwin Sawacha. Factors affecting safety performanceon construction sites[J].International Journal of Project Management, 1999, 17(5): 309-315.

[298] 萧文龙. 统计分析入门与应用[M]. 台北: 棋峰资讯股份有限公司, 2016.

[299] Kaiser H F. The varimax criterion for analytic rotation in factor analysis[J]. Psychometrika, 1958, 23 (3): 187-200.

[300] Lederer A L, Sethi V. Critical dimensions of strategic information systems planning[J]. Decision Sciences, 1991, 22 (1): 104-119.

[301] Anderson J C, Gerbing D W. Structural equation modeling in practice: a review and recommended two-step approach[J]. Psychological Bulletin, 1988, 103(3): 411-423.

[302] Gorsuch R. Factor analysis[M]. Hillsdale, NJ: L. Erlbaum Associates. 1983.

[303] 廖中举. 基于认知视角的企业突发事件预防行为及其绩效研究[D]. 杭州: 浙江大学, 2015.

[304] Lederer A L, Sethi V. Critical Dimensions of Strategic Information Systems Planning[J]. Decision Sciences, 2010, 22(1): 104-119.

[305] Koller D, Friedman N. 概率图模型: 原理与技术[M]. 北京: 清华大学出版社, 2015.

[306] 周忠宝, 周经伦, 金光, 等. 基于贝叶斯网络的概率安全评估方法研究[J]. 系统工程学报, 2006, 21(6): 636-643.

[307] Fink A, Litwin M S. How to measure survey reliability and validity[M]. Los Angeles: Sage, 1995.

[308] Zhou Q, Fang D, Wang X. A method to identify strategies for the improvement of human safety behavior by considering safety climate and personal experience[J]. Safety Science, 2008, 46(10): 1406-1419.

[309] DeJoy D M, Della L J, Vandenberg R J, et al. Making work safer: testing a model of social exchange and safety management[J]. Journal of safety research, 2010, 41(2): 163-171.

[310] Conchie S M, Donald I J. The moderating role of safety-specific trust on the relation between safety-specific leadership and safety citizenship behaviors[J]. Journal of Occupational Health Psychology, 2009, 14(2): 137.

[311] Vredenburgh A G. Organizational safety: which management practices are most effective in reducing employee injury rates?[J]. Journal of safety Research, 2002, 33(2): 259-276.

[312] Avolio B J, Bass B M, Jung D I. Re-examining the components of transformational and transactional leadership using the Multifactor Leadership[J]. Journal of occupational and organizational psychology, 1999, 72(4): 441-462.

[313] Jung D I, Avolio B J. Opening the black box: an experimental investigation of the mediating effects of trust and value congruence on transformational and transactional leadership[J]. Journal of organizational Behavior, 2000, 21(8): 949-964.

[314] Barling J, Loughlin C, Kelloway E K. Development and test of a model linking safety-specific transformational leadership and occupational safety[J]. Journal of Applied Psychology, 2002,

87(3): 488.

[315] Clarke S. Safety leadership: a meta‑analytic review of transformational and transactional leadership styles as antecedents of safety behaviours[J]. Journal of Occupational and Organizational Psychology, 2013, 86(1): 22-49.

[316] 吴明隆. 结构方程模型: AMOS 的操作与应用[M]. 重庆: 重庆大学出版社, 2009.

[317] Marsh H W, Wen Z, Hau K T. Structural equation models of latent interactions: evaluation of alternative estimation strategies and indicator construction[J]. Psychological methods, 2004, 9(3): 275.

[318] Levin D, Cross R.The strength of weak ties you cantrust: the mediating role of trust in effective knowledge transfer[J]. Management Science, 2003, 50(11): 1477-1490.

[319] 袁振龙. 社会资本与社会安全——关于北京城乡接合部地区增进社会资本促进社会安全的研究[J]. 中国人民公安大学学报(社会科学版), 2007(03): 140-146.

[320] Renzl B. Trust in management and knowledge sharing: the mediating effects of fear and knowledge documentation[J]. Omega, 2008, 36(2): 206-220.

[321] Andrews K M, Delahaye B L. Influences on knowledge processes in organizational learning: the psycho social filter[J]. Journal of Management studies, 2000, 37(6): 797-810.

[322] Carnnon M D, Edmondson A C.Confronting failure: Antecedents and consequences of shared beliefs about failure in organizational workgroups[J].Journal of organizational behavior, 2001(22): 161-177.

[323] Van Maanen J, Schein E H.Toward of Theary of organizational socialization[J].Research in organizational behavior, 1979(1): 209-264.

[324] 叶贵, 李静, 段帅亮. 建筑工人不安全行为发生机理研究[J]. 中国安全生产科学技术, 2016, 12(3): 181-186.

[325] 胡少培. 建筑企业安全投入与安全绩效作用机理及决策研究: 安全行为视角[D]. 天津: 天津财经大学, 2015.

[326] 王其藩. 系统动力学[M]. 上海: 上海财经大学出版社, 2009.

[327] Eagly A H, Chaiken S. The psychology of attitudes[M]. Fort Worth: Harcourt brace Jovanovich college publishers, 1993.

[328] 韩豫, 张泾杰, 梅强, 刘素霞. 建筑工人安全行为习惯的塑造策略与方法[J]. 中国安全生产科学技术, 2015, 11(09): 177-183.

[329] 刘素霞, 梅强, 陈雨峰, 等. 安全生产市场化服务供求演化路径[J]. 系统工程, 2016(04): 41-49.

[330] 李书全, 吴秀宇, 胡少培, 等. 施工企业安全投资、员工安全能力与安全绩效实证研究[J]. 中国安全生产科学技术, 2015(03): 141-147.

[331] Granovetter M. The Impact of Social Structureon Economic Outcomes [J]. Journal of Economic Perspectives, 2005: 33-50.

[332] 张其仔. 社会资本与国有企业绩效研究[J]. 当代财经, 2000(01): 53-58+80.

[333] FOSS J N, Ishikawa I.Towards a Dynamic Resource-Based View[J]. Journal of Applied Psychology, 2000, 85 (4): 587.

[334] 段小华, 鲁若愚. 基于资源的企业能力理论述评[J]. 经济评论, 2002(06): 111-113+123.

[335] 曹兴, 陈琦. 基于模糊方法的企业核心能力评价[J]. 系统工程, 2006(10): 50-54.

[336] 张振森. 基于生存系统模型的企业动态能力与维度分析[J]. 统计与决策, 2016(01): 176-178.

[337] 刘铁忠, 李志祥, 王梓薇, 等. 企业安全管理能力的概念、内涵与层次[J]. 生产力研究, 2007(14): 116-118, 120, 161.

[338] 马跃，傅贵，臧亚丽. 企业安全文化结构及其与安全业绩关系研究[J].中国安全科学学报，2015，25(5)：145-150.

[339] 肖东生，李万帮. 影响系统安全的组织因素分析[J]. 系统工程，2007(12)：115-119.

[340] 张江石，傅贵，郭芳，等. 安全氛围测量量表研究[J]. 中国安全科学学报，2009(06)：85-92.

[341] 王爽英. 基于DEA的中小型工矿企业安全管理能力评价研究[J]. 中国安全生产科学技术，2013(11)：132-136.

[342] 陆柏，傅贵，付亮. 安全文化与安全氛围的理论比较[J]. 煤矿安全，2006(05)：66-70.

[343] 奂平清. 社会资本的影响因素分析[J]. 江海学刊，2009(02)：128-132.

[344] Howard R A，Matheson J E. Influence diagram，In readings on the principles and applications of decision analysis[J]. Strategic Decisions Group，1984，Vol(2)：719-762.

[345] 詹原瑞. 影响图理论方法与应用[M]. 天津：天津大学出版社，1995.

[346] Veronique D，Mohamed-Amine M，Sylvain P. Bayesian networks versus other probabilistic models for the multiple diagnosis of large devices[J]. International Journal on Artificial Intelligence Tools，2007，16(03)：417-433.

[347] Pera M S，Ng Y K. A Naive Bayes classifier for web document summaries created by using word similarity and significant factors[J]. International Journal on Artificial Intelligence Tools，2010，19(04)：465-486.

[348] Varis O，Kuikka S. Learning Bayesian decision analysis by doing：lessons from environmental and natural resources management[J]. Ecological Modelling，1999，119(2–3)：177-195.

[349] Tabia K，Leray P. Bayesian network-based approaches for severe attack prediction and handling IDSs' reliability[C]//International Conference on Information Processing and Management of Uncertainty in Knowledge-Based Systems. Berlin，Heidelberg：Springer，2010：632-642.

[350] Bedford T，Cooke R. Probabilistic risk analysis：foundations and methods[M]. Cambridge：Cambridge University Press，2001.

[351] Polet P，Vanderhaegen F，Millot P，et al. Barriers and risk analysis[J]. 2001，34(16)：265- 270.

[352] Carpignano A，Piccini M. Cognitive theories and engineering approaches for safety assessment and design of automated systems：A Case Study of a Power Plant[J]. Cognition Technology & Work，1999，1(1)：47-61.

[353] Sedki K，Polet P，Vanderhaegen F. Using the BCD model for risk analysis：an influence diagram based approach[J]. Engineering Applications of Artificial Intelligence，2013，26(9)：2172-2183.

[354] 建设部建筑管理司. 建筑施工安全检查标准[S]. 上海：同济大学出版社，2012.

[355] 强茂山，方东平，肖红萍，等. 建设工程项目的安全投入与绩效研究[J]. 土木工程学报，2004，37(11)：101-107.

附录A
调查问卷1

尊敬的朋友：

您好！首先感谢您在百忙之中抽出宝贵的时间来填写这份调查问卷，该问卷是国家自然基金项目《基于社会资本的建筑施工安全行为与决策模型研究》所需要的调查内容。"社会资本"是存在于组织和个人所处社会网络中的一种关系性资源，包括主体之间的联系、关系和情感等方面。本次调查旨在发现社会资本与施工组织和员工安全行为之间的关系，努力探索出提高企业和员工安全行为水平的路径和方法。本次调查问卷纯为学术研究所用，研究结果不会体现贵单位和您的信息，请您安心填写。如果您愿意分享本课题组的研究成果，请留下您的邮箱：_____，以便于将最终研究成果发送给您。

请您尽可能选择自己最熟悉的一个项目作为回答问卷的样本。您的参与对本课题组的研究至关重要，衷心感谢您的合作和支持！

一、项目信息

1. 项目名称：____ 项目所在城市：____

建设单位(甲方)：____

2. 项目类型：□民用建筑工程 □工业建筑工程 □市政公用行业建筑项目 □其他

项目结构类型：□框架 □框剪 □短肢剪力墙 □砖混 □钢结构 □其他

3. 建筑面积：____万平米 层数：____ 总投资额：____万元 安全投入总额：____万元

4. 项目部管理人员数量：____人 施工人员数量：____人

5. 项目开工日期：____年____月 完工日期：____年____月

二、调研内容

(一) 工人间社会资本情况

请根据您在项目中的实际情况如实填写您对下列问题描述的看法。

1. 您对项目部内其他成员了解的程度。

　　□非常不了解 □不了解 □一般 □了解 □非常了解

2. 您与项目部内其他成员间的合作。

　　□非常少 □较少 □一般 □较多 □非常多

3. 在工作中，您与项目部其他成员交换意见和想法的次数。

　　□非常少 □较少 □一般 □较多 □非常多

4. 您与项目部其他成员在工作之外熟悉的程度。

　　□非常不熟悉 □不熟悉 □一般 □熟悉 □非常熟悉

5. 您参与项目组举办的聚餐、联谊等非正式活动的次数。
   □非常少　□较少　□一般　□较多　□非常多

6. 您与项目部其他成员能真诚合作。
   □非常不同意　□不同意　□一般　□同意　□非常同意

7. 您能与项目部其他成员在工作中相互支持。
   □非常不同意　□不同意　□一般　□同意　□非常同意

8. 您在工作中与项目部其他成员相互信任。
   □非常不同意　□不同意　□一般　□同意　□非常同意

9. 您在与同事进行合作的过程中彼此不会投机取巧。
   □非常不同意　□不同意　□一般　□同意　□非常同意

10. 您与项目部其他成员有共同语言并能有效沟通。
    □非常不同意　□不同意　□一般　□同意　□非常同意

11. 对于您描述的工作问题，其他人都能很快明白。
    □非常不同意　□不同意　□一般　□同意　□非常同意

12. 您对工作中的专业符号、用语、词义都很清楚。
    □非常不同意　□不同意　□一般　□同意　□非常同意

13. 您与项目部其他成员拥有一致的集体目标。
    □非常不同意　□不同意　□一般　□同意　□非常同意

14. 您和项目部其他成员对如何提升工作效率的认识。
    □非常不同　□不同　□一般　□相同　□非常相同

(二) 工人与管理者之间社会资本情况

请根据您在项目中的实际情况如实填写您对下列问题描述的看法。

1. 您对项目部管理者了解的程度。
   □非常不了解　□不了解　□一般　□了解　□非常了解

2. 您与项目部管理者的关系。
   □非常不好　□不好　□一般　□好　□非常好

3. 您与项目部管理者的合作。
   □非常少　□较少　□一般　□较多　□非常多

4. 工作中，您寻求上级支持的次数。
   □非常少　□较少　□一般　□较多　□非常多

5. 在工作中，您与项目部管理者交换意见和想法的次数。
   □非常少　□较少　□一般　□较多　□非常多

6. 您与项目部管理者在工作之外熟悉的程度。
   □非常不熟悉　□不熟悉　□一般　□熟悉　□非常熟悉

7. 您与项目部管理者的私人关系。
   □非常不好　□不好　□一般　□好　□非常好

8. 您参与项目组举办的聚餐、联谊等非正式活动的次数。
   □非常少　□较少　□一般　□较多　□非常多

9. 您在食堂、休息室、走廊等非正式场合与项目部管理者交谈的次数。
   □非常少　□较少　□一般　□较多　□非常多

10. 您与项目部管理者能真诚合作。
    □非常不同意　□不同意　□一般　□同意　□非常同意

11. 您能与项目部管理者在工作中相互支持。
    □非常不同意　□不同意　□一般　□同意　□非常同意

12. 您在工作中与项目部管理者相互信任。
    □非常不同意　□不同意　□一般　□同意　□非常同意

13. 您在与管理者合作的过程中能够倾尽自己所能来完成某一项工作。
    □非常不同意　□不同意　□一般　□同意　□非常同意

14. 您在与管理者进行合作的过程中彼此不会投机取巧。
    □非常不同意　□不同意　□一般　□同意　□非常同意

15. 您认为项目部中管理者会帮助您,因此会觉得帮助他人也是应当的。
    □非常不同意　□不同意　□一般　□同意　□非常同意

16. 您对项目部有一种归属感或者亲近感。
    □非常不同意　□不同意　□一般　□同意　□非常同意

17. 您在项目部有种想要积极工作的感觉。
    □非常不同意　□不同意　□一般　□同意　□非常同意

18. 您为自己成为该项目部中的一员而感到自豪。
    □非常不同意　□不同意　□一般　□同意　□非常同意

19. 您认为管理者能公平地对待员工。
    □非常不同意　□不同意　□一般　□同意　□非常同意

20. 您认为管理者能体谅员工的工作难处。
    □非常不同意　□不同意　□一般　□同意　□非常同意

21. 您与项目部管理者有共同语言并能有效沟通。
    □非常不同意　□不同意　□一般　□同意　□非常同意

22. 对于您描述的工作问题,管理者都能很快明白。
    □非常不同意　□不同意　□一般　□同意　□非常同意

23. 您对工作中的专业符号、用语、词义都很清楚。
    □非常不同意　□不同意　□一般　□同意　□非常同意

24. 您与项目部管理者交流时使用专业术语的次数。
    □非常少　□较少　□一般　□较多　□非常多

25. 您针对工作中的问题使用的交流方式是管理者能接受和理解的。
    □非常不同意　□不同意　□一般　□同意　□非常同意

26. 您与项目部管理者拥有一致的集体目标。
    □非常不同意　□不同意　□一般　□同意　□非常同意

27. 您和项目部管理者对如何提升工作效率的认识。
    □非常不同　□不同　□一般　□相同　□非常相同

28. 您认同项目部采用的施工方案。
    □非常不同意　□不同意　□一般　□同意　□非常同意

(三) 施工人员安全行为情况
请根据您在项目中的行为表现情况给出您对下列问题描述的看法。

1. 在工作中，您遵守安全相关规定及操作规程。
   □非常不同意　□不同意　□一般　□同意　□非常同意

2. 在工作中，您依据规定使用安全帽、安全带等劳保用品。
   □非常不同意　□不同意　□一般　□同意　□非常同意

3. 您对所使用的安全设备或工具进行必要检查。
   □非常不同意　□不同意　□一般　□同意　□非常同意

4. 您会积极地参加管理者组织的岗位培训。
   □非常不同意　□不同意　□一般　□同意　□非常同意

5. 您能够积极地配合安全管理人员的指挥和安排。
   □非常不同意　□不同意　□一般　□同意　□非常同意

6. 存在工期紧等压力，您也遵守安全法规。
   □非常不同意　□不同意　□一般　□同意　□非常同意

7. 当确保工作环境处于高度安全的状态下您才进行工作。
   □非常不同意　□不同意　□一般　□同意　□非常同意

8. 您主动积极地参加安全会议。
   □非常不同意　□不同意　□一般　□同意　□非常同意

9. 您主动积极地参与安全教育培训。
   □非常不同意　□不同意　□一般　□同意　□非常同意

10. 您主动参加应急救援演练活动。
    □非常不同意　□不同意　□一般　□同意　□非常同意

11. 您参加一些活动或者任务以改善工作场所的安全情况。
    □非常不同意　□不同意　□一般　□同意　□非常同意

12. 您主动与工友讨论施工的安全问题。
   □非常不同意　□不同意　□一般　□同意　□非常同意

13. 您主动与上级领导沟通施工安全问题。
   □非常不同意　□不同意　□一般　□同意　□非常同意

14. 您参与制定组织的安全目标、安全计划等工作。
   □非常不同意　□不同意　□一般　□同意　□非常同意

15. 您参与项目安全风险评价等工作。
   □非常不同意　□不同意　□一般　□同意　□非常同意

16. 当您发现任何与安全有关的隐患或事件时，您及时地向上级进行汇报。
   □非常不同意　□不同意　□一般　□同意　□非常同意

17. 当您的同事处于危险或不利的情形时，您帮助了他们。
   □非常不同意　□不同意　□一般　□同意　□非常同意

18. 您主动地制止、纠正同事的错误操作或想法。
   □非常不同意　□不同意　□一般　□同意　□非常同意

19. 您向同事示范正确的操作方法。
   □非常不同意　□不同意　□一般　□同意　□非常同意

20. 您劝导您的同事以安全的方式进行工作。
   □非常不同意　□不同意　□一般　□同意　□非常同意

(四) 管理者行为情况

1. 管理者能够超越自身利益进行安全施工管理。
   □非常不同意　□不同意　□一般　□同意　□非常同意

2. 管理者会与员工谈论社会责任、生命安全等话题。
   □非常不同意　□不同意　□一般　□同意　□非常同意

3. 管理者会强调工作任务。
   □非常不同意　□不同意　□一般　□同意　□非常同意

4. 管理者会与员工积极地讨论安全施工问题。
   □非常不同意　□不同意　□一般　□同意　□非常同意

5. 管理者在安全施工方面表示出了对员工的信任。
   □非常不同意　□不同意　□一般　□同意　□非常同意

6. 管理者会提出对安全问题的认识。
   □非常不同意　□不同意　□一般　□同意　□非常同意

7. 管理者会对安全问题寻求不同的观点。
   □非常不同意　□不同意　□一般　□同意　□非常同意

8. 管理者会提供解决安全问题的新方法。
   □非常不同意　□不同意　□一般　□同意　□非常同意

9. 管理者会从新的角度提出解决安全问题的方法。
   □非常不同意　□不同意　□一般　□同意　□非常同意

10. 管理者会根据员工的能力分配工作任务。
    □非常不同意　□不同意　□一般　□同意　□非常同意

11. 管理者注重安全培训和教育。
    □非常不同意　□不同意　□一般　□同意　□非常同意

12. 管理者会注意到员工的成就。
    □非常不同意　□不同意　□一般　□同意　□非常同意

13. 管理者会依据员工的安全工作表现进行分级奖励。
    □非常不同意　□不同意　□一般　□同意　□非常同意

14. 管理者会关注员工的错误。
    □非常不同意　□不同意　□一般　□同意　□非常同意

15. 管理者会跟踪员工的错误。
    □非常不同意　□不同意　□一般　□同意　□非常同意

16. 管理者及时提出并纠正员工的错误。
    □非常不同意　□不同意　□一般　□同意　□非常同意

17. 管理者只对严重的问题进行反映。
    □非常不同意　□不同意　□一般　□同意　□非常同意

18. 管理者只对已发生问题进行处理。
    □非常不同意　□不同意　□一般　□同意　□非常同意

19. 管理者会延迟处理安全问题。
    □非常不同意　□不同意　□一般　□同意　□非常同意

20. 管理者设置的安全生产管理专职机构。
    □非常不合理　□不合理　□一般　□合理　□非常合理

21. 管理者制定的安全目标、安全规章制度。
    □非常不合理　□不合理　□一般　□合理　□非常合理

22. 管理者对员工安全生产实施的奖惩机制。
    □非常不合理　□不合理　□一般　□合理　□非常合理

23. 管理者对员工的安全教育培训。
    □非常无效　□无效　□一般　□有效　□非常有效

24. 管理者对安全设备、设施进行了定期审查。
    □非常不同意　□不同意　□一般　□同意　□非常同意

25. 管理者做到了定期检查安全隐患并对隐患进行了及时整改。
　　□非常不同意　□不同意　□一般　□同意　□非常同意
26. 管理者对事故多发项目进行实时监督。
　　□非常不同意　□不同意　□一般　□同意　□非常同意
27. 管理者定期进行了有效的安全总结。
　　□非常不同意　□不同意　□一般　□同意　□非常同意
28. 管理者与员工进行沟通交流的次数。
　　□非常少　□较少　□一般　□较多　□非常多

(五) 请根据您自身能力的真实情况选出对下列问题描述的看法。

1. 您能够识别潜在的危险情况。
　　□非常不同意　□不同意　□一般　□同意　□非常同意
2. 通过教育培训，您对安全相关方面的知识、法规等的理解。
　　□非常不好　□不好　□一般　□好　□非常好
3. 您能够正确使用安全帽、安全带等劳保用品的方式。
　　□非常不同意　□不同意　□一般　□同意　□非常同意
4. 您使用灭火器、漏电防护装置等安全设备的方式。
　　□非常不正确　□不正确　□一般　□正确　□非常正确
5. 您避免危险场所带来的伤害的可能性。
　　□非常不可能　□不可能　□一般　□可能　□非常可能
6. 正确处理现场中的安全隐患已经成为您的本能。
　　□非常不正确　□不正确　□一般　□正确　□非常正确

三、个人基本信息

性别：□男　□女　年龄：＿＿岁
学历：□小学　□初中　□高中　□中专　□大专　□本科　□研究生
职位：＿＿＿＿　工种：＿＿＿＿　工作年限：＿＿＿＿　所属企业：＿＿＿＿

附录B
调查问卷2

尊敬的朋友：

您好！首先感谢您在百忙之中抽出宝贵的时间来填写这份调查问卷，该问卷是国家自然基金项目《基于社会资本的建筑施工安全行为与决策模型研究》所需要的调查内容。"社会资本"是存在于组织和个人所处社会网络中的一种关系性资源，包括主体之间的联系、关系和情感等方面。本次调查旨在发现社会资本与施工组织和员工安全行为之间的关系，努力探索出提高企业和员工安全行为水平的路径和方法。本次调查问卷仅为学术研究所用，研究结果不会体现贵单位和您的信息，请您放心填写。如果您愿意分享本课题组的研究成果，请留下您的邮箱：_____，以便于将最终研究成果发送给您。

请您尽可能选择自己最熟悉的一个已完成项目作为回答问卷的样本。您的参与对本课题组的研究至关重要，衷心感谢您的合作和支持！

一、项目信息

1. 项目名称：____

项目所在城市：____

建设单位(甲方)：____

2. 项目类型：□民用建筑工程　□工业建筑工程　□市政公用行业建筑项目　□其他

项目结构类型：□砖混　□框架　□钢结构　□其他

3. 建筑面积：____万平米　层数：____层　总投资额：____万元

安全投入总额：_____万元

4. 项目部管理人员数量：____人　施工人员总数量：____人

5. 项目开工日期：____年____月　项目完工日期：____年____月

二、调研内容

(一) 施工项目组织社会资本情况

请根据项目的实际情况填写对下列问题的看法。

1. 与本部门经常联系、交流的部门很多。

　　□非常不同意　□较不同意　□不确定　□较同意　□非常同意

2. 本部门与其他部门之间的关系很好。

　　□非常不同意　□较不同意　□不确定　□较同意　□非常同意

3. 本部门与其他部门之间的联系非常频繁。

　　□非常不同意　□较不同意　□不确定　□较同意　□非常同意

4. 本部门与其他部门之间联系密切。
　　□非常不同意　□较不同意　□不确定　□较同意　□非常同意
5. 本部门与其他部门之间经常进行合作。
　　□非常不同意　□较不同意　□不确定　□较同意　□非常同意
6. 本部门与其他部门之间经常举办联谊、聚餐等活动。
　　□非常不同意　□较不同意　□不确定　□较同意　□非常同意
7. 本部门与其他部门之间能够真诚合作。
　　□非常不同意　□较不同意　□不确定　□较同意　□非常同意
8. 本部门与其他部门在工作中能够互相信任。
　　□非常不同意　□较不同意　□不确定　□较同意　□非常同意
9. 本部门与其他部门之间能够互相尊重，相互认可。
　　□非常不同意　□较不同意　□不确定　□较同意　□非常同意
10. 本部门与其他部门之间能够互相信守承诺，团结协作。
　　□非常不同意　□较不同意　□不确定　□较同意　□非常同意
11. 在工作中本部门经常能得到其他部门的支持和帮助。
　　□非常不同意　□较不同意　□不确定　□较同意　□非常同意
12. 当某些部门失去信誉，不能进行良好合作，企业有惩罚措施。
　　□非常不同意　□较不同意　□不确定　□较同意　□非常同意
13. 本部门与其他部门之间能够清楚了解对方意愿，进行有效沟通。
　　□非常不同意　□较不同意　□不确定　□较同意　□非常同意
14. 本部门与其他部门之间能够准确、清晰掌握工作中用到的专业符号，专业用语。
　　□非常不同意　□较不同意　□不确定　□较同意　□非常同意
15. 本部门与其他部门在工作中经常用专业术语进行交流。
　　□非常不同意　□较不同意　□不确定　□较同意　□非常同意
16. 本部门与其他部门之间有共同的目标。
　　□非常不同意　□较不同意　□不确定　□较同意　□非常同意
17. 本部门认同本企业的价值观(如提高工作绩效，施工进度，施工方案等方面)。
　　□非常不同意　□较不同意　□不确定　□较同意　□非常同意

(二) 施工项目组织安全行为情况

请根据项目中的安全行为情况给出对下列问题描述的看法。

1. 项目部设有安全生产管理专职机构或专员。
　　□非常不同意　□较不同意　□不确定　□较同意　□非常同意

2. 项目部编制了明确的安全目标、安全规章制度。
　　□非常不同意　□较不同意　□不确定　□较同意　□非常同意

3. 项目部安全责任分配明确。
　　□非常不同意　□较不同意　□不确定　□较同意　□非常同意

4. 项目内部进行健康与安全政策的沟通。
　　□非常不同意　□较不同意　□不确定　□较同意　□非常同意

5. 项目部根据工作部门或职位编制详细的安全培训计划。
　　□非常不同意　□较不同意　□不确定　□较同意　□非常同意

6. 项目部制订了风险或灾难应急计划。
　　□非常不同意　□较不同意　□不确定　□较同意　□非常同意

7. 项目部制定施工现场的应急预案。
　　□非常不同意　□较不同意　□不确定　□较同意　□非常同意

8. 项目部编制了较完善的安全施工组织设计或安全施工方案。
　　□非常不同意　□较不同意　□不确定　□较同意　□非常同意

9. 项目部对于进场材料检验和安全检查制订相应计划。
　　□非常不同意　□较不同意　□不确定　□较同意　□非常同意

10. 项目部针对危险性较大的分部分项工程在施工前会编制安全专项施工方案。
　　□非常不同意　□较不同意　□不确定　□较同意　□非常同意

11. 项目部定期检查安全隐患并对隐患进行及时整改。
　　□非常不同意　□较不同意　□不确定　□较同意　□非常同意

12. 项目部配备安全设备、设施。
　　□非常不同意　□较不同意　□不确定　□较同意　□非常同意

13. 项目部为全体员工配备了必要的劳动防护用品。
　　□非常不同意　□较不同意　□不确定　□较同意　□非常同意

14. 项目部对员工进行安全培训和考核。
　　□非常不同意　□较不同意　□不确定　□较同意　□非常同意

15. 项目部定期组织事故救援演练。
　　□非常不同意　□较不同意　□不确定　□较同意　□非常同意

16. 项目部对员工安全生产制定奖惩机制。
　　□非常不同意　□较不同意　□不确定　□较同意　□非常同意

17. 项目部定期进行安全总结。
　　□非常不同意　□较不同意　□不确定　□较同意　□非常同意

18. 项目部定期进行安全检查、记录和追踪。
    □非常不同意　□较不同意　□不确定　□较同意　□非常同意

19. 项目部定期进行系统检查以保证安全管理系统正常运作。
    □非常不同意　□较不同意　□不确定　□较同意　□非常同意

20. 向勘测、设计施工单位提供资料及时。
    □非常不同意　□较不同意　□不确定　□较同意　□非常同意

21. 组织专家论证和审查重大技术方案或专项方案。
    □非常不同意　□较不同意　□不确定　□较同意　□非常同意

22. 按要求对新技术、新材料、新工艺的采用进行审查。
    □非常不同意　□较不同意　□不确定　□较同意　□非常同意

23. 对施工影响范围内的重点建筑物进行鉴定。
    □非常不同意　□较不同意　□不确定　□较同意　□非常同意

24. 实施安全生产全过程控制。
    □非常不同意　□较不同意　□不确定　□较同意　□非常同意

三、个人基本信息

性别：□男　□女　年龄：____岁

学历：□小学　□初中　□高中　□中专　□大专　□本科　□研究生

工作年限：____　职位：____　工种：____　所属企业：_____